Paris-Parisien

Paris-Parisien

— ×× —

I

CE QU'IL FAUT VOIR

II

CE QU'IL FAUT SAVOIR

III

PARIS-USAGES

IV

PARIS-PRATIQUE

1896

PARIS

PAUL OLLENDORFF, ÉDITEUR

28 *bis*, RUE DE RICHELIEU, 28 *bis*

Ce qu'est Paris-Parisien

Voici un guide d'un nouveau genre, c'est le guide à travers les élégances et les intelligences de Paris. Il y a beau temps que l'on a appris aux gens que pour voir les tableaux du Louvre il faut aller au Louvre tous les jours sauf le lundi. Il y a beaucoup de plans pour apprendre aux Parisiens que pour aller du Boulevard à l'Odéon il faut passer les ponts; il y a même des livres pour apprendre aux gens du bel air jusqu'à quel point la mode et la bienséance permettent de pleurer ou de se réjouir, mais jusqu'à présent personne n'avait songé à apprendre aux gens ce qui se fait et ce qui ne se fait pas, ce qu'il faut savoir et ce qu'il faut ignorer, ce qu'il faut dire et ce qu'il faut taire et enfin où il faut aller! C'est là le grand art de Paris et ce petit livre doit mettre cet art à la portée de tous. Avec lui plus de crime de lèse-mode, plus de danger de gaffe, c'est-à-dire assurance contre ce qui se pardonne le moins à Paris et ailleurs. Car si l'on permet à une femme d'être laide, — c'est un malheur qui arrive à quelques-unes, — on ne lui pardonne pas d'ignorer que les chapeaux ronds sont mieux chez X... que chez Y..., que les dessous se portent avec des dentelles, et que la meilleure poudre de riz, celle qui adhère et ne salit pas les habits nous vient de chez K...! car si l'on peut aimer un homme laid ou même vieux ou même stupide, c'est à la condition qu'il se fasse du moins habiller chez le tailleur du Prince, qu'il sache que l'œillet rouge est la fleur des Poteaux, l'œillet blanc en boutonnière des Acacias de l'après-midi et l'orchidée un crime avant huit heures du soir! Eh bien l'on trouvera tout cela dans ce petit livre et bien d'autres choses avec, car on ne s'y occupera pas seulement de la toilette, on vous y dira où acheter vos meubles pour qu'ils ressemblent à ceux de la Princesse, où il faut commander les plats que vous avez trouvés excellents à votre dernier dîner en ville: on s'y est même occupé de votre esprit, Madame. L'auteur a aussi trouvé qu'il n'y avait pas que les imbéciles qui ignoraient bien des choses — et il vous a ouvert un bureau de renseignements intellectuels. Il est donc nécessaire à tout le monde ce petit guide dans Paris, dans tous les Paris, dans tout Paris — et je ne serais pas étonné qu'avant qu'il soit longtemps il soit devenu aussi indispensable aux Parisiens qui veulent connaître Paris que le Bottin l'est au commerçant, le téléphone aux gens pressés, et le chic aux gens qui veulent être quelqu'un au milieu des autres.

PREMIÈRE PARTIE

CE QU'IL FAUT VOIR

CHAPITRE PREMIER

LES MUSÉES

MUSÉE DU LOUVRE

Situation.

Dans les salles diverses du palais du Louvre. La salle La Caze a été sous Charles V la salle des Etats ; la salle VIII était, sous l'empire, la salle du Trône où se faisait l'ouverture des Chambres ; presque toutes sont situées sur des emplacements d'appartements royaux ; celui de Henri IV, au deuxième étage, est encore à peu près intact.

Histoire.

Premiers tableaux acquis par François Iᵉʳ ; on lui doit *la Joconde* et *la Vierge aux Rochers*, de Léonard, la grande *Sainte Famille* et *le Saint Michel*, de Raphaël ; *la Visitation* de Sébastien del Piombo ; *la Charité*, d'André del Sarto, alors à Fontainebleau.

Collection augmentée par Colbert sous Louis XIV, et installée pour la première fois au Louvre, puis dispersée à Versailles, ramenée au Luxembourg sous Louis XV, reportée à Versailles, et finalement installée au Louvre par les soins de la Convention nationale.

Augmentée par Bonaparte lors des campagnes d'Italie, réduite plus encore en 1815, où les alliés reprennent la plupart des chefs-d'œuvre apportés; depuis, augmentation notab'e.

Nombreux et remarquables dons de particuliers.

Directeur. — M. A. Kaempfen, directeur des musées nationaux, au Louvre.

Conservatoire des musées nationaux. — Ensemble des conservateurs des divers musées et des professeurs de l'École du Louvre.

Conservateurs en titre, conservateurs adjoints, et attachés dans chaque département du Louvre. Réunions les jeudis de quinzaine, sous la présidence du Directeur des musées.

Peinture et dessins. — Conservateur : M. Georges Lafenestre. Adjoints : *pour la peinture :* M. Durrieu, ancien élève de l'école de Rome.

Pour les dessins et la chalcographie : M. Chennevières, fils de l'ancien directeur des Beaux-Arts; M. Ch. Benoît. (V. *Notabilités de la musique.*)

Sculpture. — Conservateur : M. Courajod. C. adjoint : M. André Michel.

Objets d'art. — Conservateur : M. Molinier, Attaché : M. Migeon.

Antiquités grecques et romaines.	Conservateur : M. Héron de Villefosse. (V. *Musée africain*.) C. adjoints : M. Ch. Ravaisson-Mollien ; M. Michon.
Antiquités orientales et céramique antique.	Conservateur : M. Heuzey. (V. *Conférences et auditions*.) C. adjoints : M. Ledrain ; M. Pottier.
Antiquités égyptiennes.	Conservateur : M. Pierret. C. adjoints : M. Eug. Révillout ; G. Bénédite.
Marine.	Amiral Miot.
Bibliothèque.	(V. II, *Bibliothèques*.)
A lire.	*Le Louvre intime*, par Ch. Galbrun dans la revue *l'Artiste*.

PEINTURE

Destination des salles.	(Entrée par le pavillon de l'Horloge.)
Salle I	Salle La Caze ; tableaux de toutes écoles.
Salle II	Salle Henri II ; école française (XIXᵉ s.).
Salle III	Salle des sept cheminées ; école française (1ᵉʳ Empire et Restauration).
Galerie d'Apollon.	Autrefois, portraits ; maintenant, objets d'art, émaux, orfèvrerie.
Salle IV	Salon carré. Chefs-d'œuvre d'écoles diverses.
Salle V	Salle Duchâtel ; écoles diverses.

Salle VI . . . . . .   Grande galerie. Travée A : écoles d'Italie (xve et xvie s.).

Travée B : écoles d'Italie (xvie et xviie s.); écoles espagnoles.

Travée C; écoles françaises (xve et xvie s.).

Travées D, E, F; écoles flamande et hollandaise.

Salle VII. . . . . .   Salle des 7 mètres, ou des primitifs. Écoles d'Italie (xive et xve s.).

Salle VIII. . . .   Salle des Etats; école française du xixe siècle.

Salle IX . . . . . ·   Ancienne école française.

Salle X. . . . . .   Œuvre de Le Sueur à la Chartreuse de Paris.

Salle XI . . . . .   Œuvre de Le Sueur, à l'hôtel Lambert.

Salle XII. . . . .   Ecole allemande.

Salle XIII . . . .   Ecole anglaise.

Salle XIV.. . . .   Salle Mollien; école française du xviie siècle.

Salle XV. . . . .   Salle Denon; portraits d'artistes.

Salle XVI.. . .   Ecole française du xviiie siècle.

Palier Daru. . . .   Fresques du xvie siècle.

ÉCOLE FRANÇAISE

Œuvres principales [1]

Boucher (18e siècle.) La Bergère endormie; Diane sortant du bain; le Nid,

---

[1] Les chiffres romains indiquent les salles où se trouvent les tableaux.

xvi; le But; Vénus chez Vulcain; les Forges de Vulcain, i.

Sébast. Bourdon (17ᵉ s.) Une Halte de bohémiens; portrait de René Descartes, xiv; son portrait et portraits d'hommes, xv.

Brascassat (19ᵉ s.) Le Taureau; paysages et animaux, ii.

Philippe de Champaigne (17ᵉ s.) Christ mort couché; portrait du cardinal de Richelieu, son portrait (salon carré); portraits des mères Catherine et Agnès Arnaud, vi; portraits de Mansart et de Perrault, i.

Chardin (18ᵉ s.) La Mère laborieuse, xvi; le *Benedicite* (deux répétitions), i et xvi; Natures mortes, i.

Charlet (1ᵉʳ emp.) Le Grenadier de la garde, viii; dessins dans les salles spéciales.

Chintreuil (19ᵉ s.) L'Espace; Pluie et soleil, ii.

Clouet (fin 15ᵉ s.) Portraits de François Iᵉʳ, vi.

Clouet fils (16ᵉ s.) Portraits de Charles IX, vi; d'Élisabeth d'Autriche (salon carré).

Clouet de Navarre. Portrait d'homme (Louis de Saint-Gelais), vi.

Corot (19ᵉ s.) . . Paysage; Forum romain; Colisée; Paysage; Souvenir d'Italie, viii.

Courbet (19ᵉ s.) L'Enterrement à Ornans, ii; portrait de Champfleury; Remise des chevreuils; portrait de lui-même (l'Homme à la ceinture de cuir); la Vague, viii.

Jean Cousin (16ᵉ s.) Le Jugement dernier, vi.

Couture (19ᵉ s.) . Les Romains de la décadence, VIII.

Coypel (dynastie des) (17 et 18ᵉ s.) Portraits de chacun par lui-même, XV ; œuvres d'histoire classique, XIV, XVI.

Daubigny (19ᵉ s.) Le Printemps ; les Vendanges en Bourgogne, VIII.

David (1ᵉʳ empire.) Portraits de M. et de Mᵐᵉ Pécoul, de Pie VII ; de Mᵐᵉ Récamier, de Mᵐᵉ Chalgrin ; de Bailly ; de lui-même ; les Sabines ; le sacre de Napoléon Iᵉʳ, III.

Decamps (19ᵉ s.) Les Chevaux de halage, VIII ; la Caravane ; Bouledogue et terrier, II.

Eugène Delacroix (19ᵉ s.) Dante et Virgile ; Massacres de Scio, 1830 ; Femmes d'Alger ; Noce juive au Maroc ; Barque de Don Juan ; Prise de Constantinople ; son portrait, VIII.

Paul Delaroche (19ᵉ s.) Les enfants d'Édouard, VIII.

Desportes (18ᵉ s.) Portrait d'un chasseur ; Bonne, Nonne et Ponne, XVI.

Diaz (19ᵉ s.) . . . Bouleau, II ; Sous bois ; les Bohémiens ; la Fée aux perles, VIII.

Drouais (18ᵉ s.) Trois générations ; portraits, XV et XVI.

Flandrin (19ᵉ s.) Portrait de jeune fille ; portrait de Mᵐᵉ Vinet, VIII.

Foucquet (15ᵉ s.) Portrait de Juvénal des Ursins (salon carré) ; de Charles VII, VI.

Fragonard (18ᵉ s.) La Leçon de musique,

xvi; l'Heure du Berger, 1; Portrait, xv.

Fromentin (19ᵉ s.) Chasse au faucon; Campement arabe; Femmes arabes, VIII.

Gellée (Claude-Lorrain) (17ᵉ s.) Port au soleil levant; Débarquement de Cléopâtre; le Gué; Ulysse remet Chryséis à son père, XIV.

Gérard (1ᵉʳ Emp.) Psyché reçoit le premier baiser de l'Amour; portrait d'Isabey et de sa fille; de la marquise Visconti, III.

Géricault (1ᵉʳ Emp.) Le Radeau de la Méduse; Officier de chasseurs à cheval; Course à Epsom, III.

Girodet (1ᵉʳ Emp.) Atala, III; Endymion, II.

Greuze (18ᵉ s.) . . L'Accordée de village; la Malédiction paternelle; la Cruche cassée, XVI; son portrait, I.

Gros (1ᵉʳ Emp.) . . Bonaparte à Arcole; Fournier-Sarlovèze; les Pestiférés de Jaffa, III

Guérin (1ᵉʳ Emp.) Retour de Marcus Sextus; Clytemnestre; Phèdre et Hippolyte; Andromaque et Pyrrhus, III.

Huet (19ᵉ s.) . . . Calme du matin, VIII.

Ingres (19ᵉ s.) . . Homère déifié; la Chapelle sixtine; portraits de Cherubini, de M. et de Mᵐᵉ Rivière, VIII; Œdipe, la Source, V; la Vierge à l'hostie, II.

Jean Jouvenet (17ᵉ s.) Portrait de Fagon, médecin de Louis XIV, XIV.

Lancret (18ᵉ s.) . Les Quatre Saisons, XVI;

les Acteurs de la Comédie italienne ; la Cage, i.

Largillière (17ᵉ s.) Le Prévôt des Marchands ; son portrait, avec sa femme et sa fille, i ; Portraits, xv.

Le Brun (17ᵉ s.) . Le Passage du Granique et la suite, xiv ; Portraits, xv.

Mᵐᵉ Vigée Le Brun (18ᵉ s.) Ses portraits avec sa fille, iii et xiv ; Mᵐᵉ Molé Raymond (femme au manchon), iii ; Paisiello, iii ; Portraits, xv.

Le Nain (les frères) (17ᵉ s.) Maréchal dans sa forge ; Retour de la fenaison xiv ; Repas de paysans, i.

Le Sueur (17ᵉ s.) Suite de saint Bruno, x ; suite de l'Hôtel Lambert, xi ; Prédication de saint Paul, xiv.

Mˡˡᵉ Mayer (1ᵉʳ Emp.) Le Rêve du bonheur, ii.

Mignard (17ᵉ s.) La Vierge à la grappe ; Portrait du Dauphin et de sa famille, de Mᵐᵉ de Maintenon ; son portrait, xiv.

Millet (19ᵉ s.) . . Église de Gréville ; Baigneuses ; le Printemps ; les Glaneuses, viii.

Moreau le jeune (18ᵉ s.) Vues prises des environs de Paris, xvi.

Nattier (18ᵉ s.) . La Madeleine ; Portrait de Mᵐᵉ Adélaïde, xvi ; autres portraits, i.

Oudry (18ᵉ s.) . . Un chien gardant des pièces de gibier, xvi.

Pater (17ᵉ s.) . . . Une fête champêtre, xvi ; Conversation dans un parc, i.

Jean Perréal (16ᵉ s.) Vierge aux donateurs (salon carré).

Pils (19ᵉ s.) . . . Rouget de l'Isle chantant la *Marseillaise*, VIII.

Nicolas Poussin (17ᵉ s.) Echo et Narcisse (salon carré); les bergers d'Arcadie, le Temps et la Vérité, XIV; son portrait (salon carré); Diogène, XVI; l'Automne, toute la série, XIV.

Prudhon (1ᵉʳ Emp.) Le Christ sur la croix; la Justice et la Vengeance divines; Portrait de Joséphine à la Malmaison; de Mᵐᵉ Jarre; l'enlèvement de Psyché, III; Portrait de jeune homme — de M. Dehon — VIII.

Henri Regnault (19ᵉ s.) Portrait de Juan Prim, III; de la comtesse de Barck, VIII; Exécution au sérail, II.

Ricard (19ᵉ s.) . . Portrait de Heilbuth; son portrait, XV.

Riesener (1ᵉʳ Emp.) Portrait de M. Ravrio, III.

H. Rigaud (17ᵉ s.) Portrait de Louis XIV; de sa mère, XIV; de Bossuet (salon carré).

Hubert Robert (18ᵉ s.) Monuments romains, XVI; les Cascatelles de Tivoli, I.

Léopold Robert (19ᵉ s.) Pêcheurs de l'Adriatique, les Vendanges; le Retour des moissonneurs, VIII.

Th. Rousseau (19ᵉ s.) Sortie de forêt à Fontainebleau; Lisière d'une forêt; le Vieux Dormoir; Marais dans les Landes; Bord de rivière; Effet d'orage, VIII.

Ary Scheffer (19ᵉ s.) Mort de Géricault, VIII.

Sigalon (1ᵉʳ Emp.) La Jeune courtisane, VIII.

Tocqué (18ᵉ s.) . . Portrait de Marie Lec-

zinska ; du Dauphin, xvi ; de
Dumarsais, i.

Troyon (19ᵉ s) . Bœufs se rendant au labour ; le Retour à la ferme,
viii.

Van Loo (dynastie des) (17ᵉ au 19ᵉ s.) Portraits officiels (Marie Leczinska), autres,
xv ; Paysages ; ii, xiv, xvi.
Carle Vanloo : Une halte de
chasse, ii.

Joseph Vernet (18ᵉ s.) Les Ports de mer de
France (Musée de marine).

Horace Vernet (19ᵉ s.) La Barrière de Clichy, viii.

Simon Vouet (17ᵉ s.) Portrait de Louis XIII, xiv.

Watteau (18ᵉ s.) L'Embarquement pour Cythère, xvi ; Gilles ; l'Indifférent ; Finette ; l'Assemblée
dans un parc ; le Jugement
de Pâris ; Jupiter et Antiope,
le Faux-Pas, i.

Inconnus. . . . . . Martyre de saint Denis ;
le Christ mort (xivᵉ siècle),
grande galerie ; Triptyque
(xviᵉ siècle).

ÉCOLE ITALIENNE

L'Albane (Bologne, 17ᵉ s.) L'Annonciation ; Diane
et Actéon ; Apollon et Daphné,
vi.

Albertinelli (Florence, 16ᵉ s.) La Vierge et l'Enfant.

Allegri (Le Corrège) (Parme, 16ᵉ s.) Mariage mystique de sainte Catherine ;
Antiope (salon carré).

Asperighi (Le Caravage) (Bologne, 16e s.) La Mort de la Vierge; Concert: Portrait d'Alof de Vignacourt, VI.

Antonello de Messine (15e s.) Portrait, dit le Condottiere (salon carré).

Barbarelli (Le Giorgione) (Venise, 15e s.) Sainte Famille, VI; Concert champêtre (salon carré).

Barbieri (Le Guerchin) (Bologne, 17e s.) La Vierge et l'Enfant Jésus; les Saints Protecteurs de Modène (salon carré).

Fra Bartolomeo (Florence, 15e s.) Sainte Famille, VI.

Jacopo Bellini (Venise, 15e s.) Dessins (salles spéciales).

Gentile Bellini (Venise, 15e s.) Portraits, VII.

Giovanni Bellini (Venise, 15e s.) Sainte Famille, VII.

Bianchi (Ferrare, 16e s.) La Vierge et l'Enfant, VII.

Boltraffio (Milan, 16e s.) La Vierge de la Famille Casio, VI.

Le Bronzino (Florence, 16e s.) Le Christ et la Madeleine, VI; Portrait d'un sculpteur (salon carré).

Calcar (Venise, 16e s.) Portrait d'un jeune homme, VI.

Callari (Paul-Véronèse) (Venise, 16e s.) Sainte Famille; Portrait, VI; les Noces de Cana; le Repas chez Simon (salon carré).

Canaletto (Venise, 18e s.) Vue de Venise, VI.

Carpaccio (Venise, 15e s.) Prédication de saint Étienne, VI.

Annibal Carrache (Bologne, 16e s.) Vierge aux

cerises ; Martyre de saint Etienne, vi; le Christ mort (Pietà) (salon carré).

Cuna de Conegliano (15° s.) La Vierge et l'Enfant Jésus, vii.

Cimabue (Florence, 13° s.) La Vierge aux anges, vii.

Lorenzo Costa (Bologne, 15° s.) La Cour d'Isabelle d'Este; la Vertu chassant les crimes, vii.

Lorenzo di Credi (Florence, 15° s.) La Vierge et l'Enfant; l'Annonciation, vii.

Crivelli (Venise, 15° s.) St Bernardin de Sienne, vii.

Dono (Paolo Uccello) (Florence. 15° s.) Bataille; Portraits, vii.

Fabriano (14° s.) Présentation; Vierge et Enfant, vii.

Fiesole (Fra Angelico de) (15° s.) Couronnement de la Vierge; Saint Côme et Saint Damien; Décollation de saint Jean-Baptiste; Crucifixion, vii.

Filipepi (Sandro Botticelli) (Florence, 15° s.) La Vierge, l'Enfant Jésus et saint Jean : Madone du Magnificat vii ; Giovanna Tornabuoni et les Trois Grâces ; Lorenzo Albizzi (fresques, palier Daru).

Taddeo Gaddi (Florence, 14° s.) Triptyque, vii.

Agnolo Gaddi (Florence, 14° s.) L'Annonciation, vi.

Le Giotto (Florence, 14° s.) Saint François d'Assise, vii.

Benozzo Gozzoli (Florence, 15° s.) Le Triomphe de saint Thomas d'Aquin, vii.

Ghirlandajo (Florence, 15° s.) La Visitation; Portrait d'un vieillard et d'un enfant, vii.

Guardi (Venise, 18ᵉ s.) Procession du Doge, VI.

Filippo Lippi (Florence, 15ᵉ s.) La Nativité; la Vierge et l'Enfant Jésus, VII.

Lorenzo Lotto (Venise, 16ᵉ s.) Saint Gérôme.

Luciani (Sébastiano del Piombo) (Venise, 16ᵉ s.) La Visitation (salon carré).

Bernardino Luini (Lombardie, 15ᵉ s.) Sainte Famille; Salomé recevant la tête de saint Jean-Baptiste, VI; Fresques de la Salle Duchâtel (Adoration des Mages, etc.).

Mainardi (Florence, 15ᵉ s.) La Vierge et l'Enfant, VII.

Manni (Pérouse, 15ᵉ s.) Sainte Famille; Adoration des Mages, VI.

Mantegna (Padoue, 15ᵉ s.) Le Calvaire (salon carré); la Vierge de la Victoire; Le Parnasse; la Sagesse victorieuse des vices, VII.

Simone Memmi (Sienne, 14ᵉ s.) Jésus-Christ marchant au Calvaire (salon carré).

Mazzola (Le Parmesan) (Parme, 16ᵉ s.) Sainte Famille, VI.

Montagna (Vicence, fin 15ᵉ s.) Trois enfants exécutant un concert, VII.

Palma le Vieux (Venise, fin 15ᵉ s.) L'Annonce aux Bergers, VI.

Le Pinturicchio (Pérouse, 15ᵉ s.) La Vierge et l'Enfant, VI.

Pippi (Jules-Romain) (Rome, 16ᵉ s.) La Nativité; Portrait d'homme, VI.

Vittore Pisano (le Pisanello) (Venise, 15ᵉ s.) Portrait de femme (salon carré).

Primaticcio (le Primatice) (Bologne, 16ᵉ s.) Concert (d'après les dessins du Primatice), VI.

Raibolini (le Francia) (Bologne, 15ᵉ s.) Nativité (salon carré).

Guido Reni (le Guida) (Bologne, fin 16ᵉ s.) L'Annonciation, Ecce Homo, VI.

Robusti (le Tintoret) (Venise, 16ᵉ s.) Suzanne au bain ; le Paradis ; Portraits, VI.

Romanelli (Rome, 17ᵉ s.) Vénus et Adonis, VI, plafonds dans plusieurs salles du Louvre.

Salvator Rosa (Naples, 17ᵉ s.) Bataille. Paysage, VI.

Sabbatini (le Lorenzino) (Bologne, 16ᵉ s.) Sainte Famille, VI.

Raphaël Sanzio (Rome, 16ᵉ s.) Saint Michel et Saint Georges, VI ; Apollon et Marsyas (salon carré), (1ʳᵉ manière); Portrait de Balthazar Castiglione, VI ; les Saintes Familles ; Portrait de jeune homme ; Portrait d'homme ; Jeanne d'Aragon (?), VI ; Fresque de la Magliana(?), VII.

Andrea del Sarto (Florence, 16ᵉ s.) La Charité ; Sainte Famille, VI.

Luca Signorelli (Florence, 15ᵉ s.) Naissance de la Vierge ; Adoration des Mages, VI.

Andrea Solario (Milan, 16ᵉ s.) Vierge au coussin vert ; Portrait de Ch. d'Amboise, VI ; Tête de saint Jean-Baptiste (salon carré).

Tiepolo (Venise, fin 17ᵉ s.) La Cène, VI.

Tisi (le Garofolo) (Ferrare, 16ᵉ s.) Sainte Famille ; Sommeil de l'Enfant Jésus, VI.

Tura (le Cosmè) (Ferrare, 16ᵉ s.) Pieta, VI.

Vannucci (le Pérugin) (Pérouse, 15ᵉ s.) La Vierge

et l'Enfant, vi; Sainte Famille
(salon carré) ; Combat de
l'Amour et de la Chasteté, vii.

Vecelli (le Titien) (Venise, 16ᵉ s.) Alphonse de
Ferrare et Laura Dianti ;
l'Homme au gant; Mise au
Tombeau (salon carré). Portrait de François Iᵉʳ; La Cène;
Allégorie pour Alphonse d'A-
valos; Christ couronné d'épi-
nes; Suzanne; Jupiter et Antiope; Portraits d'homme, vi.

Vinci (Léonard de) (Florence, fin 15ᵉ s.) Sainte Anne
et la Vierge; la Joconde (salon
carré) ; saint Jean-Baptiste;
Bacchus ; Lucrezia Crivelli
(dite par erreur la belle Fer-
ronnière) ; la Vierge aux Rochers, vi; aux dessins, fusain
pour un portrait d'Isabelle
d'Este.

Vivarini (Venise, 15ᵉ s.) Saint Jean de Capis-
tran, vii.

Zampieri (le Dominiquin) (Bologne, 17ᵉ s.) Le roi
David; sainte Cécile, vi.

ÉCOLE ESPAGNOLE

Collantes (17ᵉ s.) Le Buisson ardent, vi.

Goya (19ᵉ s.)... Portrait de Guillemardet, vi.

Herrera le Vieux (17ᵉ s.) Saint Basile dictant sa
doctrine (salon carré).

Murillo (17ᵉ s.). La Conception immaculée;
Sainte famille (salon carré);
Naissance de la Vierge ; le
Jeune mendiant, vi.

Ribera (17e s.). . L'Adoration des bergers; le Christ au tombeau, VI.

Velasquez (17e s.) Portrait de l'infante Marguerite (salon carré); portrait de Philippe IV; réunion de treize personnages; portrait de l'infante Marie-Thérèse, VI.

Zurbaran (17e s.) Saint Pierre et saint Raymond; funérailles d'un évêque, VI.

ÉCOLE ANGLAISE

(Salle XII)

Bonington (19 s.) Vue du parc de Versailles; vue de Venise; la vieille Gouvernante.

Constable (18-19e s.) L'arc-en-ciel; la baie de Weymouth; vue de Hampstead-Head.

Lawrence (18e s.) Portrait de lord Whitworth.

Raeburn (18e s.). Portrait d'un invalide de la marine à Greenwich.

ÉCOLE FLAMANDE

Sauf indication spéciale, les tableaux de cette école et de la suivante sont dans la salle VI.

Adrien Brauwer (17e s.) Intérieur de tabagie; le Fumeur.

Peter Breughel (le Vieux) (16e s.) Les Mendiants.

Jean Breughel (de Velours) (17e s.) La bataille d'Arbelles.

Gérard (David) (16ᵉ s.) Les Noces de Cana.

Van Dyck (17ᵉ s.) Portrait de Charles Iᵉʳ; portrait d'homme (salon carré); Vierge aux donateurs; portrait des enfants de Charles Iᵉʳ; portrait équestre de François de Moncade; portrait du duc de Richmond, vi; son portrait, xv.

Van Eyck (15ᵉ s.) La Vierge au donateur (salon carré).

Gossaert (16ᵉ s.) Portrait de Jean Carondelet; portrait d'un bénédictin.

Jordaens (17ᵉ s.) Concert après le repas (salon carré); l'Enfance de Jupiter; portrait de Ruyter.

Hans Memling (15ᵉ s.) La Vierge et l'enfant Jésus adorés par des donateurs, v; saint Jean-Baptiste; sainte Madeleine; mariage de sainte Catherine (salon carré).

Metsys (16ᵉ s.). Le Banquier et sa femme.

Van der Meulen (17ᵉ s.) Vue du château de Fontainebleau; Batailles.

Neeffs (Pieter le Vieux) (17ᵉ s.) Intérieur d'église.

Porbus le Jeune (17ᵉ s.) Portraits d'Henri IV et de Marie de Médicis.

Rubens (16 et 17ᵉ s.) L'adoration des Mages; Thomyris (salon carré); la fuite de Loth; histoire de Marie de Médicis; portraits du baron de Vicq, d'Elisabeth Fourment; la Kermesse; Tournoi près des fossés d'un château.

Snyder (15ᵉ et 16ᵉ s.) Marchands de poisson, la Poissonnerie i.

David Téniers (le Jeune) (17ᵉ s.) L'Enfant pro-
digue ; Chasse au héron ; le
Rémouleur ; Tentation de saint
Antoine, VI ; la Fête de village.

Van der Weyden (15ᵉ s.) La Vierge et l'enfant.

Inconnus.. . . . . Portrait d'Isabeau de Bavière ; la Salutation angéli-
que ; Triptyque ; portrait
d'homme.

ÉCOLE HOLLANDAISE

Bakhuysen (16ᵉ s.) Marines.

Berghem (13ᵉ s.) Le Gué ; Paysages et animaux.

Ferd. Bol (17ᵉ s.) Portrait d'un mathématicien.

Craesbeck (17ᵉ s.) Lui-même peignant un portrait.

Albert Cuyp (17ᵉ s.) Paysage ; le Départ pour
la promenade ; la Promenade.

Gérard Dow (17ᵉ s.) La Femme hydropique (salon carré) ; Cuisinière hollan-
daise ; son portrait, XV.

Van Goyen (17ᵉ s.) Un canal en Hollande.

Frans Hals (17ᵉ s.) La Bohémienne, I ; portraits
de Descartes, de Nicolas von
Beresteyn et de sa femme,
de la famille V. B.

Dirk Hals (17ᵉ s.) Festin champêtre.

Van der Helst (17ᵉ s.) Jugement du prix de l'arc.

Van der Heyden (18ᵉ s.) Vue de la Maison de
Ville d'Amsterdam.

Hobbema (17ᵉ s.) Le Moulin à eau.

Hondecœter (17ᵉ s.) Aigles dans une basse-cour.

Pieter de Hooch (17ᵉ s.) Intérieur hollandais ; Intérieur d'une maison.

Nicolas Maes (17ᵉ s.) Le *Benedicite*, I.

Van der Meer (17ᵉ s.) La Dentellière.

Gabriel Metsu (17ᵉ s.) Militaire recevant une jeune dame (salon carré); le Marché aux herbes d'Amsterdam; Leçon de musique; Cuisinière hollandaise.

Antonis Mor (16ᵉ s.) Le Nain de Charles-Quint; portraits de Louis del Rio et de sa femme, V.

Aert van der Neer (17ᵉ s.) Village traversé par une route.

Gaspar Netscher (17ᵉ s.) La leçon de chant.

Adrien van Ostade (17ᵉ s.) Le Maître d'école (salon carré); la Famille du peintre (?); Intérieur d'une chaumière; Un homme d'affaires dans son cabinet.

Isack van Ostade (17ᵉ s.) Halte de voyageurs.

Paul Potter (17ᵉ s.) La Prairie ; le Bois de la Haye.

Rembrandt (17ᵉ s.) Les Pèlerins d'Emmaüs; le Ménage du menuisier; portrait d'un jeune homme ; portrait de femme (Hendrickje Stoffels); portrait de Rembrandt âgé (salon carré); Femme au bain ; Baigneuse ; portrait d'homme, I; l'Ange et Tobie; le Bon Samaritain; Saint Mathieu: les deux « Philosophe »; Vénus et l'Amour; portraits d'hommes, VI et I; portrait de Rembrandt, XV; deux portraits de Rembrandt, VI.

Ruysdael (17ᵉ s.) Une tempête; le Buisson; le Coup de soleil.

Jan Steen (17ᵉ s.) Fête flamande; la Mauvaise compagnie; Repas de famille.

Gerard Terburg (17ᵉ s.) Un militaire offrant des pièces d'or à une jeune femme (salon carré); Assemblée d'ecclésiastiques; Intérieurs.

Adrien Van der Velde (17ᵉ s.) La plage de Scheveningue.

Wouwermann (17ᵉ s.) Départ pour la chasse; Halte de cavaliers.

Inconnu. . . . . . Une chambre de rhétorique.

ÉCOLE ALLEMANDE

Beham (16ᵉ s.). . Sujets tirés de l'histoire de David.

Cranach le Vieux (16ᵉ-17ᵉ s.) Vénus; portrait d'homme.

Albrecht Dürer (14ᵉ-15ᵉ s.) Tête de Vieillard.

Hans Holbein (16ᵉ s.) Portrait d'Erasme; portraits d'Anne de Clèves (salon carré); de Nicolas Kratzer; de Guillaume Warham, d'homme âgé; de Thomas More; de sir Richard Southwell.

Angelica Kauffmann (18ᵉ s.) La baronne de Krüdner et sa fille.

Ecole de Cologne (15ᵉ s.) Maitre de la Mort de Marie; Triptyque.

Ecole Allemande (16ᵉ s.) L'Adoration des Mages.

Œuvres à lire . G. Lafenestre, *le Musée national du Louvre* Eug. Müntz, *Histoire de l'Art pendant la*

Renaissance; Paul Mantz, la Collection La Caze au musée du Louvre.

Musée des antiques. Galeries du rez-de-chaussée, entrée pavillon Denon.

Reproductions d'œuvres célèbres des musées étrangers (galerie spéciale).

Victoire de Samothrace. La plus belle de toutes, trouvée en 1850 dans l'île du même nom (escalier Daru).

Mars, faisant autrefois partie de la galerie Borghèse à Rome; rapporté sous Napoléon Ier (rotonde).

Marc-Aurèle (salle des Antonins).

Orateur romain (salle d'Auguste).

Statue archaïque de *Junon.*

Frise du Parthénon. Fragment, dont le reste est à Londres, têtes et torses (salle grecque).

Vénus de Milo. Trouvée dans l'île de ce nom (salle de la Vénus de Milo).

Melpomène (salle de Melpomène).

Vénus d'Arles; Pallas de Velletri; Apollon Sauroctone; Polymnie (salle de la Pallas).

Diane de Gabies; Gladiateur Borghèse, même origine que le *Mars; Centaure Borghèse; Marsyas* (salle du Gladiateur).

Diane chasseresse, statue du Tibre, Torse de Praxitèle (salle du Tibre).

Autel des Douze dieux (base

du candélabre Borghèse) et *Autel astrologique de Gabies.*

Cariatides de Jean Goujon.

Jupiter de Versailles, Vénus accroupie. l'Enfant à l'oie (salle des Cariatides).

Sculptures modernes. (Partie ouest du vieux Louvre), entrée : pavillon de l'Horloge.

Milon de Crotone (P. Puget).

Tombeau de Mazarin.

Vénus, de Coysevox.

Œuvres de Guillain.

Œuvres des Coustou.

Diane, de Houdon, et bustes, du même.

Psyché, de Pajou.

L'Amour de Bouchardon.

L'Amour et l'Amitié, de Pigalle.

L'Amour et Psyché, de Canova (il y en a deux : le *Baiser* et le *Papillon*).

Œuvres de Chaudet, de Cortot, de Bosio; animaux de Barye; œuvres de Perraud et de David d'Angers.

Mercure ; Jeune Pêcheur napolitain, de Rude.

Les quatre parties du monde; la Danse, de Carpeaux

Sapho, de Pradier.

Le Génie de la Liberté, de Dumont (Original de celui de la Bastille).

Sculptures du moyen âge et de la Renaissance. Entrée cour du Louvre, partie sud, à droite du pavillon.

Monument de Philippe Pot (statuettes portant la dalle);

Calvaire en bois (XVIe s.) (salle Beauneveu).

Ecole de la Loire, fin du XVe s.; *Saint Georges; Vierge; Mercure et Psyché* (salle Michel Colombe).

Diane à la biche, de Jean Goujon; *Les trois Grâces*, de Germain Pilon (salle Jean Goujon).

Esclaves, de Michel Ange; *Porte de Crémone;* buste de Philippe Strozzi, par Benedetto da Majano; *Saint Jean-Baptiste enfant*, par Mino de Fiesole; *la Nymphe de Fontainebleau*, par Benvenuto Cellini; *Vierge* en terre émaillée, Andrea della Robbia; autres *Vierges* florentines (XVe s.), (salle Michel-Ange).

Buste de saint Jean-Baptiste, par Donatello; *Buste de femme*, bois peint (inconnu); cheminée monumentale etc. (salle italienne).

Antiquités égyptiennes. Collection la plus importante de l'Europe en ce genre.

Statue de Memnon (Aménophis III); *Sarcophage de Taho; Séti Ier et la déesse Hathor* (type de la beauté alors recherchée); *Naos d'Amasis*, Ve siècle avant J.-C. (salle Henri IV).

Statue d'Apis; Canopes, vases funéraires surmontés de têtes humaines (salle d'Apis).

Au premier étage. Palier : *statue de Chephren* (grande pyramide); papyrus;

Bijoux égyptiens : scarabées (salle historique).

Scribe accroupi; tissus divers; objets usuels, vases, verres (salle civile).

Momies; rituel des morts; caisses peintes (salle funéraire).

Statues d'Ounnout; *Horus et Osiris; Sekhet; Ammon; Osiris, Isis allaitant Horus* (salle des dieux).

Cercueils en bois peint; miroirs ; papyrus royal (vieux de 3,000 ans); (salle des colonnes).

· Antiquités asiatiques.

Débris provenant des fouilles faites en Asie, par les missions spéciales.

Débris du *Palais de Khorsabad* (Ninive) ; taureaux ailés; statue de Sargon. Inscriptions cunéiformes ; bas-reliefs (1re salle).

Salles suivantes : antiquités phéniciennes ; sarcophages d'Eshmounazar (la plus longue inscription phénicienne connue).

Antiquités d'Asie Mineure; art ionien primitif (salle de Milet).

Frise du *Temple d'Artémis-Leucophryne* (Diane aux sourcils blancs); vase de Pergame (salle de Magnésie).

Au premier étage.   Figurines gréco-babyloniennes très gracieuses (1re salle).

Fouilles en Susiane, par M.

et Mme Dieulafoy : frise d'archers de la salle du trône; rampe d'escalier du palais d'Artaxercès; chapiteaux des colonnes; lions ailés; le tout en terre cuite peinte et vernissée (2e salle).

Réduction de l'Apadàna (salle du trône d'Artaxercès Mnémon); objets d'art assyrien, trouvés dans les fouilles (3e salle).

Céramique antique. Collection très riche, d'objets usuels et figurines anciennes; modèles de lignes élégantes et pures.

(Origines) Amphore; cratère archaïque; vases de Rhodes, bijoux (salle A).

Terres cuites; statuettes; caisses pour enfermer les cendres des morts; vases à figurines (salle B).

Poteries étrusques (salle C).

Antiquités étrusques; sarcophage de Cervetri (salle D).

Vases de style corinthien, importés de Grèce en Italie (salle E).

Vases grecs à figures noires (plus anciens) (salle F).

Vases grecs à figures rouges (plus récents), la plupart signés par l'artisan; très remarquables (salle G).

Vases italo-grecs; rhytons (vases à boire), vases noirs à vernis vert (salle H).

Peintures de Pompéi et

d'Herculanum ; verres antiques (salle I).

Antiquités grecques; ivoires, plâtres et bois (salle J).

Céramique italo-grecque : grands vases à figures rouges; lampes en terre cuite (salle K).

Céramique grecque; célèbre amphore (combat des dieux et des géants), statuettes de Tanagra, terres cuites grecques (salle L).

Vases peints à figures de diverses couleurs; terres cuites (salle M).

Bronzes antiques.

Palier de l'escalier Henri II, pavillon de l'Horloge; belle porte en fer; statue dorée d'Apollon (trouvée à Lillebonne) ; Fibules (longues épingles); bracelets figurines; Réduction antique du *Dionysios* de Praxitèle; *Enfant à la bulle;* vases de galbes exquis; candélabres, lampes, armure de gladiateur, cistes gravées.

Bijoux antiques.

Orfévrerie étrusque; diadème, collier dit de Bacchus, fibules, bracelets, anneaux (salle des bijoux, rotonde d'Apollon).

Série de la galerie d'Apollon.

Objets d'art
depuis
le moyen âge
jusqu'aux
temps modernes.

Orfévrerie. Châsse de saint Potentien (xiie siècle).

Reliquaires de l'ordre du Saint-Esprit; ostensoir et ciboire *idem.*

Hanap et aiguières en cristal de roche; montures ciselées; aiguière, vase antique, coupe de Benvenuto Cellini.

Cassette d'Anne d'Autriche. Casque et bouclier de Charles IX.

Coffret de saint Louis.

Plateau dit de la Maison d'Autriche.

Reliquaires du xive siècle.

Vase d'Aliénor (cristal de roche, monture du xiie siècle).

Patène de Suger, abbé de Saint-Denis (même époque).

Épée de la fin du xiie siècle.

Sceptre de Charles V.

Bague de saint Louis.

Livre d'heures de Catherine de Médicis.

Dague de Malte.

Diamants de la couronne. Le Régent, le Mazarin; Dragon de rubis; Montre du dey d'Alger; épée militaire de Napoléon Ier; miroir et bougeoir de Marie de Médicis; châtelaine de Catherine de Médicis.

Émaux. Émaux byzantins; émaux champenois du xiie siècle et du xiiie siècle; crosses.

Émaux translucides du xive siècle et du xve siècle.

Émaux peints de Pénicaud, Reymond, L. Limosin, J. et P. Courteys, J. Nouailher, etc.

Objets divers. Meubles, tables, vitrines du temps de Louis XIV.

Grille en fer ouvré du xviie siècle.

Tapisseries des Gobelins ; portraits d'hommes célèbres.

Série du premier étage.

Extrême-Orient ; Bouddha ; statuettes du XVIᵉ siècle ; laques anciennes ; porcelaines (1ʳᵉ salle).

Ivoires ; célèbre retable de Poissy (2ᵉ salle).

Verreries ; Venise, Bohême, etc. (3ᵉ salle).

Baptistère de saint Louis (vase arabe), faïences et bronzes orientaux (4ᵉ salle).

Collection unique de faïences d'Oiron, de plats et émaux divers de Bernard Palissy ; célèbre « tapisserie du Louvre » XVᵉ siècle (5ᵉ salle).

Majoliques. Majoliques du XVIᵉ siècle ; faïences d'Urbino ; grès d'Allemagne (6ᵉ salle).

Grandes collections italiennes (7ᵉ salle).

Bas-reliefs de Lucca della Robbia (terres cuites de Florence, XVᵉ siècle) (8ᵉ salle).

Bronzes. La *Géométrie, Vénus, Bacchus,* de Jean de Bologne (XVIᵉ siècle) ; bronzes de Barye (XIXᵉ siècle). Armures et armes : Bouclier du roi Henri II. Serrurerie d'art (salle du Dôme, au delà des antiquités asiatiques).

Étains et objets divers. Étains de Briot, d'Enderlein ; terres cuites de Clodion ; coffrets, médaillons. Bas-relief, pierre gravée : le prince de *Bavière et la jolie fille d'Augsbourg*, par Aldegrever (salle suivante).

Portrait du roi Henri II; tentures de soie, boiseries, vitraux merveilleux (salle Henri II).

Alcôve où mourut le roi Henri IV; lit de parade vénitien; boiseries et vitraux (Chambre Henri IV).

Portrait du roi et d'Anne d'Autriche (Philippe de Champaigne); selles africaines (salle Louis XIII).

Musée de Marine. Au deuxième étage, par le pavillon de l'Horloge; à partir de 11 heures.

Types de la flotte française de 1786 à 1824.

Paquebots 1855.

Buste de Jean Bart par Dantan.

Souvenirs de Lapérouse.

Galères Louis XIV; sculptures de Pierre Puget.

Pirogues océaniennes.

Musée ethnographique Collection très variée d'objets rapportés d'expéditions lointaines.

Pirogues chinoises.

Pendule à musique du dey d'Alger.

Modèle de la pagode de Djaguernat.

Armes très belles.

Musée chinois. Magnifiques bronzes, laques, porcelaines, vases, émaux cloisonnés; meubles, vêtements; tables en laque de toute beauté.

(Ces deux collections doivent être envoyées au musée Guimet et au Trocadéro, auxquels elles se rattachent.)

Musée africain. Palier Daru : nouvellement installé, et composé, par M. Héron de Villefosse, de toutes les pièces intéressant l'histoire de l'Algérie-Tunisie, Carthage, Alger, etc., etc.)

MUSÉE DU LUXEMBOURG

Histoire. Fondé en 1818, avec 74 tableaux d'artistes vivants, rapidement développé. Établi dans une annexe du Palais du Sénat, rue de Vaugirard, absolument insuffisante; ne peut exposer qu'une partie des collections, toutes d'art contemporain.

Note particulière. Presque tout est à voir; distinguer entre les œuvres à succès classiques, conservées pour l'histoire de l'art, et les œuvres de valeur intrinsèque, qui resteront.

Cabinet des estampes. Visible le lundi, sur permission spéciale, à demander à M. Benedite.

Très curieuses pointes sèches, etc.

Archives. Chaque artiste admis au Luxembourg doit fournir des dessins et études concernant son œuvre, et permettant de conserver trace de cette œuvre même après le transfert au Louvre. Les archives sont sous la garde du conservateur.

Conservateur (Rue de Vaugirard, bâtiment des sculptures)...... M. Léonce Bénédite.

Attaché au musée. M. Ch. Le Prieur.

SCULPTURE

Cour d'entrée.

Animaux : de Frémiet, A. Cain, Lami, etc.

Terrasse.

Bronzes : de Charpentier, Christophe, Houssin, Guillaume, Steiner, Tournois, etc.

Grande salle (ordre alphabétique) :

Barrias ...... Jeune fille de Mégare, Mozart enfant.

Boucher. . . . . Le Repos.

Carriès . . . . . Tête de Charles Ier.

Mme Cazin.. . . . Buste de David.

Chapu. . . . . . Mercure, Jeanne Darc.

Christophe . . Baiser suprême.

Cordier . . . . . Bustes en couleur.

Gros. . . . . . Bas-relief et masque en pâte de verre.

Dalou	Vase relief.
Dampt.	Saint Jean (ancienne manière), Baiser de l'aïeule (nouvelle manière), Cavalier arabe (statuette bronze).
Daumier.	Ratapoil.
Degeorge	Jeunesse d'Aristote.
Delaplanche. . .	Ève, Vierge au lis.
Dubois (Paul) . .	Narcisse, Chanteur florentin, etc.
Falguière	Martyr chrétien, buste de la baronne Daumesnil, etc.
Frémiet	Pan et ours, Saint Georges (statuette bronze doré).
Gérôme	Tanagra (marbre teinté).
Guillaume. . . .	Buste de monseigneur Darboy, les Gracques, Anacréon, etc.
Idrac	Mercure, Salammbô.
Injalbert.	Hippomène.
Lanson	L'Age de fer, Salammbô.
Longepied. . .	Sculptures décoratives.
Mercié.	David, le Souvenir.
Moulin.	Trouvaille à Pompéi.
Puech	La Muse d'André Chénier, Sirène, etc.
Rodin	Saint Jean-Baptiste, Tête de femme (remarquable), Danaïde, la vieille Heaulmière (dans Villon).
Saint-Marceaux.	Buste de Dagnan-Bouveret, Génie gardant le secret de la tombe, etc.
Meunier.	Deux statuettes bronze.
Valgren.	Statuette bronze.

Turcan	L'aveugle et le paralytique. Plus : des succès consacrés : le Nid, de Croisy; Gilliatt, de Carlier; la Dévideuse, Salmson; Au matin, Schœnewerk, etc., etc.
MÉDAILLIERS (Sculpture.)	Vitrines de Chaplain, Roty. Vitrines de Daniel Dupuis, Michel Cazin, Chapu. Vitrine de Degeorge, Patey, Vernon, Levillain, Petit, etc.
OBJETS D'ART	Grande salle de peinture et *passim*.
Brateau	Aiguière étain.
Brocard	Verre émaillé.
Chaplet	Porcelaines flambées.
Carriès	Grès émaillés.
Charpentier . . .	Etains.
Dalpeyrat	Grès flammés.
Delaherche . .	Grès flambés, engobés, gravés, etc.
Desbois	Etains.
Fallze	Buste orfèvrerie.
Gallé	Cristaux gravés.
Garnier et Grandhomme.	Cuivres émaillés.
Léveillé et Michel.	Cristaux gravés (vase au marronnier).
Manufacture de Sèvres.	Porcelaines flambées, vase de Dalou, vase de Rodin, vase de Thesmar.
Massier	Faïences à reflets métalliques.
Roty.	Bracelets cuivre doré, dessus de miroir (femme nue), etc.
Thesmar	Emaux transparents cloisonnés.

PEINTURE

Grande salle.

J.-P. Laurens. .	Les Emmurés de Carcassonne.
Vollon.	Poissons de mer.
Jules Breton . .	Le rappel des glaneuses.
Ribot	Le Samaritain.
Guillaumet . . .	La Séguia, près Biskra
Hébert.	La Mal'aria.
Meissonnier. . .	Napoléon III à Solferino.
Henner	Naïade.
Baudry	La Vérité.
E. Delaunay. . .	Peste à Rome; Portrait de sa mère.
Puvis de Chavannes.	Le pauvre pêcheur.
Sautai.	Souvenir de Rome.
Gaillard	Portrait de monseigneur de Ségur, portrait de femme.
Harpignies . . .	Lever de lune.
Cabat	Soir d'automne.
Cormon.	Caïn.
Robert Fleury. .	Colloque de Poissy.
Bastien Lepage.	Les foins.
Merclé.	Vénus (œuvre de sculpteur).
Isabey.	Le Pont et Port de mer.
Tassaert.	Une famille malheureuse.
Desboutin. . . .	Étude.
Français, ...	La fin de l'hiver.
Jean Gigoux. . .	Portrait.
Ricard.	Portrait de femme.
Binet.	Les terrasses de Laghouat.
Courbet	Le ruisseau du Puits Noir-

Bonvin. . . . . .   Ave Maria.

Hanoteau . . . .   La mare du village.

Bouguereau . .   Le Triomphe du martyre
                       (sainte Cécile).

Stevens . . . . .   La Femme en jaune.

Vitrine des objets d'art. (V. plus haut.)

Berthe Morizot.   La femme au bal.

Salle 2.

Aimé Morot. . .   Rezonville.

Bonnat . . . . .   Portrait de Léon Cogniet,
                       Job.

Rosa Bonheur. .   Labourage nivernais.

Pointelin . . . .   Soir de septembre.

Protais . . . . .   Bataillon carré (1815).

J.-P. Laurens . .   Excommunication de Ro-
                       bert le Pieux.

Dawant. . . . .   Maîtrise d'enfants (effet de
                       rouge).

Demont . . . . .   La nuit.

Jules Breton . .   La Bénédiction des blés.

Vuillefroy. . . .   Le retour du troupeau.

Roll . . . .   En avant.

Sur les tablettes.

Puvis de Chavannes. Dessins, esquisses, aqua-
                       relles.
                       Études pour *le Repos* et
                       pour le *Ludus pro patria*.

Meissonnier. . .   L'attente (homme à la fené-
                       tre), Napoléon III, Étude de
                       paysage, Blanchisseuses, Cui-
                       rassiers, Chevaux, etc., Études
                       pour les Joueurs de boules.

Dagnan Bouveret. Tête de femme Oued Nayl.

Isabey. . . . . .   Mer et Bois.

Henriq. Dupont.	Portrait de Lamartine.
N. Gœneutte...	Portrait d'homme (lui-même).

Salle 3.

Vollon......	Curiosités.
Feyen-Perrin..	Retour de la pêche aux huîtres (Cancale).
Delaunay....	Diane.
Benj. Constant.	Les derniers rebelles.
Gustave Moreau.	Orphée.
Cabanel.....	La naissance de Vénus.
Gérôme.....	Un combat de coqs.
J. Gigoux.....	Portrait de Fourier.
Ziem.......	Vue de Venise.
Henner.....	La chaste Suzanne (ancienne manière).
Baudry.....	La Fortune et le jeune enfant.
Carolus Duran.	La Femme au gant.
T.-R. Fleury..	Dernier jour de Corinthe.
Chaplin......	Portrait de jeune fille.
Leroy (Paul)...	L'Oasis d'el Kantara.
Ary Renan...	Sapho.
Bonvin.......	Le réfectoire.

Salle 4.

J. Lewis Brown.	« Before the start. »
Heilbuth....	Rêverie.

Salle 5.

Chenavard...	Divina comedia.
James Tissot..	Rencontre de Faust et de Marguerite.
Jules Lefebvre.	La Vérité.
Fantin Latour..	Un atelier aux Batignolles (portraits).

Ph. Rousseau . .   Panneaux décoratifs.
Jules Dupré. . .   Le Matin, le Soir, *id*. (très
                    beaux).
Lambert. . . . .   Famille de chats.
Lhermitte. . . .   La paye des moissonneurs.
Lerolle . . . . .   Dans la campagne.
Cazin . . . . . .   Chambre mortuaire de Gam-
                    betta.
Detaille . . . . . Le Rêve.
Meissonnier. . .   Jeune femme chantant.

Salle 6 (œuvres de tendances avancées)
et panneau salle 7.

Manet. . . . . .   Olympia.
Renoir. . . . . .   Jeunes filles au piano.
Raffaelli. . . . . Les vieux convalescents.
Quost . . . . . .   Fleurs à planter, Saison
                    nouvelle.
Carrière. . . . .   Maternité.
Besnard . . . . .   Femme qui se chauffe.
Rapin . . . . . .   Le Soir.
Daumier. . . . .   Les voleurs et l'âne.
Roll . . . . Manda Lamétrie, fermière.
Cazin . . . . . .   Ismaël.
U. Butin . . . .   Enterrement d'un marin à
                    Villerville.

Salle 7, panneau *a*, et salle 8 (peinture étrangère).

Edelfelt . . . .   Service divin au bord de la
                    mer, Journées de décembre.
Harisson . . . .   Solitude, Marine.
Thaülow . . . .   Jour d'hiver en Norvège,
                    Un pastel.
Marie Bashkirtseff. Le meeting.

Jongkind	Rotterdam, Paris (aquarelles).
Hamilton	Portrait de Gladstone.
Burne Jones	Têtes de femme (fusain), deux dessins.
J. de Nittis	La Place du Carrousel, la Place des Pyramides.
Whistler	Portrait de sa mère.
Uhde	Le Christ chez les paysans.
Zorn	Un pêcheur.
Watts	L'Amour et la Vie (réplique).
Mesdag	Soleil couchant.
Dannat	Femme en rouge.
Leigthon	Deux dessins, d'une étude pour Andromaque.
Schwabe	Dessins pour le Rêve, de Zola.
Sargent	Carmencita.
Stevens	Chant passionné.

Salle 9 (pastels, dessins et aquarelles).

Œuvres de Sylvestre, Neuville, Besnard, Bracquemond, Gaillard, Willette, Thévenot, Zuber, d'Expouy, Iwill, Cabat, Millet, L.-O. Merson, Pointelin, Bouvier, Henri Regnault, Gilbert, Renouard, Jacquemart, etc., etc.

Salle 10.

Zuber	Hollandsch Diep.
Pierre Lagarde	Saint Martin.
Bouguereau	Vierge consolatrice.
Aman Jean	Portrait de jeune femme (Mme Aman Jean).

Bonnat	Cardinal Lavigerie.
Guillaume. . . .	Deux pastels, Laghouat.
Français.	Daphnis et Chloé.
Ball.	Bibelots (Cluny et collection Drapé).

Salle II.

Jean Gigoux. .	Jeune fille.
Henner	Saint Sébastien.
Chaplin	Souvenir.
Muenier.	Le Catéchisme.
G. Bertrand . . .	Etude pour Patrie (tableau à Versailles).
Ph. Rousseau . .	Rat dans le fromage.
Ed. Yon.	Pont Valentré (Cahors).
Dagnan-Bouveret.	Le pain bénit.
Billotte	La neige à Asnières.
Pointelin	Côtes du Jura.
A. de Neuville. .	Deux esquisses pour Le Bourget et pour Villersexel; le Parlementaire.

MUSÉE MOLIÈRE

(Théâtre-Français.)

Note générale.	Collection de grande valeur concernant l'histoire littéraire de la France. — Disséminée dans les diverses parties du Théâtre-Français ; visite dans les parties non publiques : autorisation de M. G. Monval, archiviste et organisateur du musée.

6

Partie publique　(Les jours de représentation.)

Foyer du public.　*Statues et bustes d'auteurs dramatiques.*

Statue de Voltaire (Houdon), grand salon carré.

Statue de George Sand (Clésinger), au bout de la galerie des bustes (don de Émile de Girardin).

Buste de Molière (Houdon).

Buste de Pierre Corneille. (le grand Corneille).

Buste de Thomas Corneille (son frère, XVIIᵉ s.).

Buste de Piron (auteur comique, XVIIIᵉ s. : *la Métromanie*, etc.).

Buste de Rotrou (auteur tragique, XVIIᵉ s. : *Venceslas*, etc.).

Buste de J.-B. Rousseau, XVIIIᵉ s. (lyrique).

Buste de Lesage, XVIIIᵉ s. (humoriste : *Gil Blas*).

Buste de du Belloy (XVIᵉ s.).

Note particulière.　Tous ces bustes, dans le salon carré, par Caffieri, exécutés en échange d'entrées pour lui, sa femme, sa mère, un ami, etc. (une par buste).

Regnard, par Faucon, élève de Caffieri.

Dufresnoy, par Pajou.

Dancourt, par Faucon.

Destouches, par Berruer.

Crébillon, par d'Huez.

Racine, par Boizot.

Galerie des bustes.　Diderot (Lemaire), Collin d'Harleville (Oliva), Alf. de Musset (Mezzaro), etc.

Galerie du parterre, dite *Oubliettes*. Bustes médiocres.

Grand escalier. Bustes très ordinaires.

Vestibule (rue Richelieu). Talma, par David d'Angers. « Tragédie », « Comédie », statues; Rachel, par Clésinger.

Vestibule (rue Saint-Honoré). Encore Rachel (tragédie). Mlle Mars (comédie), bustes de Mme de Girardin, de Baron, et ceux de Casimir-Delavigne, de M. J. Chénier, par David d'Angers.

Partie non publique. Entrée par la porte de l'administration.

Escalier des artistes. Mlle Dangeville, peinture par Vigée.

La Champmeslé et sa nièce (XVIIe s.), peinture par F. de Troy.

Mlle de Seyne, peinture par Chaplin.

Mme Favart, peinture par Faustin Besson.

Diderot, pastel.

Rachel, portrait en pied par Gérôme.

Talma, portrait en pied par Lagrenée fils.

Lekain, portrait en pied par P. Le Noir (on trouvera quatre Lekain par Le Noir).

Voltaire, portrait en pied par Pajou.

Mlle Lange.

Le Médecin malgré lui, paysage, — figures d'Horace Vernet.

Casimir Delavigne, buste par David d'Angers.

Regnard, médaillon curieux par un inconnu.

La Fontaine | Bustes de premier ordre,
Quinault. | par Caffieri.

Cabinet de l'huissier de l'administrateur.

Peintures, aquarelles, dessins intéressants : dessin au crayon d'Isabey (portrait de Baptiste ainé).

Antichambre du cabinet de l'administrateur.

Lekain, en Gengiskhan, pastel par Le Noir.

Thénard ainé, Grandville, par Riesener.

Les débuts de Talma (Ducis et Talma causant dans le foyer des artistes), par Ducis (le peintre). — Tableau souvent gravé.

La tombe de Molière au cimetière Saint-Joseph, par A. Régnier.

Excellent portrait d'inconnu, par un inconnu.

Deux beaux bustes : Diderot, par Lescorné ; Carpeaux, par lui-même.

Cabinet de l'administrateur.

Tapisseries mythologiques rares.

Médaillons par Lehmann (Molière et Corneille).

Deux terres cuites superbes : buste de Mlle Clairon, buste de Lekain.

Secrétariat général

Statuette de Pierre Corneille, par Caffieri.

Mlle Dubois (maitresse du

duc de Fronsac) en costume de Diane.

Bustes en terre cuite : Lekain et Préville.

Médaillon en bronze : Pigault-Lebrun, par David.

Eau-forte, par Huchtenberg (la comédie française au XVIIe s.).

Galerie allant de l'administration au foyer des artistes.

Portrait de Mlle Mars, d'après Gérard ;

Portrait de Mlle Raucourt, etc.

· Les murs sont couverts de peintures, crayons, sanguines, pastels, etc., etc.

Foyer des travestissements.

(Petit foyer pour les artistes qui ont à changer de costume sans avoir le temps de remonter dans leur loge.)

Crayons et gravures, entre autres :

Mlle Mars, par Girodet.

Adrienne Lecouvreur, sanguine.

Talma, par Mérimée.

Gravure donnée par le roi Louis XV à Mlle Clairon (son apothéose en Médée).

Garrick, dans *Richard III* (gravure anglaise).

Nombre de portraits d'artistes et de documents précieux.

Foyer des artistes.

Grand salon des artistes : portraits de comédiens.

Portrait de Molière à trente ans (costume de César, dans la *Mort de Pompée*), par Mignard.

« Farceurs françois et italiens, depuis soixante ans et plus, » peints en 1670.

Poisson en Crispin, par Netscher; Monvel, par Geffroy.

Dazincourt (rival de Dugazon).

Firmin, par Pinchon.

Portrait de Ligier (tragédien).

Buste de Préville, par Houdon.

Pastel : Préville en Mascarille, par Van Loo (Préville fut membre de l'Institut sous la Révolution).

Grandmesnil, en Harpagon.

Michot (mauvais tableau, document précieux).

Talma, par Picot.

Mlle Dumesnil(tragédienne), par Nonnotte.

Mlle Levert (grande coquette), par Gros.

Rachel, par Dubufe (à comparer avec la même, par Gérard, escalier des artistes).

Mme Vestris (pathétique).

Mlle Duclos, par Largillière.

Fleury, par Gérard.— Monrose, en Crispin, par Pichon. — Baron (élève de Molière), par de Troy. — Lekain, en costume oriental, par Le Noir. — Dugazon (comique).

Mlle Clairon, par X... — Mlle Joly, par David. — Molé, par Sicardi (excellent dans le *Misanthrope*).

Curiosités connues. *Le foyer de la Comédie-Française en 1840*, par Geffroy; portraits de Geffroy, Mme Desmousseaux, Mme E. Guyon, Mlle Mante-Dailly, Mme Régnier, Mlle Noblet, Mme Arnould-Plessy, Joanny, Perrier, Firmin, Mlle Mars, Menjaud, Mlle Tousez, Monrose, Mlle Dupont, Provost, Beauvallet, Rachel, Saint-Aulaire, Ligier, Guiaud, Samson.

Le foyer de la Comédie-Française en 1864, par le même; portraits de Maubant, Geffroy, Mlle Judith, Coquelin aîné, Mme Guyon, Samson, Mme E. Dubois, Bressant, Mlles Suzanne, Augustine et Madeleine Brohan, Delaunay, Mlle Figeac, Mme Victoria Lafontaine, Lafontaine, Mme Arnould-Plessy, Mlle Favart, Mme Jouassain, Leroux, Got, Mlle Nathalie, Monrose, Régnier, Talbot, Provost, Mlle Bonval.

Galerie allant du foyer à la scène. Portraits de Talma, par Delacroix; Mlle Gaussin, par Nattier; Lekain, par Le Noir; Mme Paradol, par Rouillard, etc., etc.

Bustes de : Larive, par Houdon; Mlle Mars, par Dantan aîné; Rachel, par le même; Mlle Clairon et Mlle Dangeville, par J.-B. Lemoyne (remarquables); Provost, par Fauchère.

Antichambre de la salle du comité.

Portraits de Brizard, tragédien; Dumas, par Pinchon; Mlle Fannier, par Géraud; Armand, par R. Lefèvre; Vue de la Ferté-Milon, par Pernot; maisons de Pierre et Thomas Corneille (photographies), etc.

Salle du comité.

Collection unique de portraits d'auteurs dramatiques et d'écrivains célèbres :

Pierre Corneille, d'après Ch. Lebrun.

Thomas Corneille, d'après Jean Jouvenet.

Regnard, par Largillière.

Voltaire, d'après Largillière.

Marivaux, par Van Loo.

Pigault-Lebrun, — Picard, — A. Duval, par Bailly.

Mlle Mars, miniature, par un inconnu.

Ducis, attribué à Gérard.

Alfred de Musset, par Pollet.

La mort de Talma, par Robert Fleury.

Les Caractères de la Comédie, par Geffroy.

Molière, attribué à Robert Tournières.

Statuettes : Molière et Corneille, par Mélingue.

Enfer du musée: scènes de comédie italienne.

Bustes de Beaumarchais, par S. Couriger; de Carlin Bertinazzi, par Pajou (remarquable).

Vitrine de biscuits de Sèvres

très rares : Molière, Corneille, Racine, Poisson, Préville, Volange, Gresset, La Forest aînée, Mlle Dangeville, Mlle Contat.

Archives. M. Monval, archiviste.

Collection unique de documents sur les hommes et les choses de l'art dramatique. Manuscrits, chartes, autographes, registres de comptes, albums de costumes, manuscrits d'œuvres célèbres.

Bibliothèque. (V. II, *Bibliothèques*.)

Magasin des accessoires. Instruments de musique anciens : mandoline du *Barbier de Séville*, guitare du *Mariage de Figaro*, etc.).

Quelques armes artistiques.

Bronzes, porcelaines, étains, etc.

Collection de cannes, d'encriers,

Échiquier Louis XV (Ad. Lecouvreur).

Cloche de Saint-Germain l'Auxerrois (Saint - Barthélemy).

Garde Meuble. Fauteuil de Molière.
Fauteuil de Talma.
Table Renaissance.
Meubles Louis XIV, Louis XV, Empire.

A lire. Sur l'ensemble du musée, voir l'intéressant et amusant volume de René Delorme : *Le musée de la Comédie-Française* (Paris, Ollendorff).

MUSÉE DE CLUNY[1]

Rue du Sommerard (boulevard Saint-Michel).

Jours et heures. Tous les jours, sauf le lundi, de 10 h. à 4 h.

Caractère. Musée de curiosités et d'antiquités, fondé par M. du Sommerard, et organisé dans les locaux de l'ancienne abbaye de Cluny. (V. *Monuments historiques.*)

Les bâtiments eux-mêmes présentent des échantillons très curieux de l'art au xive siècle (puits, escaliers, rampes, plafonds, sculptures sur bois et sur pierre, etc.).

Divisions principales. Le musée comprend, comme grandes catégories, les bois et les ivoires, les émaux, les étoffes, (broderies, dentelles, etc.).

Dans chacune, des pièces rares et curieuses, très artistiques (bahuts, triptyques, cathèdres, coffrets, etc., — vitraux, faïences de Rouen, Strasbourg, Nevers; émaux de Palissy, etc., — chasubles, robes, collection de chaussures de tous pays et époques, manteaux de sacre, mitres, cein-

[1] La prochaine édition contiendra la nomenclature détaillée de *ce qu'il faut voir* dans les musées de Cluny, Carnavalet, des Archives, et, si la place le permet, de la Bibliothèque Nationale.

tures de chasteté, brocarts, guipures de Venise, dentelles des Flandres, etc., etc.). V. le catalogue.

Ruines du palais des Thermes : antiquités gallo-romaines.

MUSÉES DIVERS

Musée Carnavalet.

Rue des Francs-Bourgeois.

Jours et heures. Les dimanches et jeudis; de 11 h. à 4 h.

Musée de la ville de Paris, installé dans l'hôtel Carravalet, habité pendant dix-huit ans par Mme de Sévigné (V. *Maisons historiques.*)

Caractère. Collection des plus riches concernant l'histoire de Paris; plans, albums, tableaux, sculptures, objets divers relatifs à l'histoire de la Révolution, etc., etc. (V. *Bibliothèques.*)

Cabinet des estampes et des médailles.

Rue Richelieu, Bibliothèque Nationale.

Jours et heures. Tous les jours, de 10 h. à 4 h.

Collection très riche de médailles uniques au monde, de gravures, dessins, manuscrits et autographes, albums et portraits. (V. *Maisons historiques.*)

Archives Nationales

Rue des Archives.

Jours et heures.
Tous les jours, sauf le lundi, de 10 h. à 4 h.

Caractère.
Documents relatifs à l'histoire de France, depuis les Mérovingiens jusqu'à nos jours : chartes, traités, testaments, autographes, etc., albums d'échantillons, de costumes (comptes de Marie-Antoinette) ; mine inépuisable de costumes historiques et pittoresques. Peintures de Boucher, Van Loo, etc. ; lambris sculptés (V. *Maisons historiques.*)

Musée des Beaux-Arts.

Bâtiments de l'École des Beaux-Arts, rue Bonaparte (V. *Monuments historiques.*)

Jours et heures.
Tous les jours, de 10 h. à 4 h.

Caractère.
Dans toutes les parties de l'École, reproductions d'œuvres célèbres de l'antiquité, du moyen âge, de la Renaissance, etc., etc.

Musée de gravures, dans l'hôtel de Chimay ; collection Schœlcher : dix mille œuvres de dix mille graveurs différents.

Musée des copies, dans l'ancienne chapelle ; copies de la fresque du *Jugement dernier*, — de peintures et de sculptures de la Renaissance

italienne et française. Salle de Melpomène, etc., etc.
(V. *Bibliothèques*.)

Musée de Caen.
1, *Rue de Seine*.

Jours et heures.
Visible sur demande.

Caractère.
Collection des œuvres de prix de Rome, pensionnaires du legs de Caen. Curieuses œuvres de jeunesse de peintres connus.

Musée Instrumental.
Rue du Faubourg-Poissonnière (Conservatoire de musique).

Jours et heures.
Les lundis et jeudis, de midi à 4 h.

Caractère.
Instruments de musique de toutes les époques, de tous les styles. Célèbre collection de luths; clavecins XVIIIe siècle; violons des grands maîtres; raretés précieuses.

Musée de l'Opéra.
A l'Opéra.

Jours et heures.
Tous les jours, sauf le dimanche, de 11 h. à 4 h.

Caractère.
Manuscrits autographes de compositeurs, instruments, costumes, maquettes de décors, portraits d'artistes.

Musée de la Monnaie.
Hôtel des Monnaies, quai Voltaire.

Jours et heures.
Les mardis et vendredis, de midi à 3 heures, sur autorisation à demander au directeur.

Caractère.
Collections de monnaies et de timbres-poste.

**Musée
des Gobelins.**

Avenue des Gobelins.

Jours et heures.

Mercredis et samedis, de
1 h. à 3 h.

Caractère.

Collection de tapisseries anciennes, cartons de maîtres,
de Raphaël à nos jours.

**Musée
des
Arts Décoratifs.**

Palais de l'Industrie. Musée payant.

Jours et heures.

Tous les jours, de 10 h. à
4 h.; 1 fr. la semaime, o fr. 50
le dimanche.

Caractère.

Collection d'objets divers,
bois, ivoires, céramique,
étoffes, bronzes, etc., etc.

**Musées
du Trocadéro.**

Place du Trocadéro. (V.
Monuments modernes.)

**Musée
de sculpture
comparée
ou des moulages.**

Au rez-de-chaussée. Tous
les jours, sauf le lundi, de
11 h. à 4 h.

Moulages de sculptures ar-
chitecturales et autres, prises dans toutes les époques :
antiques, moyen âge, renaissance italienne et française,
etc., etc.

Musée Khmer.

Très curieuses reproduc-
tions des Bouddhas célèbres,
des pagodes d'Angkar, etc.

**Musée
d'ethnographie.**

Au premier étage, le dimanche et le jeudi, de midi à 4 h.

Ensemble pittoresque allant
des huttes océaniennes aux
plus riches et précieux objets
d'orfèvrerie, costumes, etc.,

concernant les diverses époques et les cinq parties du monde.

Musée Guimet. *Avenue d'Iéna.*

Jours et heures.
Tous les jours, de midi à 4 h.

Caractère.
Donation particulière de M. Guimet, collectionneur lyonnais; collection relative à l'histoire des religions de l'Extrême-Orient, principalement au bouddhisme. On y a célébré des offices de ce culte.

Musée du Garde-Meuble. *Quai d'Orsay.*

Jours et heures.
Tous les jours sauf le lundi, de 10 h. à 4 h.

Caractère.
Objets d'art d'ameublement, tapisseries splendides, « feux » en cuivre ciselé, meubles sculptés, bronzes, etc., depuis l'époque de Louis XIV jusqu'à nos jours.

Musée Galliera. *Avenue du Trocadéro.*

Caractère.
Don de la duchesse de Galliera à la ville de Paris; collections d'architecture et d'art industriel.

Musée d'Artillerie. *Hôtel des Invalides.*

Jours et heures.
Tous les jours, sauf lundi, de 10 h. à 4 h.

Caractère.
Musée d'armes le plus complet du monde; armures ciselées de toute beauté, épées historiques, boucliers, poignards, etc., etc.

Musée des Arts et Métiers.

Rue Saint-Martin. (V. *Monuments historiques.*)

Jours et heures. Les dimanche, mardi et jeudi, de 10 h. à 4 h, les autres jours sur autorisation.

Caractère. Collection relative aux sciences appliquées et à l'industrie. Machines; premiers métiers à tisser les étoffes façonnées (Vaucanson et Jacquard); origines de la photographie (chambre noire); expériences d'acoustique; exploitation des mines; céramique; mécanique et électricité, etc., etc.

CHAPITRE II

GALERIES PARTICULIÈRES

Collections établies par des amateurs; autorisations de visiter accordées seulement pour les personnes du monde ou les spécialistes, qui les demandent aux propriétaires:

H. Cernuschi, 7, *avenue Vélasquez.*
Bronzes chinois et japonais.

Gustave Dreyfus, *101, boulevard Malesherbes,*
Médailles et plaques Renaissance.

Mme **Edouard André**, *158, boulevard Hauss-mann.*
>   Peinture et sculpture Re-naissance.

Alphonse de Rothschild, *1, rue Saint-Florentin.*
>   Tableaux et curiosités, sans spécialité.

Edmond de Rothschild, *43, rue du faubourg Saint-Honoré.*
>   Gravures; œuvres du xviiie siècle.

Gustave de Rothschild, *23, avenue Marigny.*
>   Objets divers, porcelaines de Saxe.

Adolphe de Rothschild, *47, rue de Monceau.*
>   Objets en cristal de roche.

Louis Gonze, *205, boulevard Saint-Germain.*
>   Collection japonaise.

Baron Pichon, *quai d'Anjou, hôtel Pimodan.*
>   Toutes curiosités.

E. de Goncourt, *avenue du Bois-de-Boulogne.*
>   Collection japonaise, — objets xviiie siècle.

Chauchard, *5, avenue Vélasquez.*
>   Tableaux et objets d'art. *L'Angelus*, de Millet; *1814* de Meissonnier; quatorze Corot, dix-huit Meissonnier ; collection léguée au Louvre.

Hériot, *au Vésinet, et 8, rue Euler.*
>   Tableaux et objets d'art.

Gavet, *238, rue du faubourg Saint-Honoré.*
>   Moyen âge et renaissance.

Baron Roger de Portalis, *5, rue de Bassano.*
>   Gravures et dessins xviiie siècle.

Béraldi, *10, avenue de Messine.*
>   Même spécialité.

Foule, *4, rue de Magdebourg.*
> Moyen âge et Renaissance,
> gravure d'ornement.

Bonnafé, *41, rue de la Faisanderie,*
> Moyen âge et Renaissance.

Castagnié, *place d'Italie.*
> Objets ayant appartenu à
> Napoléon Ier.

CHAPITRE III

EXPOSITIONS ARTISTIQUES

GRANDS SALONS

Champs-Elysées   Palais de l'Industrie, mai et
juin.

  Caractère.   Salon officiel classique :
abondance de médailles et de
prix; distribution solennelle
par le ministre.

  Admission.   Examen par un jury tiré au
sort chaque année parmi les
principaux artistes récompen-
sés.

Dépôt des œuvres avant la
fin de mars. Fonctionnement
du jury en avril; ouverture le
1er mai.

  *Présidents
  de sections.*   Peinture : M. Ed. Detaille.
Sculpture : M. Paul Dubois.
Architecture : M. Ginain.
Gravure : M. Jacquet.

Vernissage.	Le 30 avril, très démodé; la vraie fête sélect est le jour de la première visite du président de la République.
Champ-de-Mars.	Palais des Beaux-Arts, *avenue de la Bourdonnais*, 25 avril, fin juin.
Caractère.	Salon d'art moderne, très élégant; aucune récompense.
Admission.	Examen par un jury tiré au sort parmi tous les sociétaires. Dépôt des œuvres jusqu'à la fin de mars; jury en avril, ouverture le 25 avril.
Président.	M. Puvis de Chavannes.
Présidents de sections.	Peinture: M. Carolus Duran. Sculpture : M. Rodin. Architecture: M. de Baudot. Gravure : M. Waltner. Objets d'art : M. Cazin.
Vernissage.	Le 24 avril ; encore bien suivi, mais déjà mêlé; la véritable inauguration est à la visite présidentielle.

PETITS SALONS

Cercle Volney.	*Rue Volney*, salons du Cercle, février-mars.
Admission.	Œuvres des membres du cercle.
Union artistique.	Dit « l'Épatant », *rue Boissy-d'Anglas*, mars.
Admission.	Œuvres des membres du cercle.

Aquarellistes. Galerie Georges Petit, *rue de Sèze.*

Caractère. Exposition spéciale d'aquarelles; société particulière.

Principaux membres. MM. Besnard, Harpignies, Maurice Leloir, Dubufe, Zuber, Luigi Loir, Forain, Chéret, P. de Chavannes, Roll, Ed. Yon, Duez, Mme Lemaire.

Pastellistes. Galerie Georges Petit, *rue de Sèze.*

Caractère. Société spéciale comme les aquarellistes. Exposition d'œuvres des sociétaires.

Principaux membres. MM. Besnard, Billotte, Mesnard, Thévenot, Dagnan-Bouveret, Dubufe, Gervex, Mme M. Cazin.

Exposition des Femmes peintres et sculpteurs. Palais de l'Industrie, au mois de mars.

Caractère. Réunion d'artistes femmes désireuses d'éviter les sévérités des jurys masculins, et le voisinage des œuvres de maîtres.

Admission. Jury de dames; dépôt en janvier.

Présidente. Mme Demont-Breton.

Principales exposantes. Mmes Mesdag, Huillard, Ronner, Duchesne, Clovis Hugues.

Rose-Croix. Exposition qui fut et ne garantit pas d'être.

Caractère. Symboliste et libertaire.

Président.	Le Sâr Peladan.
Organisateur.	Le Commandeur Larmandie.
Principaux exposants.	MM. Osbert, Séon, Point, Antoine de La Rochefoucauld.
Indépendants.	Pavillon de la ville de Paris, *au Champ-de-Mars.*
Caractère.	Réunion d'essais très différents en vue de rénovation de l'art.
Admission.	Libre; il suffit d'envoyer; pas de jury.
Principaux exposants.	MM. Van Risselberghe, Maurice Denis, Signac, Osbert, Valton, Serendat, Guillou, Pissaro, Luce, Gauguin, Despagnat, Guignet.
La Plume.	*17, rue Bonaparte.*
Caractère.	Exposition très artistique et très restreinte dite *des Cent.*
Admission.	Entre artistes de la même société.
Principaux exposants.	MM. Rodin, Pierre Roche, Grasset, Maurice Denis.
Expositions particulières.	Dans les galeries de marchands de tableaux : MM. Durand-Ruel, Goupil, Georges Petit, Le Barc de Boutteville, Vollard.
Principaux exposants.	Chez Durand-Ruel : Puvis de Chavannes, Claude Monet, J.-P. Laurens, Pissaro, etc.
	Chez divers : MM. Odilon Redon, Félicien Rops, Grasset, Gauguin, etc.

CHAPITRE IV

ATELIERS D'ARTISTES

Puvis de Chavannes.	*11, Place Pigalle :* le dimanche matin de 8 h. à 10 h. Très sérieux et très artistique ; rarement des gens du monde.
Rodin.	*182, rue de l'Université ;* le samedi. Très artistique ; amical ; peu de profanes.
Besnard.	*19, rue Guillaume-Tell :* le dimanche après midi, très mondain et très animé.
Whistler.	*110, rue du Bac :* le dimanche, après midi, public américain élégant.
Jean-Paul Laurens.	*73, rue Notre-Dame-des-Champs :* le dimanche matin. Familial ; principalement des élèves.
Dagnan-Bouveret.	*73, boulevard Bineau (Neuilly) :* le dimanche après midi ; artistique, délicat.
Bonnat.	*48, rue Bassano :* le dimanche. Monde officiel et amateurs riches ; belle collection, surtout dessins de Ingres.
Munkaczy.	*53, avenue de Villiers :* le dimanche.

Mondain éclectique ; peu d'artistes ; fêtes périodiques ; auditions musicales.

Blanche. *19, rue du Docteur-Blanche :* le dimanche.
Gens de lettres et du monde.

Eugène Carrière *23, avenue de Ségur :* le vendredi ; amateurs et dilettanti du monde et de l'art.

Raphaël Collin. *172, rue de Vaugirard :* le lundi.
Camaraderie bon enfant, art sincère.

Guillou. *80, rue Caulaincourt :* jeudi et dimanche après midi.
Rendez-vous des impressionnistes.

CHAPITRE V

LES THÉATRES

LA COMÉDIE-FRANÇAISE

PRIX DES PLACES	Bureau		Location	
	fr.	c.	fr.	c.
Avant-scènes des 1res loges.........	10	»	12	50
Loges du rez-de-chaussée............	8	»	10	»
Premières loges	8	»	10	»
Baignoires	8	»	10	»
Avant-scènes des 2es loges..........	8	»	10	»
Loges de face (2e rang)	6	»	8	»
— découvertes (2e rang)...........	5	»	7	»
— de côté (2e rang)...............	4	»	6	»
— de face fermées (3e rang)	3	50	5	»
Fauteuils de balcon (1er rang).......	10	»	12	»
—. (2e et 3e rangs)................	8	»	10	»
Fauteuils d'orchestre...............	7	»	9	»
Avant-scènes et loges découvertes du 3e rang........................ ...	3	»	4	50
Fauteuils de la 2e galerie du 3e rang	3	»	4	»
Parterre..................	2	50		»
Troisième galerie...	2	»		»
Fauteuils de la 4e galerie...........	2	»	3	»
Quatrièmes loges de côté	1	50	2	50
Amphithéâtre...................	1	»		»

Le Théâtre-Français. (Maison de Molière.)

Situation.   *Place du Théâtre-Français*, au bout de l'avenue de l'Opéra, à l'angle de la rue Richelieu.

Histoire.   En 1680, Louis XIV réunit sous le nom de *Comédie-Fran-*

çaise, les deux troupes de comédiens, qui jouaient séparément depuis la mort de Molière.

En 1799, le Premier Consul les établit dans la salle de la rue Richelieu, bâtie par l'architecte Louis et où elle est encore aujourd'hui.

Napoléon Ier a fixé dans un décret signé à Moscou l'organisation de la Société des comédiens, qui est subventionnée et administrée par l'État.

Caractère.
Théâtre le plus littéraire de France et d'Europe, diction modèle.

Administrateur.
M. Jules Claretie, de l'Académie française. (V. *Académie française.*)

Sociétaires.
MM. Mounet-Sully, Worms, Coquelin cadet, Prudhon, Silvain, Baillet, Le Bargy, de Féraudy, Boucher, Leloir, Truffier, Albert Lambert fils, Paul Mounet, Georges Berr, Pierre Laugier;

MM^{es} Bartet, Reichenberg, Baretta-Worms, Dudlay, Pierson, Muller, Ludwig, Kalb.

Comité de lecture.
MM. Mounet-Sully, Worms, Coquelin cadet, Prudhon, Silvain, Baillet.

Suppléants : MM. Le Bargy, de Féraudy, Truffier.

Principaux auteurs du répertoire.	Molière, Corneille, Racine, Regnard, Marivaux, Victor Hugo, Dumas père et Dumas fils, Musset, Émile Augier, Jules Sandeau, Scribe, Pailleron, Meilhac et Halévy, etc., etc.
La Maison.	L'entrée des places louées (rue Saint-Honoré) mène, après le contrôle, dans un *vestibule central* sur lequel ouvre le *grand escalier*, conduisant à la salle, ainsi que (porte de communication gardée par un huissier) aux coulisses, foyer des artistes et au foyer du public. L'entrée de la façade rue Richelieu mène également au vestibule central. Sur la place, entrée de l'administration : à gauche, grand escalier conduisant au cabinet de l'administrateur, aux coulisses, foyers et loges des artistes. Dans tous ces couloirs, foyers, salons, etc., nombreuses œuvres d'art. (V. *Musée Molière*.)
Foyer du public.	Grand salon carré suivi d'une longue galerie dite *galerie des bustes*. (V. *Musée Molière*.) Cette galerie est surtout fréquentée dans les entr'actes par le public des petites places, les provinciaux, les étrangers; rarement par les vrais habitués.
Foyer des artistes.	Grand salon sur la place,

réservé aux artistes et aux personnes invitées par eux. Couloirs annexes passant devant le *foyer des travestissements* réservé aux acteurs qui ont à changer rapidement de costume au cours d'un acte, aboutissant d'une part au grand escalier du public, d'autre part au grand escalier de l'administration.

Le foyer des artistes a été un centre de réunions artistiques célèbres, maintenant malheureusement un peu délaissé, excepté les soirs de premières représentations.

Bibliothèque et archives. Accessibles sur une demande à M. Monval, archiviste. (V. *Bibliothèques.*)

Salle du comité. Réservée aux délibérations intéressant « la Maison », entre administrateur et sociétaires. — Collection célèbre de portraits de poètes et d'auteurs. (V. *Musées.*)

Matinées. En dehors des représentations du soir, matinées les jeudis et les dimanches : les jeudis plus spécialement classiques ; les dimanches, pièces du répertoire ou succès actuels.

Jours d'abonnements. Abonnements mondains, le mardi ; autre série, un peu moins élégante, le jeudi.

Premières. Public exceptionnel : outre la critique et les abonnés, une élite intellectuelle et mondaine qui ne va guère aux autres premières ; certains académiciens, membres de l'Institut, du gouvernement, hommes politiques, etc.

Toilettes.

V. *Paris-usages.*

Principaux abonnés du mardi.

Avant-scène (impairs), au rez-de-chaussée : le Ministre des beaux-arts.

Au 1er rang (impairs) : le Président de la République.

Avant-scène (pairs), au rez-de-chaussée : Administrateur général.

Au 1er rang (pairs) : baron Gustave de Rothschild.

Baignoires : 2, le duc d'Aumale ; 3, marquis de Ganay ; 7, baron Guy de La Rochefoucauld, etc.

Loges premier étage : 9 *bis*, M. Hottinguer ; 13, Préfet de police ; 28, princesse d'Aremberg ; 29, marquis de Ganay ; 12, comte de Camondo ; 18, M. Goldschmidt, etc.

Places.

Bureau de location ouvert de 11 heures à 6 heures. Les loges du 2e et du 3e étage (découvertes) peuvent se fractionner par coupons de deux places, dont une sur le devant. Les enfants paient place entière ; les dames sont admises à l'orchestre, mais ne peuvent y garder leur chapeau.

L'OPÉRA
Académie nationale de musique.

PRIX DES PLACES	Bureau		Location	
	fr.	c.	fr.	c.
Stalles de parterre..................	7	»	9	»
Fauteuils : orchestre................	14	»	16	»
— amphithéâtre....................	15	»	17	»
Baignoires : avant-scène............	15	»	17	»
— de côté........................	14	»	16	»
Premières : avant-scène...	17	»	19	»
— entre-colonnes................	17	»	19	»
— loges de face.................	17	»	19	»
— loges de côté.................	15	»	17	»
Deuxièmes : avant-scène..	14	»	16	»
— entre-colonnes................	14	»	16	»
Loges de face......................	14	»	16	»
— de côté........................	10	»	12	»
Troisièmes : avant-scène............	5	»	7	»
— loges de face.................	8	»	10	»
— entre-colonnes................	8	»	10	»
— loges de côté.................	5	»	7	»
Quatrièmes : avant-scène............	2	»	3	»
— loges de face.................	3	»	5	»
— loges de côté.................	2	»	3	»
— fauteuils d'amphithéâtre.......	3	»	5	»
— stalles d'amphithéâtre.........	2	»	3	»
— stalles de côté.	2	»	2	50
Cinquièmes : loges.................	2	»	3	»

Différents titres.　　Académie royale sous Louis XIV et jusqu'à Louis XVI.

Théâtre de l'Opéra en 1791.

Opéra national en 1794.

Académie impériale sous les deux empires.

Académie royale sous la Restauration.

Théâtre national en 1848.

Histoire.　　Le nouvel Opéra, construit sur les plans de M. Ch. Garnier, fut inauguré le 6 juin

1875. Subvention annuelle de 800,000 fr.

Bâtiment. V. Baedeker.

Escalier d'honneur, célèbre par sa beauté. Au vestibule, les statues de Lulli, Rameau, Glück et Haendel.

La salle a cinq étages : 2,000 places.

Le foyer du public : Peintures de Baudry.

Le foyer de la danse, dont le fond est une glace de 7 mètres de large et 10 mètres de haut, est décoré par 20 médaillons - portraits de danseuses célèbres. Les abonnés des trois jours ont le droit d'y entrer.

Administration. *Directeurs :* MM. Bertrand et Gailhard.

Secrétaire général : M. Georges Boyer.

Chefs d'Orchestre. MM. Taffanel, Madier de Montjau, Mangin et Vidal.

Artistes du chant. MM. Alvarez, Saléza, Vaguet, Dupeyron, Affre, Renaud, Delmas, Gresse, etc.

Mmes Rose Caron, Bosman, Bréval, Dufrane, Deschamps-Jehin, Héglon, etc.

Artistes de danse. *Maître de ballet :* M. Hansen.

Sujets connus. Mmes Subra, Mauri, Hirsch, Mercédés, Ottolini, Invernizzi, Salle, Chabot, Lobstein, Torri, Laus, Monchanin.

Jours d'abonnements. Lundis, mercredis, vendredis (toutes les places au premier et au deuxième sont louées, sauf quelques loges de côté).

Caractère des
places.

Jour mondain : le lundi.

Le samedi, représentation où toutes les places sont à louer.

Les loges appartiennent presque toutes aux abonnés, sauf quelques-unes aux troisième et quatrième balcons. Les plus recherchées sont les loges d'entre-colonnes.

Les dames sont admises aux cinq derniers rangs de l'orchestre (sans chapeau).

Les gens du monde non abonnés choisissent de préférence les places d'amphithéâtre. V *Paris-Usages.*)

L'ODÉON

PRIX DES PLACES	Bureau		Location	
	fr.	c.	fr.	c.
Avant-scènes des 1res à salon............	12	»	14	»
— de rez de chaussée.................	12	»	14	»
Baignoires d'avant-scène...............	10	»	12	»
Premières loges de face...............	8	»	10	»
Fauteuils d'orchestre.................	6	»	8	»
Premières loges de côté...............	5	»	7	»
Fauteuils de 1re gal. (1er rang)..	6	»	8	»
— (2e et 3e rang)....................	5	»	7	»
Baignoires...........................	4	»	6	»
Stalles de la 2e galerie..............	3	50	4	»
Avant scènes des deuxièmes............	2	50	3	»
Deuxièmes loges de face...............	3	»	4	»
— loges de balcon	1	50	2	»
Stalles de parterre..................	2	50	3	»
— du deuxième balcon..	1	50	2	»
Avant scènes des troisièmes...........	1	»	1	50
Troisièmes galeries..................	1	»		»
Quatrièmes galeries..................	»	50		»

Le second Théâtre - Français (subventionné par l'Etat de 100.000 francs par an); rive gauche, entre la rue de Vaugirard et rue de l'Odéon.

Histoire. Inauguré en 1782; après diverses péripéties, détruit par incendie, le 18 mars 1799. — Reconstruit en 1807, sous le titre de Théâtre de l'Impératrice. — Considéré comme l'annexe du Théâtre - Français, jouant des comédies, interdiction de tragédies, par contre représentations d'opéra bouffe. — Nouvel incendie, en 1818, qui ne démolit que l'intérieur. — Louis XVIII le fait immédiatement reconstruire. — Depuis 1819, l'Odéon a traversé bien des métamorphoses : il fut le Théâtre-Lyrique et le Théâtre-Italien sous le règne de Louis-Philippe.

L'édifice est entouré d'une galerie ouverte, percée d'arcades, très fréquentée, louée à des libraires.

Auteurs connus. Victor Hugo, Alex. Dumas, Alf. de Musset, George Sand, Augier, de Vigny, Méry, Gozlan, Barrière, Coppée, etc., etc.

Directeurs. MM. Marck et Desbeaux.

OPÉRA-COMIQUE

PRIX DES PLACES	Bureau	Location
	fr. c.	fr. c.
Avant-scènes de rez-de-chaussée et de balcon............	10 »	15 »
Baignoires d'avant-scènes............	10 »	15 »
Baignoires.	8 »	10 »
Loges de balcon............	8 »	10 »
Fauteuils d'orchestre............	8 »	10 »
— de balcon............	8 »	10 »
Avant-scènes de la 1ʳᵉ galerie........	6 »	8 »
Loges de 1ʳᵉ galerie à salon..........	6 »	8 »
— découvertes de 1ʳᵉ galerie........	6 »	8 »
— couvertes de 1ʳᵉ galerie..........	5 »	7 »
Avant-scènes de la 2ᵉ galerie........	3 «	4 »
Fauteuils de la 2ᵉ galerie............	4 »	5 »
Stalles de la 2ᵉ galerie............	2 50	3 »
— de parterre............	3 »	3 50
— d'amphithéâtre............	1 »	1 50

Place du Châtelet (entre le boulevard Sébastopol et le Pont-au-Change).

Histoire. — Depuis l'incendie de la salle Favart, en 1887, le Théâtre-Lyrique est devenu l'*Opéra-Comique* (subventionné de 300.000 fr. par l'Etat).

Directeur. — M. Léon Carvalho.

Chefs d'Orchestre. — MM. Danbé, Vaillard, Bourgeois.

Œuvres à succès. — *Ancien répertoire :* La Dame Blanche, le Chalet, les Dragons de Villars, etc., etc.

Moderne : Mignon, Mireille, Manon Lescaut, l'Attaque du Moulin, la Vivandière.

Quelques artistes. — MM. Clément, Fugère, Bouvet, Grivot, Thierry ; Mᵐᵉˢ Elven, Molé-Truffier, Delna, Pierron.

GYMNASE

PRIX DES PLACES	Bureau	Location
	fr. c.	fr. c.
1er Bureau		
Av.-scènes du rez-de-chaussée......	12 »	15 »
— de balcon..........	12 »	15 »
— scène...........	12 »	15 »
— foyer............	5 »	7 »
Loges de balcon.....................	8 »	10 »
Baignoires...	8 »	8 »
Fauteuils d'orchestre..	8 »	9 »
— de balcon : 1er rang.............	9 »	10 »
— — 2e rang.............	8 »	10 »
— du foyer : 1er rang.............	7 »	7 »
— — 2e rang.............	6 »	6 »
Loges du foyer de 3/4...............	7 »	7 »
— du foyer de côté................	6 »	6 »
2e Bureau		
Stalles de la 2e galerie..............	2 50	3 »
Loges de la 2e galerie de 3/4.........	3 «	4 »
— de la 2e galerie de côté..........	2 50	3 »
Avant-scènes de la 2e galerie........	2 »	2 50
— de la 3e galerie.................	1 »	1 50
— de la 4e galerie	1 »	1 50
Stalles de la 3e gal. 1er rang.........	2 »	2 50
Les autres.......	1 50	2 «
Quatrièmes loges............	1 »	1 50

Bureau de location ouvert de 11 heures du matin jusqu'à l'ouverture. — Les enfants paient place entière. Les dames sont admises aux fauteuils d'orchestre.

Boulevard Bonne-Nouvelle.

Histoire. Autorisé par la duchesse de Berry (1824), à prendre le titre de *Théâtre de Madame*, qu'il garda jusqu'à la Révolution de 1830. Alors, le *Gymnase*. (Le théâtre se trouve sur des terrains qui servirent sous Louis XVI de cimetière pour les calvinistes.) C'est au Gymnase que Scribe, Alex. Dumas fils, Sardou, Meilhac et Halévy, Octave Feuillet, Daudet, Clarctie, curent de grands succès.

Direction.	MM. A. Porel et Carré.
Artistes connus.	Antoine, Mayer, Dumény. Mlles Jane Hading, Yahne; la troupe du Vaudeville.

VAUDEVILLE

PRIX DES PLACES	Bureau		Location	
	fr.	c.	fr.	c.
Av.-scènes du rez-de-chaussée........	5o	»	6o	»
-- des premières....................	5o	»	6o	»
1res loges de face et de côté.........	8	»	10	»
Baignoires de face et de côté.........	7	»	9	»
Fauteuils d'orchestre.................	7	»	9	»
— de balcon (1er rang)..............	8	»	10	»
— (2e rang).........................	7	»	9	»
— du foyer..........................	5	»	6	6
Loges du foyer de face..............	5	»	6	»
— de côté du 2e étage..............	4	»	5	»
Avant-scènes des secondes...........	4	»	5	»
Troisièmes loges de face.......	3	»	4	»
Stalles de la 3e galerie de face.......	3	»	4	»
— de côté...., ...	1	5o	1	5o
Avant-scènes des troisièmes...........	1	5o	1	5o
Loges des quatrièmes.................	2	»	2	»
Quatrièmes galerie....................	1	»		»

Bureaux de location ouverts de 11 h. à 6 h. — Les enfants paient place entière.— Les dames sont admises à l'orchestre.

Au coin du *boulevard des Capucines* et de la *Chaussée d'Antin*.

Histoire.

Ouvert le 12 janvier 1792 dans la salle dite du Panthéon, dans la rue de Chartres (rue supprimée par les travaux du Louvre), chassé de là par l'incendie en juillet 1838, réfugié temporairement au boulevard Bonne-Nouvelle, il occupa de 1840 à 1867 la salle de la place de la Bourse. C'est là que furent représentées les pièces à grands succès : *La Dame aux Camélias*, d'Alex. Dumas fils; *Dalila* et le *Roman d'un jeune homme pauvre*, de Feuillet; *Les Filles de marbre*, de Barrière; *Nos Intimes*, la *Famille Benoîton* et *Maison neuve*, de Sardou.

Directeurs.

MM. Porel et Carré.

Pièces connues à succès.

Madame Sans-Gêne, Prince d'Aurec, les Surprises du Divorce, Viveurs, etc.

Artistes connus.

MM. Dupuis, Dieudonné, Boisselot, Candé, Mayer, Galipaux; Mme Réjane.

RENAISSANCE

PRIX DES PLACES	Bureau
	fr. c.
Avant-scènes de rez-de-chaussée.............	20 »
— de balcon......................	20 »
Baignoires...........................	12 »
Balcon (1er rang)......................	12 »
— (autres rangs)...................	10 »
Fauteuils d'orchestre...................	10 »
1re galerie (1er rang).	7 »
— — (autres rangs).............	6 »
2e galerie............................	2 »
3e galerie...........................	1 »

Bureau de location ouvert de 11 h. à 7 h. — (On peut retenir ses places par le téléphone.) — Les dames sont admises à toutes les places.

Histoire. — Ouvert *boulevard Saint-Martin* en 1873.

Pendant quelques années, on y a joué l'opérette et l'opéra-comique (Théo, Granier), puis la comédie : première de *la Parisienne*, de Henri Becque.

Directeur. — Sarah Bernhardt: Administrateur général : M. Victor Ulmann.

Genre. — Drame artistique et comédie moderne.

GAITÉ

PRIX DES PLACES	Bureau		Location	
	fr.	c.	fr.	c.
Av.-scènes de rez-de-chaussée.........	10	»	12	»
— des baignoires..................	10	»	12	»
— des premières.	10	»	12	»
Baignoires.................'.........	7	»	9	»
Loges de la 1re galerie..	8	»	10	»
Fauteuils d'orchestre	7	»	9	»
— de 1re galerie (1er rang,.........	8	»	10	»
— — (autres rangs).........	7	»	9	»
— de la 2e galerie................	5	»	6	»
Loges de la 2e galerie..............	5	»	6	»
Av.-scènes de la 2e galerie..........	5	»	6	»
Stalles de la 2e galerie.............	3	»	4	»
Stalles d'orchestre..................	4	»	5	»
Av.-scènes et stalles de 3e galerie face..............................	2	50	3	50
Av.-scènes de la 3e galerie de côté...	2	»	3	»
Quatrième galerie de face,..........	1	»	»	
— de côté.........	»	50	»	

Au square des Arts-et-Métiers.

Genre.   Opéra-comique, féeries, etc.

Directeur.   M. Debruyère.

Artistes connus.   MM. Soulacroix, Paul Fugère, etc.; Mmes Bernaert, Sully, Renée Marcel, etc.

CHATELET

PRIX DES PLACES	Bureau		Location	
	fr.	c.	fr.	c.
Loges à salon (8 places)...............	56	»	72	»
— du balcon (6 places).............	42	»	54	»
— (5 places).................	35	»	45	»
Baignoires (5 places)............	35	»	45	»
— (4 places)...............	28	»	36	»
Fauteuils de balcon (1ᵉʳ rang)............	8	»	10	»
-- (autres rangs)................	7	»	9	»
- d'orchestre..............	7	»	9	»
Salles de 1ᵉ galerie (1ᵉʳ rang de face).	5	»	7	»
-- de 1ʳ galerie (2ᵉ, 3ᵉ, 4ᵉ et 5ᵉ rangs et 1ʳ de côté)...............	5	»	6	»
Stalles d'orchestre..............	5	»	6	»
Pourtour.................	4	»	5	»
Premier amphithéâtre.............	3	»	4	»
Parterre.................	2	50		»
Deuxième amphithéâtre.............	1	50		»
Troisième amphithéâtre.............	1	»		»

Place du Châtelet.

Genre.   On y représente les drames à grand spectacle dont le plus célèbre est *Michel Strogoff,* et des féeries comme les *Pilules du Diable, Cendrillon.*

Directeur.   Mᵐᵉ veuve Floury.

Note   Tous les dimanches en hiver, matinée, concert de Colonne.

(V. *Musique.*)

PORTE-SAINT-MARTIN

PRIX DES PLACES	Bureau		Location	
	fr.	c.	fr.	c.
Rez-de-chaussée (orchestre) :				
Avant-scènes	10	»	12	»
Baignoires......	8	»	9	»
Fauteuils d'orchestre 1re sér. (1 à 200)	8	»	9	»
— 2e série (201 à 396).	7	»	8	»
Entresol (corbeille) ;				
Avant-scènes.....................	10	»	12	»
Baignoires........	8	»	9	»
Fauteuils de corbeille (1er rang).....	8	»	9	»
— (autres rangs).	7	»	8	»
1er Etage (balcon) :				
Avant-scènes	10	»	12	»
Loges...........................	6	»	7	»
Fauteuils de balcon (1er rang)........	6	»	7	»
— (autres rangs)...	5	»	6	»
2e Etage (galerie) :				
Fauteuils de galerie (1er rang)......	4	»	5	»
— (2e rang)........	3	»	4	»
Stalles de galerie (1er rang)..........	3	»	3	50
— (autres rangs)....	2	50	3	»
3e Etage : (1er et 2e amphithéâtres) :				
Stalles de 1er amphithéâtre (1er rang).	2	»	2	50
— (autres rangs).	1	50	2	»
2e amphithéâtre (non stallé)........	»	75	»	»

Bureau de location ouvert de 11 h. à 7 h. — Les
enfants paient place entière. — Les dames sont admises
a toutes les places.

Boulevard Saint - Martin
(1,800 places).

Histoire.   Construit pour Marie-Antoinette en 109 jours après
l'incendie de l'Opéra (ouvert le
27 octobre 1781). C'est ici que
furent jouées, en pleine Terreur (1793). *les Noces de Figaro*
de Mozart. Après bien des

vicissitudes, le théâtre fut incendié, sous la Commune, le 24 mai 1871. — Nouveau local inauguré en 1873.

Pièces célèbres. *Théodora, la Tosca, les Deux Orphelines, le Tour du Monde, Monte-Christo,* etc.

Directeur. M. Baduel.

Genre. Drames.

AMBIGU

PRIX DES PLACES	Bureau	
	fr.	c.
1res Avant-scènes.............................	8	»
1res Loges et baignoires......................	7	»
2es Loges et 2es avant-scènes.................	4	»
Fauteuils de balcon (1er rang)................	6	»
— (autres rangs).............................	5	»
Fauteuils d'orchestre (5 premiers rangs)......	6	»
— (autres rangs)	5	»
Fauteuils de foye. (1er rang).................	4	»
— (autres rangs de face)....................	3	»
— (autres rangs de côté)....................	2	50
1re Galerie..................................	2	»
Amphithéâtre.................................	1	»

2, *Boulevard Saint-Martin.*

Directeur. M. Emile Rochard.

Genre. Drames historiques (mélodrames) et modernes.

VARIÉTÉS

PRIX DES PLACES	Bureau		Location	
	fr.	c.	fr.	c.
1er Bureau				
Avant-scènes des premières et du rez-de-chaussée	10	»	5 pl. 60	»
Baignoires de côté.........	8	»	5 — 50	»
			4 — 40	»
			6 — 60	»
Premières loges	8	»	4 — 40	»
			6 — 36	»
Deuxièmes loges de face.........	5	»	4 — 24	»
— de côté.........	4	»	4 — 16	»
Fauteuils d'orchestre	7	»	9	»
— de balcon	7	»	9	»
2e Bureau				
Loges des troisièmes.............	2	»	4 pl. 10	»
Stalles de la deuxième galerie	2	»	2	50
Stalles d'orchestre...............	4	»	5	»
Deuxième balcon,...............	1	50	2	»
Premier amphithéâtre......... ...	1	50	»	»
Deuxième amphithéâtre..........	1	»	»	»

Bureau de location ouvert à partir de 11 h. du matin.
Les enfants paient place entière.

Boulevard Montmartre.

Histoire.   Autrefois sous le nom de Variétés-Montansier, sur l'emplacement actuel du théâtre du Palais-Royal. Pendant de longues années, au programme seulement des pièces grivoises et des comédies légères. Après la Révolution de Juillet, un genre plus sérieux. *Kean*, avec Frédéric Lemaître et Bressant. Sous l'Empire, l'ancien genre et l'opérette. Les premières d'Offenbach et les comédies de Meilhac et Halévy, de Millaud, Gondinet, Labiche.

Directeur.	M. Fernand Samuel.
Artistes connus.	MM. Baron, Alb. Brasseur, Lassouche. — Mmes Ugalde, Lender, Lavallière, Mathilde.

PALAIS-ROYAL

PRIX DES PLACES	Bureau		Location	
	fr.	c.	fr.	c.
Avant-scènes et fauteuils de balcon 1er rang	8	»	10	»
1res loges de face et de côté.........	7	»	9	»
Fauteuils de 1re galerie et de balcon...	7	»	9	»
— d'orchestre.................	7	»	9	»
Baignoires de côté	7	»	9	»
— de face	7	»	9	»
Stalles d'orchestre..................	5	»	6	»
Avant-scènes des deuxièmes	4	»	5	»
2es loges de face et fauteuils des deuxièmes de face.................	5	»	6	»
Fauteuils de balcon des 2es de côté...	4	»	5	»
Loges de côté des 2es	4	»	5	»
Avant-scènes des 3es................	2	50	3	»
Stalles des 3es galeries	2	50	3	»

Les enfants paient place entière.
Les dames ne sont pas admises à l'orchestre.

Au coin du Palais-Royal et de la rue Montpensier.

Histoire.	La salle fut construite (1783) pour le duc d'Orléans. Elle fut occupée par de grandes marionnettes, puis par des

enfants qu'on appelait les petits comédiens de M. de Beaujolais, ou les Beaujolais tout court. En 1790, Mlle Montansier y installa le théâtre des Variétés, transporté en 1807 au boulevard Montmartre. La plus célèbre des actrices fut Virginie Déjazet.

Auteurs à grands succès. Labiche, Barrière, Halévy, Gondinet, Meilhac, Feydeau.

Genre. Vaudevilles, farces, de moralité pas rigoureuse, mais amusants et spirituels.

Directeurs. M. Paul Mussay et L. Boyer.

Artistes connus. MM. Saint-Germain, Raimond, Calvin. — MM^{mes} Magnier, Lavigne, Cheirel.

BOUFFES-PARISIENS

PRIX DES PLACES	Location
	fr. c.
Avant-scènes de rez-de-chaus. (5 places)......	60 »
Premières loges.............................	10 »
Baignoires.................................	10 »
Fauteuils d'orchestre.......................	9 «
— des premières...........................	9 »
Avant-scènes des deuxièmes (4 places)........	20 »
Loges des deuxièmes........................	5 50
Fauteuils des deuxièmes....................	5 50
Avant-scènes et stalles des troisièmes........	2 »
Amphithéâtre..........	1 »

Les avant-scènes du rez-de-chaussée et des premières se louent entières. — Les dames sont admises à l'orchestre.

Passage Choiseul. — rue Monsigny.

Genre,	Opéretto.
Directeur.	M. Grisier.
Artistes connus.	M. Huguenet, Piccaluga ; Mmes Simon-Girard, Gallois.

NOUVEAUTÉS

PRIX DES PLACES	Bureau		Location	
	fr.	c.	fr.	c.
Avant-scènes de rez-de-chaussée.....	50	»	60	»
— des premières.........	50	»	60	»
Baignoires.............	8	»	10	»
Fauteuils de balcon (1er rang)........	8	»	10	»
— de balcon.................	6	»	8	»
— d'orchestre................	7	»	9	»
Stalles d'orchestre...................	5	»	6	»
Premières loges....................	8	»	10	»
Avant-scènes des deuxièmes.........	4	»	5	»
Deuxièmes loges....................	4	»	5	»
Fauteuils de galerie (1er rang).	5	»	6	»
— de galerie.................	4	»	5	»
Stalles de galerie....................	2	»	2	50

28, *Boulevard des Italiens.* Ancien théâtre du célèbre acteur comique Brasseur.

Directeur.	M. Micheau.
Genre.	Boulevardier (vaudevilles et revues).

FOLIES DRAMATIQUES

PRIX DES PLACES	Bureau		Location	
	fr.	c.	fr.	c.
Avant-scènes de rez-de-chaussée (5 pl.)	40	»	50	»
Fauteuils d'orchestre.................	6	»	7	»
Stalles d'orchestre	2	50	3	»
Avant-scènes du théâtre (4 pl.)	30	»	40	»
— des 1res (5 places).....	30	»	40	»
Loges de balcon de face (6 pl.)........	48	»	60	»
— de face (4 pl.).......	24	»	33	»
— de côté (4 pl.)	20	»	24	»

Près de la place de la République, rue de Bondy.

Histoire.   Ouvert en 1830 sur l'ancien boulevard du Temple.

Eut sa grande vogue sur la fin de l'Empire avec *l'Œil crevé, le petit Faust,* et après la guerre avec *la Fille de* Mme *Angot, les Cloches de Corneville.*

Directeur.   Jean Peyrieux.

Genre.   Opérettes.

CLUNY

PRIX DES PLACES	Bureau		Location	
	fr.	c.	fr.	c.
Avant-scènes (6 places)	36	»	42	»
Baignoires (6 places)................	30	»	36	»
Loges des 1res de balcon (6 places)...	24	»	30	»
Fauteuils d'orchestre................	4	»	4	50
— de balcon.................	4	»	4	50
Stalles d'orchestre..................	2	50	3	»
— de deuxième galerie..........	1	»	1	25
Parterre............................	1	50	1	75

Square de Cluny. Théâtre du Quartier latin.

Pièces connues. *Trois femmes pour un mari, Boubouroche,* etc.

Directeur. M. Léon Marx.

Genre. Vaudeville léger.

DÉJAZET

PRIX DES PLACES	Bureau		Location	
	fr.	c.	fr.	c.
Avant-scènes.....................	5	»	6	»
Loges de balcon de face.............	5	»	6	»
Baignoires du rez-de chaussée........	5	»	6	»
— de balcon de côté........	4	»	5	
Fauteuils d'orchestre (5 1ers rangs)..	5	»	6	»
— —	4	»	5	»
— de parquet................	3	»	4	»
— d'avant-scène.............	4	»	5	»
— de balcon.................	3	»	4	»
— de galerie de face.........	2	»	2	50
Stalles d'orchestre.................	2	»	2	50
— de galerie de face.............	1	50	2	»
Avant-scènes et fauteuils de galerie..	2	»	2	50
Amphithéâtre.....................	1	»	»	

Matinées tous les Dimanches et Fêtes à 1 h. 3/4.

Boulevard du Temple.

Histoire. Ancien jeu de paume du comte d'Artois, aménagé en théâtre au commencement du second Empire; s'appelait Folies-Nouvelles lorsque la célèbre Déjazet en prit la direction et lui donna son nom. Dès la première année, succès de début de Sardou avec *M. Garat*, où jouait Dupuis (des Variétés). Les premiers spectacles en matinée ont été donnés là par Ballande.

| Directeur, | M. Calvin. |
| Genre actuel, | Gros vaudeville. |

MENUS-PLAISIRS

PRIX DES PLACES	Bureau		Location	
	fr.	c.	fr.	c.
Avant-scènes de rez-de-chaussée....	8	»	10	»
Baignoires grillées..................	7	»	8	»
— ordinaires...............	6	»	7	»
Fauteuils d'orchestre........	5	»	6	»
Avant-scènes des 1res...............	8	»	10	»
Loges............................	6	»	7	»
Fauteuils de balcon (1er rang)........	6	»	7	»
Stalles d'orchestre...........	3	»	4	»
Fauteuils de balcon (autres rangs)...	4	»	5	»
— foyer (1er rang).............	3	»	3	50
— — (autres rangs)	2	»	2	50
Avant-scènes de foyer..... ...... ·	2	»	2	50
Stalles de foyer de côté............	1	50	2	»
— de 3e galerie...............	1	»	1	50
Loges et avant-scènes de 3e galerie..	1	»	1	50

Boulevard de Strasbourg.

| Genre, | Opérette. |
| Note particulière. | Le Théâtre Libre y a donné ses représentations. |

THÉATRE DE LA RÉPUBLIQUE
CHATEAU-D'EAU

Rue de Malte, derrière la place de la République.

Histoire.
Sous l'Empire, Cirque du Prince-Impérial, transformé en théâtre lyrique et autres avatars. Débuts des concerts Lamoureux.

Genre actuel.
Mélodrame populaire.

Directeur.
M. Alphonse Lemonnier. Sa femme, Mme Lemonnier, étoile du théâtre.

MONTPARNASSE

Rue de la Gaîté (rive gauche), près de la gare Montparnasse.

Théâtre de quartier. (Mürger, *Vie de Bohême.*)

Note particulière.
Célèbre par les manifestations des jeunes littérateurs. (Le Théâtre Libre y a débuté.)

Directeur.
M. Hartmann.

Genre.
Les pièces à succès du centre de Paris.

THÉATRE D'APPLICATION

18, *rue Saint-Lazare.*

Directeur.	M. Bodinier.
Études dramatiques.	M. Guillemot.

Des représentations classiques sont données chaque saison avec le concours des élèves des classes dramatiques du Conservatoire national.

Prix. Abonnement : la saison 100 fr. Donnant droit à un fauteuil réservé aux premières représentations, à l'entrée permanente à toutes les causeries, conférences de la saison, et à une carte d'entrée de famille pour toutes les expositions qui sont faites dans les galeries du théâtre.

(V. *Conférences.*)

THÉATRE DE L'ŒUVRE

Siège social, 23, *rue Turgot.* Représentations *à la Comédie Parisienne, rue Boudreau.*

Particularités. *L'Œuvre* donne annuellement dix représentations, et seuls les abonnés de l'année y sont admis.

Fondateur directeur M. Lugné-Poé.

Pièces jouées. (entre autres). De Henrik Ibsen : *Rosmersholm, l'Ennemi du peu-*

Pour s'abonner, s'adresser à	*ple, Solness le constructeur, Brand,* etc., etc. M. Gros, 23, rue Turgot.
Prix de l'abonnement.	Fauteuils d'orchestre ou de balcon : 100 fr.; fauteuils de 2ᵉ galerie : 60 fr.; loge ou baignoire : 500 fr.

THÉATRE-LYRIQUE
DE LA GALERIE VIVIENNE

	6, *rue Vivienne.* Les mardis, jeudis et samedis, à 8 h. 1/2.
Genre.	Représentation des chefs-d'œuvre des maîtres anciens et des œuvres inédites de compositeurs modernes.
Directeur.	M. Alph. Bouvret. Les dimanches, jeudis et fêtes, matinées enfantines du théâtre Séraphin à 2 h. 1/2.

THÉATRE LIBRE

	A traversé des transformations : d'abord Montmartre, ensuite Montparnasse.
Administration.	*96, rue Blanche.*
Directeur.	M. La Rochelle.
Fondateur.	M. Antoine.
Prix d'abonnement.	100 fr. par place.

CHAPITRE VI

CIRQUES, CAFÉS-CONCERTS

ET AUTRES DIVERTISSEMENTS

LES CIRQUES

Cirque d'Hiver. *Boulevard des Filles-du-Calvaire.*
1ᵉʳ octobre à fin mars.
Tous les soirs à 8. h 1/2 spectacle équestre, clowns, etc.
Tous les jeudis, dimanches et fêtes, matinées à 2 h. 1/2.

Directeur. M. Franconi.

PRIX DES PLACES	Bureau	Location
	fr. c.	fr. c.
Premières..........................	2 »	3 »
Secondes............................	1 »	» »
Troisièmes.................	» 5o	» »

Les enfants paient place entière. — Location de 11 à 6 heures. — Administration, rue de Crussol, 6.

Cirque d'Été   *Aux Champs-Élysées.*
                      D'avril à septembre.
Directeur.   M. Franconi.

PRIX DES PLACES	Bureau		Location	
	fr. c.		fr. c.	
Les samedis :				
Loges (6 places)	3o	»	36	»
1 place.	5	»	»	»
Entrée : premières et promenoirs.....	3	»	5	»
Les autres jours :				
Loges (6 places)	2⅓	»	3o	»
1 place	4	»	»	»
Entrée : premières et promenoirs.....	3	»	4	»
Deuxièmes	1	»	»	»

Dimanches et fêtes, matinées à deux heures et demie.
Les enfants paient demi-place aux matinées.
Location de 11 h. à 6 heures.

Cirque   *Rue des Martyrs et boule-*
Fernando.   *vard Rochechouart.*
Directeur.   M. Lefort.

Nouveau Cirque   25I, *rue Saint-Honoré.*
                      Le plus élégant et mondain
                      des cirques.

Spécialité.   La piste peut se transfor-
                      mer en piscine sous l'œil du
                      public.

Directeur.   M. Donval.

Prix.   Loges (la place) : 5 francs.
                      Fauteuils : 3 francs.
                      Galerie Promenoir : 2 francs.

CAFÉS-CONCERTS

Folies-Bergère. *Rue Richer*, 32.
Directeur,   M. Marchand.
Tous les soirs, à 8 h. 1/2, spectacle varié : ballets, pantomimes, acrobates, etc.
Prix.   Entrée : 2 fr. à toutes places non réservées ; loges à retenir d'avance.
Public très mêlé, très élégant, selon les programmes.

Eldorado. *Boulevard de Strasbourg*, 6.
Directeur.   M. Marchand.

La Scala. *Boulevard de Strasbourg*, 13.
Directeur.   M. Marchand.
Artistes connus.   MM. Polin, Sulbac.
Mmes Yvette Guilbert, Anna Thibault, Polaire, etc.

Parisiana. *Boulevard Poissonnière.*

Olympia. *Boulevard des Capucines.*

Casino de Paris. 16, *rue de Clichy.*
Plutôt des ballets.

Concert Parisien 37, *faubourg Saint-Denis.*
Prix très doux.

Moulin Rouge. *Place Blanche.*
Directeur.   M. Oller.
Tous les soirs après le concert, bal ; entrée 2 fr. Les mer-

credis et vendredis, fêtes de nuit, entrée : 3 fr. Les dimanches et fêtes à 2 heures, kermesse et bal, entrée : 0 fr. 50.

La Cigale.   *Boulevard Rochechouart.*

Concert de la Pépinière.   *Rue de la Pépinière*, 9. Curiosité parisienne. Le public ne se compose que de gens de maison : concierges, domestiques (jolies bonnes).

Concert Lisbonne.   75, *rue des Martyrs.*

La Fourmi.   *Boulevard Barbès.*

CAFÉS-CONCERTS D'ÉTÉ

Concert de l'Horloge.   *Avenue des Champs-Elysées.* Ouverture le 20 avril.

Concert des Ambassadeurs.   *Avenue des Champs-Elysées.* Ouverture en avril.

Alcazar d'été.   *Avenue des Champs-Elysées.* Ouverture en mai.

Jardin de Paris.   *Avenue des Champs-Elysées.* Ouverture en mai.

Bullier.   *Place de l'Observatoire.* Bals. Public du Quartier-Latin.

AUTRES DIVERTISSEMENTS

Le Palais de glace. *Aux Champs-Élysées.*
Tous les jours concert et patinage.
De 9 heures du matin à midi : 3 fr.
De 2 heures à 7 heures : 5 fr.
De 9 heures du soir à minuit : 3 fr.

Le Pôle Nord. *Rue de Clichy.*
Tous les jours patinage et concert.
(V. *Patinage.*)

Cabarets Artistiques. *Le Chat-Noir,* 12, rue Victor-Massé.
Directeur, Rodolphe Salis (personnalité parisienne).
Chanteurs et diseurs, poètes et artistes connus.
Curiosité parisienne.
L'Ane Rouge, avenue Trudaine.
Le Carillon, rue de la Tour-d'Auvergne.
Les Décadents, rue Fontaine.
Les 4-Z'arts, boulevard de Clichy, 60.
Le Mirliton, boulevard Rochechouart ; Aristide Bruant,

CHAPITRE VII

PROMENADES

Itinéraires pour Cavaliers. Les Champs-Elysées, l'avenue du Bois, la Porte Dauphine, et en face la petite allée des Poteaux (très élégante le matin).

Cours la Reine (très ombragé). Le bord de la Seine, de la place de la Concorde au Pont de l'Alma; avenue du Trocadéro, avenue Henri Martin, porte de la Muette : une des perspectives les plus harmonieuses du Bois.

Beaucoup de cavaliers militaires : route directe de l'Ecole Militaire au Bois.

Champs-Elysées Longue avenue, de la place de la Concorde à l'Arc de Triomphe.

La partie Est, jusqu'au Rond-Point, bordée d'un parc anglais, s'étendant du cours la Reine à l'avenue Gabriel, fréquentée par les enfants, mais de plus en plus encombrée par des concessions à des établissements divers :

A droite : Horloge, Ambassadeurs, théâtre Marigny, Cirque d'Eté.

A gauche :
Restaurant Ledoyen.
Palais de l'Industrie
Jardin de Paris
Palais de glace.
La partie Ouest, du Rond-Point à l'Arc de Triomphe, simple avenue très large, très élégante, où il est bien porté de marcher à pied, le matin, en revenant du Bois.
A droite :
Ancien hôtel de la Guimard (Louis XV), hôtel de Trévise, etc.

Avenue du Bois de Boulogne.

Large avenue allant de l'Arc de Triomphe à la Porte-Dauphine, la gauche aux piétons (élégant, bien porté), la droite aux cavaliers; bordée de jardins anglais, hôtels et maisons très luxueux; perspective sur le Bois.

Détail parisien.

A l'entrée, sur la place de l'Etoile, à gauche de l'avenue du Bois jusqu'à la rue de Presbourg, le CLUB DES PANNÉS, réunion de flâneurs et de curieux qui se forme, sur les fauteuils et chaises loués, pour regarder passer voitures, cavaliers, etc.

Bois de Boulogne.

Situation.

Partie ouest de Paris, entre les fortifications et la Seine. Touche à Paris (Passy, Auteuil), Boulogne, la Seine (Saint-Cloud, Suresnes), Courbevoie, Neuilly.

Principales entrées.

En venant de Paris :

Par l'avenue de la Grande-Armée : porte Maillot.

Par l'avenue du Bois : porte Dauphine.

Par Passy (Ranelagh) : porte de la Muette.

Par Auteuil (gare) : porte d'Auteuil.

En venant de Boulogne :

Porte de Boulogne.
Porte de l'Hippodrome.
Porte de Saint-Cloud.

En venant de la Seine ;

Carrefour des Tribunes.
Porte de Suresnes.
Porte de la Seine.

En venant de Neuilly :

Porte de Bagatelle.
Porte de Madrid.
Porte de Saint-James.
Porte de Neuilly.
Porte des Sablons (Jardin d'Acclimatation).

arties du bois. Les lacs (V. *Patinage*), restaurants dans l'île, etc.

Pelouses de Boulogne (Pépinières).

n soleil. Pelouses de Saint-Cloud (Jeux d'enfants).

Pelouses de la Muette (fêtes foraines et jeux).

Ombrage. Pelouses de la Croix-Catelan (Pré-Catelan, ferme et jardin).

Pelouses de Madrid. (V. *Cercle des Patineurs*.)

Tir aux pigeons.

Bagatelle. Château et parc aux héritiers de R. Wallace.

Longchamps. Partie du bord de la Seine; comprenant :
champ d'entraînement ;
le Polo ;
l'Hippodrome (courses plates ; voir *Sport*).

Madrid. Quartier de villas et de maisons de campagne entre Neuilly et le Bois.

Saint-James. Quartier de maisons de campagne, dans le bois, à côté de Madrid.

Le Jardin d'Acclimatation. Entrée principale, porte des Sablons. — Collections d'animaux, serres, aquarium, jardin d'hiver, concerts. Le samedi, beaucoup de noces à pied : les restaurants des environs, qui font des repas de noces, donnent à leurs clients des entrées pour l'après-midi.

Les Restaurants au Bois. (V. *Restaurants*.)
Madrid.
Pavillon d'Armenonville.
La Cascade.
Le Pavillon Chinois.
Le Chalet du Cycle.
Le Pré-Catelan.

CARACTÈRE DE CERTAINES PROMENADES

Avenue des Acacias (Allée de Longchamps). La plus mondaine, pour voitures et piétons. *Heures :* en été, le matin à 11 heures et l'après-midi, de 5 à 7 heures. En hiver : de 3 à 5 heures l'après-midi. Les mardis et les vendredis sont les jours les plus chics. Les dimanches, public très mêlé.

Avenue de la Reine-Marguerite. Traversant l'avenue des Acacias et conduisant à Boulogne. Moins fréquentée. Public de personnes qui cherchent à marcher pour des raisons hygiéniques et non pour voir ou être vues.

Avenue des Poteaux. La plus mondaine des promenades à cheval. Le matin, de 10 heures à midi, monde élégant ; l'après-midi, public mêlé.

Le tour des Lacs. Sous l'Empire, la grande promenade des mondains ; depuis que le mouvement s'est porté à l'avenue des Acacias, on n'y rencontre plus que les promeneurs du dimanche, un public plutôt simple et des noces en voiture ou à pied. (V. *Patinage*.)

Ranelagh. Promenade située au bout de la rue de Passy, au sud de la Muette, entre les fortifications et le chemin de fer de Ceinture. Beaux arbres, pelouses superbes, habitations élégantes, concert en été, beaucoup d'enfants, de bandes de collégiens, etc.

Bois de Vincennes. Promenade populaire peu connue et peu fréquentée des Parisiens du monde, qui le traversent seulement les jours de courses. Mérite mieux que ce dédain; très curieux le dimanche, à cause du public qui s'y délasse. La partie avoisinant le lac de Saint-Mandé est très pittoresque, et les environs du grand lac ont des ombrages superbes. Le chalet de la Porte-Jaune est un restaurant estimé.

Tuileries. Vaste promenade, de la cour du Carrousel à la place de la Concorde.

Traversée par deux voies seulement : l'une pour les voitures, la rue des Tuileries, en face le Pont-Royal et la rue des Pyramides ; — l'autre pour piétons, fermée à la nuit, dans l'axe du pont de Solférino et de la rue Castiglione.

Jardins anglais tout récents, sur l'emplacement du palais des Tuileries.

Jardin anglais plus ancien : partie constituant autrefois le jardin réservé du Palais, avec les terrasses du bord de l'eau.

Jardin planté d'arbres en quinconces. Jeux de paume. Guignol. Musique militaire.

Panorama du siècle.

Expositions et fêtes.

Palais-Royal. Jardin assez maigre, enclos de galeries autrefois célèbres, maintenant presque désertes.

Musique militaire recherchée en été; public tranquille, surtout des gens du quartier (V. *Monuments historiques.*)

Souvenir historique Les marronniers du jardin ont servi à décorer les patriotes, sur l'exemple de Camille Desmoulins, le jour de la prise de la Bastille.

Jardin du Luxembourg Jardin très artistique, dépendant du Palais du Luxembourg et dessiné pour Marie de Médicis.

Ancienne pépinière, réduite mais encore intéressante, séparée de l'*avenue de l'Observatoire* par la rue Auguste-Comte.

Cours de culture des arbres.

Pavillon des abeilles, ruches, cours d'apiculture.

Parc anglais, le long de la rue du Luxembourg (anciennement rue Bonaparte prolongée); très idyllique.

Magnifique collection de fleurs, de rosiers; serres remarquables quoique peu connues.

Jeux de paume et de boules. Guignol, etc.

Quinconces vers la rue de Médicis, traversés par l'avenue des Veuves; flirts plus tapageurs : étudiants et étudiantes.

Musique militaire.

Fontaine Médicis Et parc vers la rue de

Vaugirard, plus romanesques.

Partie centrale autour du bassin, très abritée, fréquentée par les enfants et les familles.

Statues célèbres des reines de France. Monuments de Banville, de Corot, de Mürger, etc.

Champ-de-Mars et Trocadéro.

Jardins établis sur d'anciens terrains vides : le Trocadéro, pour l'exposition de 1878, le Champ de manœuvres, pour l'exposition de 1889.

Le *Jardin du Trocadéro*, très sillonné de voitures, et disposé en amphithéâtre, n'est pas très suivi comme promenade ; les galeries couvertes du palais offrent de belles vues, ainsi que la partie élevée du parc anglais. Aquarium intéressant (entrée sur l'avenue d'Iéna).

Le *Champ-de-Mars*, agréablement planté, est entouré de cafés-concerts guinguettes. Clientèle de soldats, d'habitants du Gros-Caillou.

Boulevards.

Suite de larges voies établies sur l'emplacement des anciens murs de Paris, marquant la limite de la ville au temps de Louis XIV.

Caractère très différent selon les quartiers traversés, depuis la Bastille jusqu'à la

Madeleine. Les prolóngements des rues, venant du centre de Paris, au delà des boulevards, ont gardé le nom de *faubourgs* (rue Saint-Martin; faubourg Saint-Martin; — rue Saint-Denis; faubourg Saint-Denis; — rue Poissonnière; faubourg Poissonnière; — rue Montmartre, faubourg Montmartre).

Jardin des Plantes.

Entre la rue Linné et le quai d'Orléans.

Terrain de culture et d'application des cours professés au Muséum d'histoire naturelle.

Jardin botanique. — Échantillons de plantes usuelles et pharmaceutiques.

Jardin des animaux. — Consacré aux animaux vivants de la collection du Muséum; les serpents, les singes, les animaux de la zone tropicale ont des bâtiments spéciaux.

Parc. — Planté d'arbres de toutes les essences acclimatées en France.

Labyrinthe. — Promenade affectionnée par les petits; rendez-vous de militaires et de bonnes d'enfants.

Célèbre cèdre du Liban, le premier apporté en France, planté par Linné.

Tout autour, bâtiments des cours, collections et habitations dépendant du muséum ; souvenirs de Cuvier, Linné, Humboldt, Chevreul, Littré, Claude Bernard, etc., etc.

Parc des Buttes-Chaumont. En haut de Belleville, emplacement de l'ancien gibet de Montfaucon (lieu de supplice infamant au moyen âge). Longtemps abandonné. Célèbres carrières d'Amérique. (V. romans d'Eugène Sue.)

Maintenant parc des plus pittoresques, le plus grand de Paris ; fêtes populaires, en été, particulièrement caractéristiques.

Parc de Montsouris. Au sud de Paris, près de la gare de Sceaux. Vaste promenade, accidentée et ombreuse, avec vues sur Paris fort bien ménagées. Observatoire installé dans l'ancienne reproduction du « palais du bey de Tunis », transportée là après l'exposition de 1867, et considérablement défraîchie.

Parc Monceau. Boulevard Malesherbes, rue de Monceau.

Ancienne propriété des ducs d'Orléans ; alors très vaste ; réduite et embellie par la ville de Paris. Grilles monumentales et célèbres.

Promenade très élégante. Les voitures la traversent au pas, à cause du grand nombre d'enfants amenés par les nourrices et les gouvernantes.

Beaucoup de rendez-vous
et de flirts, surtout autour de
la Naumachie (pièce d'eau entourée d'une colonnade) et du
rocher couvert de verdure.

Petit bois entourant un tombeau, etc., etc.

CHAPITRE VIII

LES MONUMENTS HISTORIQUES

Arc de Triomphe   Bâti par Napoléon Ier, ter-
miné sous Louis-Philippe.

Au sommet, plate-forme
avec vue renommée.

Jours et heures.   Tous les jours, à toutes les
heures. (Escalier sous l'arcade
du sud.)

Principaux détails.   Sous les voûtes sont inscrits
des noms de batailles, les prin-
cipales sur des écussons, le
long de la corniche. Sur les
piédroits, noms de généraux.

Sculptures extérieures :
grand groupe de Rude, le
Départ de 1792, dit *la Mar-
seillaise*. Façade des Champs-
Elysées, en pendant : le
Triomphe de la Paix de Cor-

tot. Façade de l'avenue de la Grande-Armée : deux grands groupes par Etex. *Victoire* (à côté des voûtes) de Pradier.

Pour les bas-reliefs, voyez Bœdeker.

Arsenal. Ancien arsenal de Paris (xvie siècle), habitation de Sully, ministre de Henri IV, qui se rendait chez lui lorsqu'il fut assassiné. (V. *Bibliothèques.*)

Arts et Métiers. (Conservatoire des). Etablissement consacré à l'enseignement industriel (Sorbonne de l'industrie). Ancien prieuré de Saint-Martin des Champs, dont une partie est encore engagée dans les maisons adjacentes, datant du xie siècle. Ancienne église (xie et xiiie siècle). Ancien réfectoire (xiiie siècle).

Jours et heures. Les dimanche, mardi, jeudi, de 10 à 4 heures ; les autres jours avec autorisation. (V. *Musées.*) (V. *Bibliothèques.*)

Banque de France. Ancien hôtel La Vrillière (xviiie siècle). Galerie dorée. — Visites seulement sur demande. — Caves célèbres.

Bastille. Vaste place occupée autrefois par la forteresse connue comme prison d'État du xive siècle et détruite au commencement de la Révolution (14 juillet 1789).

Colonne de Juillet, édifiée en 1840 en l'honneur des victimes de Juillet 1830.

Bronze de Barye (le Lion de Juillet) au pied de la colonne. Au sommet, Génie de la Liberté. Sous le monument, caveaux funéraires.

Bibliothèque Nationale.

Rue de Richelieu.
Rue Colbert.
Rue Vivienne.
Rue des Petits-Champs.

Bâtie par Mazarin sous Louis XIII, augmentée sous Louis XIV et depuis.

Les parties les plus intéressantes sont les façades sur la rue Vivienne, sur la cour de la rue des Petits-Champs, la cour d'honneur, etc.

L'installation des bureaux et des salons de l'administration est exécutée en reproduction du style Louis XIV.

Galerie Mazarine. — Style Louis XIII, plafond de Romanelli.

Galerie de la réserve. — Style François Ier.

Jours et heures.

(V. *Bibliothèques.*)

Bourse.

Bâtie sous Napoléon Ier, reproduction du Temple de Vespasien à Rome.

Heures.

De midi à 4 heures.

Le Parquet. — Endroit isolé par une grille dans la salle de la Bourse, et réservé aux agents de change.

Corbeille. — Grille ronde à

peu près au centre du Parquet, autour de laquelle les agents de change font leurs ventes ou leurs achats.

Marché au comptant, à droite en entrant. *Coulisse de la rente*, à gauche au fond de la galerie. *Coulisse des valeurs en banque*, sous le péristyle.

Marché du Jardin. — Après la fermeture de la Bourse, négociations faites généralement par de vieilles femmes à cabas crasseux sur les titres dépréciés, les numéros de tirages à lots, etc.

Palais Bourbon. Siège de la Chambre des députés. Partie primitive, côté de la rue de l'Université, date du xviiie siècle. Façade du côté de la Seine (temple grec avec péristyle corinthien), date du Premier Empire.

Heures. Visible : hors session, tous les jours ; pendant les sessions, demander une carte à un député ou au secrétaire de la questure.

Salle des séances. — Grande tapisserie des Gobelins : l'École d'Athènes, de Raphaël ; statues par Pradier, etc.

Catacombes. Ossuaire souterrain très ancien ; les premières carrières datent du temps des Romains.

Entrée : place Denfert-Rochereau, avec cartes.

Cluny.	*Partie antique.* — Ruines du palais de Julien (empereur romain, 360), dit *les Thermes*. Grande salle, galeries et vestiges divers. *Parties moyen âge et moderne.* — Abbaye de Cluny, style gothique et Renaissance. (V. *Musées*.)
Jours et heures.	Tous les jours, excepté le lundi et les jours fériés de semaine, de 11 à 5 heures en été, et 4 heures en hiver.
Colonne Vendôme.	Monument élevé place Vendôme à la gloire des armées de Napoléon Ier. Déboulonnée en 1871 et reconstruite.
Ecole de Médecine.	Partie ancienne sur la rue de l'Ecole-de-Médecine, datant du xviiie siècle. Ancien couvent des Cordeliers, dont il reste le réfectoire où se tint le club célèbre dont faisaient partie Camille Desmoulins, Danton, Robespierre, etc.
Ecole des Beaux-Arts.	Ancien couvent des Petits-Augustins, doté par Marguerite de Valois (xvie siècle), agrandi depuis. Façade récente : 1860, quai Malaquais ; relié à l'ancien hôtel de Chimay, acquis en 1885. (V. *Musées*.)
A visiter :	*Cour d'honneur* — Portail du château d'Anet (célèbre château de Diane de Poitiers),

Façade du château de Gaillon (célèbre château du cardinal d'Amboise, commencement du XVIe siècle).

Ancienne chapelle du Couvent. — Actuellement musée de reproductions.

Souvenir patriotique.

Cour du Mûrier. — Ancien cloître; tombeau de Henri Regnault (jeune peintre tué en 1870). Statue célèbre de la *Jeunesse*, par Chapu.

Deuxième cour. — Bassin de l'abbaye de Saint-Denis (fin du XIIe siècle). Curieux monument au point de vue ésotérique.

Salle de Melpomène, donnant sur le quai Malaquais et servant aux expositions, prix de Rome, etc.

Bâtiment du fond. — Salle de bibliothèque ; porte Henri II.

Amphithéâtre. — Salle de cours (Taine y a professé l'esthétique) ; dans l'amphithéâtre, hémicycle : célèbre *Apothéose d'Homère*, par Paul Delaroche.

Reproductions d'œuvres célèbres.

Dans toutes les parties de l'école, reproductions de chefs-d'œuvre connus, entre autres : *Fresque de la Magliana* (couvent), de l'école de Raphaël, reproduite sur lave inaltérable; *le Jugement dernier*, de Michel-Ange (chapelle Sixtine); *bas-reliefs du Parthénon; Loges*

du Vatican, de Raphaël ;
Œuvres de Donatello, etc., etc.
(V. *Musées.*)
(V. *Étudiants et Écoles.*)

Jours et heures.   Dimanche, midi à 4 heures.
Semaine, avec autorisation.

Elysée.   Palais du xviiie siècle, bâti pour le comte d'Evreux, puis donné par Louis XV à la marquise de Pompadour, et racheté par lui aux héritiers de la marquise ; habité sous Louis XVI, par la duchesse de Bourbon.

Imprimerie sous la Révolution; bal public sous le Directoire; habitation princière sous Napoléon Ier (Murat, Napoléon, Louis Bonaparte et la reine Hortense, sa femme).

Sous la Restauration, le duc de Berry ; puis, comme président de la République, Louis Bonaparte. Actuellement, résidence du Président de la République.

Fontaine des Innocents.   *Près des Halles, dans la rue Saint-Denis.* — Renaissance française dans l'ancien cimetière des Innocents. Célèbres naïades par *Jean Goujon.*

Fontaine Médicis.   Au *Luxembourg* (Renaissance française).—Construite pour Marie de Médicis. Groupe d'Acis et Galatée.

Fontaine Louvois   *Rue Richelieu.* — En face de la Bibliothèque nationale (xixe siècle).

Gobelins. — Manufacture nationale de tapisseries qui doit son nom à Jean Gobelin (teinturier, fondateur, 1450). Perfectionnée et augmentée sous Louis XIV. Visite intéressante des ateliers.

Jours et heures. — Le mercredi et le samedi, de 1 à 3 heures. (V. *Musées.*)

Hôtel de Ville. — Ancienne construction (Henri II et Henri IV). Détruit sous la Commune (1871), rebâti dans l'ancien style (Renaissance française). Remarquable façade reproduisant celle du Boccador, horloge, campanile, etc.

Du côté du quai : jardin du préfet de la Seine, statue équestre d'Etienne Marcel (maire de Paris au xive siècle).

A l'intérieur. — Salle des séances et dépendances, salle des fêtes, escalier du préfet, cour d'honneur, etc., etc.

Peintures de Puvis de Chavannes : *l'Eté et l'Hiver*, décoration de l'escalier du préfet, etc.

Le *Gloria victis*, de Mercié ; les *Premières Funérailles*, de Barrias, etc.

Jours et heures. — Tous les jours, sauf le dimanche, de 2 à 3 heures, avec une autorisation du secrétariat.

Invalides. — *Palais* construit sous Louis XIV, pour loger les soldats blessés dans les batailles. Visite curieuse aux cuisines, aux chambres, cour d'honneur, etc.

Eglise : servant de sépulture aux illustrations militaires (tombeaux de Napoléon Ier, de ses généraux, des maréchaux de France, etc.), collection de drapeaux pris sur l'ennemi.

Jours et heures.　Visite tous les jours, sauf le mercredi et le samedi, de midi à 4 h.

Musée d'artillerie.(V. *Musées.*)

Institut.　Bâti du temps de Louis XIV sur l'emplacement de la fameuse tour de Nesle (roman d'Alexandre Dumas). Primitivement collège Mazarin, dit collège des Quatre-Nations. La Convention en a fait le palais de l'Institut. (V. *Bibliothèques, Musées, Institut.*)

Louvre.　(V. *Musées* et *Bibliothèques.*)

Vieux Louvre.　*Cour carrée :* partie du bord de la Seine, façade Saint-Germain l'Auxerrois (colonnade de Perrault), façade sur la rue de Rivoli jusqu'au pavillon en face de la rue Marengo inclusivement, bâties sous Louis XIV. Angle de la façade sur la rue de Rivoli bâti sous

Louis XIII. Pavillon de l'Horloge et angle sud-ouest bâti sous François Ier. Traces gardées sur le pavé de la cour et vestiges (particulièrement dans les salles de sculpture de la Renaissance) du Louvre moyen âge.

A lire.

Pour plus de détails, voir *Le Louvre*, par A. Kaempfen; *Paris*, par Auguste Vitu.

Statues d'artistes.

Dans les jardins extérieurs de la Cour carrée, bord de la Seine, jardin de l'Infante : Meissonnier, par Mercié; monument de Raffet (auteur de dessins et croquis de l'armée sous Napoléon Ier). Autres monuments de peintres, entre autres celui de Velasquez par Frémiet et celui de Watteau.

Nouveau Louvre.

Partie antérieure (de la Cour carrée à la place du Carrousel). Partie du bord de la Seine, façade extérieure conservée du temps de Catherine de Médicis; décoration de Jean Goujon. Façade intérieure bâtie sous Napoléon III, ainsi que toute la partie située sur la rue de Rivoli (sauf une petite galerie rattachant l'angle de la Cour carrée et construite sous Napoléon Ier).

Place du Carrousel. — Partie du bord de la Seine, édifiée sous Henri IV et reconstruite sous Napoléon III (pavillon de Flore).

Partie en façade sur la rue de Rivoli. — Bâtie sous Napoléon I⁰ʳ, jusqu'au pavillon formant l'angle (pavillon Marsan, bâti sous Louis XIV).

Le tout remanié et reconstruit sous Louis XVIII, Napoléon III et la République. Entre le pavillon de Marsan et le pavillon de Flore, se trouvait le château des Tuileries, détruit en 1871.

Luxembourg.   (V. *Musées, Promenades, Bibliothèques.*)

Nouveau Luxembourg.   Palais du Sénat, bâti pour Marie de Médicis, xvii⁰ siècle, remanié sous Napoléon I⁰ʳ et sous Louis-Philippe.

Heures.   Visible de 9 à 5 h. hors session tous les jours, sauf le dimanche; pendant les sessions, se procurer une carte d'entrée par un sénateur ou en écrivant au secrétaire de la questure (palais du Luxembourg).

Petit Luxembourg.   Habitation du président du Sénat. — Palais de Marie de Médicis.

Monnaie.   Construit au xviii⁰ siècle, sous Louis XV, pour la frappe de la monnaie française.

Transformation de lingots ou objets d'or et d'argent en monnaie.

	Visite intéressante aux ateliers.
Jours et heures.	Mardi et vendredi, de midi à 3 h. avec autorisation du directeur. (V. *Musées*.)
Observatoire.	Bâti en 1672 et agrandi depuis. — Dôme en cuivre renfermant la grande lunette. — Caves aussi profondes que l'édifice est haut.
Jours et heures.	Premier samedi de chaque mois, avec autorisation à demander par écrit au directeur.
Palais de la Légion d'Honneur.	Ancien hôtel particulier du xviie siècle, brûlé sous la Commune et reconstitué, à la suite d'une souscription des légionnaires, tel qu'il était auparavant. — Centre des réunions de Mme de Staël sous le Directoire, affecté par Napoléon Ier à la résidence du grand chancelier de la Légion d'honneur et augmenté par lui de bâtiments pour les bureaux de la chancellerie. Salons richement décorés dans le style Louis XV. C'est dans cet hôtel que se donnent chaque année les fêtes les plus recherchées du monde militaire.
Palais Royal.	*Palais* construit par Richelieu (xviie siècle). — Le palais Cardinal, légué par Richelieu à Louis XIII, devient Palais-Royal, donné par Louis XIV à la maison d'Orléans. (Fêtes

de la Régence.) Habitation de princes des familles régnantes jusqu'à 1870; depuis, siège du Conseil d'Etat.

Jardin. — Dépendance du palais, entourée de maisons de rapport, construites sous Philippe-Égalité, pour augmenter ses revenus. Galeries en arcades, promenades célèbres à la fin du xviiie siècle et dans la première moitié du xixe siècle.

Galeries du Palais-Royal.

Galerie de Chartres.
— d'Orléans.
— des Proues
— de Beaujolais.
— de Valois.
— Montpensier.

Palais de Justice.

Ancien palais des rois de France, souvenirs de saint Louis (1245), la Sainte-Chapelle, les tours, les cuisines de saint Louis, etc. Depuis 1431, palais du Parlement et de Justice.

Les parties anciennes. — Tour de l'Horloge (N.-E.), tour de César, tour de Montgomery. L'horloge de la tour est la plus ancienne de France.

Conciergerie, avec les prisons de la Révolution, tour d'Argent, côté de la Seine.

A visiter dans le palais de Justice : la salle des Pas-Perdus, etc.

Jours et heures.

Le jeudi, avec une permission du préfet de police, rue de Lutèce.

La Sainte-Chapelle

Bâtie par saint Louis, pour les reliques maintenant à Notre-Dame.

Célèbre pour son élégance et sa légèreté. Flèche connue pour son effet dans l'ensemble des vues du vieux Paris. Vitraux superbes, statues d'apôtres, etc.

Jours et heures.

Tous les jours, sauf le lundi et les jours de semaine fériés, de 11 h. à 5 h.

Panthéon.

Monument du xviiie siècle, affecté en 1791 à la sépulture des grands hommes; après diverses vicissitudes, actuellement revenu à cette destination depuis les obsèques de Victor Hugo.

Jours et heures.

Tous les jours, excepté le lundi, de 10 h. à 4 h. (V. *les Tombes célèbres.*)

Place de la Concorde.

Autrefois place Louis XV; puis place de la Révolution; échafaud de la Terreur (André Chénier, Louis XVI, etc.). Dénommée ensuite place de la Concorde, pour faire oublier les mauvais souvenirs. Perspectives célèbres sur l'Arc-de-Triomphe et les Champs-Elysées, les Tuileries et le Louvre.

L'Obélisque.

Au milieu de la place. Cadeau du pacha d'Egypte à

Louis-Philippe; ornait autrefois un temple de Thèbes. (Temple de Louqsor.)

Les Statues de Villes. *Lille* et *Strasbourg*, par Pradier.

Bordeaux et *Nantes*, par Calhouet.

Rouen et *Brest*, par Cortot.

Marseille et *Lyon*, par Petitot.

Les Palais. *Hôtel de Crillon-Coislin* (famille d'ancienne noblesse française à qui appartenait le compagnon d'armes de Henri IV; lettre de ce dernier : « Pends-toi, brave Crillon, on a vaincu à Arques et tu n'y étais pas. »). — Garde-meuble avant la Révolution française. Dans la partie à l'angle de la rue Royale, Nouveau-Cercle. (V. *Cercles.*)

Ministère de la marine, autrefois consacré au logement des ambassadeurs.

Porte Saint-Martin. Arc de triomphe, bâti en 1674 à l'entrée de Paris, pour le retour de Louis XIV.

Porte Saint-Denis. Arc de triomphe, élevé en 1672, pour le retour de Louis XIV, après la campagne de Hollande.

Bas-reliefs représentant le célèbre passage du Rhin.

Les boulevards étaient alors la promenade de ceinture, le long des murs de Paris.

Sorbonne. Monument du temps de Richelieu, construit sur l'emplacement de l'ancien collège de Robert de Sorbon (1253). Siège de l'Université de France. (V. *Etudiants* et *Ecoles*).

Agrandie et reconstruite en grande partie pendant ces dernières années. (V. *Monuments modernes.*)

Tour Saint-Jacques. Reste d'une ancienne église du xvie siècle. Pascal y fit ses expériences sur la pesanteur de l'air qui ont amené la construction du baromètre. Sa statue est sous la voûte.

Tour de Jean-Sans-Peur. Tour carrée à créneaux. — Reste de l'ancien hôtel de Bourgogne. Célèbre à divers titres, entre autres les représentations des confrères de la Passion, qui y gardèrent un théâtre depuis 1548. A ce théâtre furent données les premières représentations de l'*Andromaque* et de la *Phèdre* de Racine, etc. Bel escalier à vis. — Pour visiter s'adresser 23, rue Tiquetonne.

Val-de-Grâce. Ancien couvent des Bénédictines. Bâti sous Anne d'Autriche. Depuis 1790, hôpital et école de médecine militaires. Eglise du xviie siècle (Mansart), peintures de Mignard.

CHAPITRE IX

QUARTIERS ET MAISONS HISTORIQUES

QUARTIER DU MARAIS	Emplacement comprenant la Bastille, le boulevard Beaumarchais, la rue de Turenne, les rues du Temple et Vieille-du-Temple, la rue des Francs-Bourgeois, la rue des Quatre-Fils, la rue des Archives, etc.
Palais des Archives.	Ancien hôtel de Clisson (connétable), a appartenu à la famille de Gabrielle d'Estrées, à la famille de Guise et de Rohan-Soubise. Peintures de Boucher, etc.
Imprimerie Nationale.	Ancien palais Cardinal, bâti pour le cardinal de Rohan (XVIIIe siècle) (affaire du Collier).
Cloître des Billettes.	XVe siècle, restes de l'ancien couvent des Carmes Billettes. Les moines de cet ordre portaient sur leur robe des ornements en forme de petites billes. Présentement consacré au culte luthérien, confession d'Augsbourg.
Hôtel Carnavalet.	Ancien hôtel de Mme de Sévigné. (V. *Bibliothèques*.)
Mont de Piété.	Ancien couvent des Blancs-Manteaux (vestiges du XIIIe s.).

Ancien Hôtel de Rieux.	Emplacement où eut lieu l'assassinat du duc d'Orléans, frère de Charles VI. — Débris sous le nom de *Hôtel de Hollande*, 47, rue Vieille-du-Temple.
Vieille Maison.	*Au coin des rues Vieille-du-Temple et des Francs-Bourgeois*, faussement appelée *Hôtel Barbette* (curieuse).
Hôtel Lamoignon.	Renaissance française, bâti pour Diane de France (fille de Henri II et de Diane de Poitiers), actuellement occupé par des industries diverses.
Rue de Turenne.	Traversant le quartier du Marais ; ancienne rue Saint-Louis où était situé l'hôtel de Turenne, sur l'emplacement de l'église Saint-Denis du Saint-Sacrement ; au n° 28. Hôtel de Cagliostro.
Rue de la Perle.	Maison Béjard, appartenant à la belle-mère de Molière ; celui-ci y habita en 1643.
Rue Vieille-du-Temple.	Ancien théâtre du Marais (première représentation du *Cid* de Corneille), rebâti par Beaumarchais.
Rue de Thorigny.	Hôtel de Fontenay (xviie siècle).
Place Royale.	Maintenant *place des Vosges*, Bâtie sous Henri IV, sur l'emplacement de l'ancien palais des Tournelles, abandonné depuis la mort de Henri II (fameux tournoi, 1565). Sous Louis XIII, le plus

beau quartier de Paris. Les hôtels de Sully, d'Allègre, de Rohan, de Guéménée, de Richelieu s'y trouvaient. Le n° 6 fut habité par Marion Delorme, et depuis par Victor Hugo, qui y prit le sujet de son drame.

Boulevard Beaumarchais. N° 2. Maison où Beaumarchais est mort. — N° 23 (entrée sur la rue des Tournelles), maison habitée par Ninon de Lenclos, qui y est morte.

QUARTIER DU TEMPLE Enclos dans le Marais; renfermait entre autres bâtiments la tour datant du xiiie siècle, où furent enfermés Louis XVI et sa famille après le 10 août. Sur cet emplacement se trouve maintenant le *marché du Temple* (vieux vêtements, vieux linges, etc.), le square, la mairie, etc.

QUARTIER SAINT-PAUL Sur l'emplacement de l'ancien *hôtel Saint-Paul*, bâti au xive siècle, en dehors de l'enceinte Philippe-Auguste (l'hôtel était le centre des fêtes au temps de Charles V).

A lire. *Histoire de France* de Guizot ou de Michelet : Charles V, Charles VI, Isabeau de Bavière et Odette.

Rue, ruelle et Cour Charlemagne. Bâtiments du xve siècle; église Saint-Paul-Saint-Louis, du xviie siècle; les bâtiments occupés par le lycée sont l'ancienne maison professe des Jésuites.

Rue Saint-Antoine. Rue de Jouy. Rue François-Miron.
Types d'anciens hôtels de la fin du XVIIe siècle.

Hôtel de Beauvais, d'où Anne d'Autriche a assisté à l'entrée solennelle de son fils Louis XIV, après le mariage de celui-ci.

Tout ce quartier en arrière de l'Hôtel de Ville (rue Geoffroy-l'Asnier, rue Grenier-sur-l'Eau, etc., anciens hôtels, dont l'hôtel de Montmorency).

Hôtel de Sens.
XVe siècle, bien conservé ; ancienne résidence de Marguerite de Valois, divorcée de Henri IV.

Arsenal.
Ancienne habitation du grand maître de l'artillerie (Sully sous Henri IV), à côté du *couvent des Célestins.* (XIVe siècle, première pierre au musée de Cluny).

Bibliothèque de l'Arsenal. (V. *Bibliothèques.*)

Hôtel de Lavalette.
Quai des Célestins, maintenant l'école Massillon, XVIe siècle.

ILE SAINT-LOUIS
XVIIe siècle, église Saint-Louis en l'Ile (remarquables peintures).

Hôtel Lambert, véritable palais du XVIIe siècle, appartient maintenant au prince Czartoryski.

Sur le quai d'Anjou, l'hôtel de Lauzun (Louis XIV), devenu hôtel de Pimodan (Roger de Beauvoir, Théophile Gautier et Baudelaire y fréquentèrent. (V. *Galeries particulières*.)

Rue de la Femme-sans-Tête, (aujourd'hui rue Le Regrattier), statue sans tête au coin du quai Bourbon.

CITÉ — Ancienne île de Lutèce, berceau de Paris.

Pont-Neuf à l'extrémité de l'île (curieuse place Dauphine), bâti sous Henri III. Statue de Henri IV. Entre autres souvenirs historiques, les Tabarinades (Tabarin, bouffon célèbre) et premières expositions de tableaux.

Pont au Change, autrefois couvert de galeries avec marchands de monnaies, d'orfèvrerie, etc.

Châtelet. — Les deux ponts les plus anciens de Paris : Grand pont et Petit pont.

Autrefois, à l'extrémité de chacun forteresses en bois, défendues par les premiers Capétiens, alors ducs de France, contre les Normands.

Celle du Grand pont, rebâtie plus tard, devient le Châtelet, prison criminelle, lieu de torture, et actuellement place du Châtelet (théâtre du même nom en face l'Opéra-Comique).

Notre-Dame. — Cathédrale de Paris, bâtie sur pilotis du temps de Philippe-Auguste. Les remblais pour consolidation du sol ont successivement supprimé les marches qui l'élevaient au-dessus des terrains environnants.

A lire. Célèbre roman de Victor-Hugo, *Notre-Dame de Paris.*

Autour de Notre-Dame, vieilles rues curieuses.

QUARTIER DE L'UNIVERSITÉ Dominé par la montagne Sainte-Geneviève (St-Etienne du Mont, Panthéon, tour de Clovis, etc.).

Quartier latin (ancien quartier des écoliers), quartier Mouffetard, place Maubert (ancien quartier des chiffonniers), célèbre *rue Galande,* rue Saint-Jacques, rue Saint-Julien-le-Pauvre, rue Saint-Séverin, rue du Fouarre (souvenirs de l'Université du XIIIe siècle), etc.

Palais des Thermes et hôtel de Cluny. (V. *Monuments historiques.*)

Rue de l'Abbé-de-l'Epée. — Ecole des sourds-muets (XVIIe siècle.)

Eglise Saint-Jacques du Haut-Pas (XVIIe siècle).

QUARTIER DE PORT-ROYAL Ancien quartier des grands couvents : les Ursulines, les Feuillantines (enfance de Victor Hugo), les Carmélites (souvenirs de Mlle de Lavallière et de la duchesse de Longueville), les Bénédictins.

Le Val-de-Grâce. (V. *Monuments historiques.*)

École normale supérieure (rue d'Ulm).

Abbaye de Port-Royal (actuellement maison d'accouchements), bâtie au xviie siècle pour la mère Angélique Arnauld, abbesse de Port-Royal (souvenirs du grand Arnauld, ami de Pascal; souvenirs de Corneille; ultérieurement Racine et les Jansénistes).

QUARTIER DES GOBELINS

La Bièvre, rivière couverte maintenant à l'intérieur de Paris, utilisée autrefois pour les teintureries, qui ont donné naissance aux Gobelins. (V. *Monuments historiques.*)

Hôpital de la Pitié (xviie s.).

Sainte-Pélagie, prison politique connue (xviie siècle), où ont été enfermés, Béranger, P.-L. Courier, Arm. Carrel, Arm. Marrast, Godefr. Cavaignac, Félix Pyat, etc., en général tous les journalistes condamnés pour délits de presse.

Marché aux chevaux et voitures.

Salpêtrière, monument du xviie siècle. (V. *Hôpitaux.*)

Rue des Gobelins et rues voisines, nombreux souvenirs du xviie siècle.

QUARTIER SAINT-GERMAIN

Groupé autour de l'ancienne abbaye de Saint-Germain des

Prés, dont il reste l'église avec une des tours et quelques bâtiments de l'abbaye tristement célèbre par les massacres de septembre.

Sur la rue de Rennes, entrée de la curieuse *Cour du Dragon*.

Entre Saint-Germain des Prés et la Seine se trouve le *quartier du couvent des Grands-Augustins (rue de Nevers*, emplacement de l'hôtel et de la tour de Nesle), *rue Mazarine, rue Christine, rue Dauphine*, traces de l'enceinte de Philippe-Auguste, vieux hôtels du XVIIe siècle.

Rue Bonaparte. Ancienne rue des Petits-Augustins, couvent occupé maintenant par l'école des Beaux-Arts, emplacement du Pré-aux-Clercs.

Place Saint-Sulpice : église, fontaine, XVIIe siècle.

Faubourg Saint-Germain. *Rue de Grenelle, rue de Varenne, rue de l'Université, rue Saint-Dominique*, etc., constituent le faubourg Saint-Germain, où se sont transportées du temps de Louis XIV les grandes familles de la noblesse française.

Archevêché. — Ancien hôtel Pompadour.

Abbaye au Bois. Ancien couvent, XVIIe siècle (depuis 1858, concédé aux dames chanoinesses de Saint-Augustin. Maison de retraite). Mme Récamier y vécut les trente dernières années de sa vie.

MAISON DE VOLTAIRE (Marquis de Villette), au coin de la rue de Beaune et du quai Voltaire.

QUARTIER DU ROULE Construit au xviie siècle par la haute finance (Samuel Bernard, marquis de Marigny, vicomte de Beaujon, etc.), *Eglise Saint-Philippe du Roule.*

Faubourg Saint-Honoré. Nombreux hôtels du temps. *Eglise russe* (rue Daru).

Hôtel de la Guimard (danseuse célèbre, xviiie siècle), rue de La Boëtie, Champs-Elysées.

QUARTIER SAINT-HONORÉ

Des Halles aux Champs-Élysées. De Louis XIII à la Révolution, centre de toutes les émeutes (la Fronde, etc., épisodes divers de la grande Révolution).

Rue Jean-Jacques-Rousseau, ancienne demeure du grand écrivain.

Souvenirs de la Saint-Barthélemy (*monument de Coligny*), temple protestant de l'Oratoire, etc.

Rue Richelieu. Nombreux souvenirs indiqués par des plaques.

Maisons mortuaires de Molière, de Diderot, de Marivaux, de Pierre Mignard; au 26, habitait la modiste de Marie-Antoinette, Mlle Bertin; au 50, maison patrimoniale de la marquise de Pompadour.

QUARTIER DE LA CHAUSSÉE-D'ANTIN

Sous la Révolution et le premier Empire, quartier des gens de plaisir.

Rue Laffitte. — Maison des Rothschild. L'habitation date de Louis XVI. Sous le premier Empire, résidence de la reine Hortense, naissance de Napoléon III. Peintures de Prudhon.

Rue de la Victoire. Ancienne rue Chantereine, résidence de Joséphine Beauharnais et de Bonaparte, Mme Tallien, etc.

QUARTIER DE MONTMARTRE

Le nom vient du martyre de saint Denis, premier évêque de Paris (légende connue) et de ses compagnons, décapités sur le sommet de la butte; la rue qui descend porte le nom de *rue des Martyrs.*

Rue des Abbesses. Rappelle l'ancienne abbaye de Montmartre du xiie siècle.

Église Saint-Pierre. — Nombreux souvenirs historiques très anciens.

Ancien observatoire et méridienne.

Anciens moulins, entre autres le fameux *Moulin de la Galette* (rendez-vous des grisettes avant la guerre).

Église du Sacré-Cœur, bâtisses environnantes pour les pèlerins.

AUTEUIL ET PASSY   Au XVIIe siècle, villégiature mondaine des Parisiens.

Nombreux souvenirs artistiques et littéraires (l'abbé Prévost, général Marceau, André Chénier, Las-Case, Rossini, Jules Janin, Lamartine, etc.).

Château de la Muette. — Rendez-vous de chasse construit sous Louis XV.

Rue Boileau, n° 18, ancienne maison de Boileau.

Rue La Fontaine, emplacement de la maison où habitait Molière pendant l'été et où se réunissaient Racine, Boileau, Corneille, La Fontaine, Chapelle, etc.

CHAPITRE X

MONUMENTS MODERNES

Champ-de-Mars.   Palais de l'Exposition de 1889, conservés en partie : *Galerie des Machines*, vaste emplacement pour kermesses, carrousels, etc., concédé gratuitement aux œuvres de bienfaisance. — *Galerie de Trente* mètres. — *Dôme central,* même emploi. — *Palais des Beaux-Arts,* exposition annuelle de la société des Beaux-Arts; expositions diverses, casino, hippodrome, etc. — *Palais des Arts libéraux,* expositions diverses.

Tour Eiffel. Dans le Champ-de-Mars, près de la Seine; au premier étage, théâtre, cafés, etc.

Trocadéro. Palais de l'Exposition de 1878, conservé pour servir de musée; vaste salle des fêtes, réunions, concerts, fêtes solennelles de sociétés, etc. Galerie à arcades avec vue superbe; tours avec ascenseurs, etc.

Eglise Russe. Rue Daru (boulevard de Courcelles), style moscovite; temple orthodoxe.

Eglise de la Trinité. Au bout de la Chaussée-d'Antin ; style renaissance italienne. Peintures de Em. Lévy, E. Delaunay, Français, Lecomte du Noüy, Barrias, etc.

Eglise Saint-Augustin. Boulevard Malesherbes ; style roman byzantin. Peintures de Bouguereau, Signol ; vitraux de Maréchal. Crypte curieuse.

Chapelle expiatoire. Boulevard Haussmann ; commémoration de Louis XVI et Marie-Antoinette ; messe une fois par an, le 21 janvier.

Église du Sacré-Cœur.	A Montmartre; basilique inachevée; grandes proportions; entourage curieux, en vue des pèlerinages.
Église Sainte-Clotilde.	Rue Las-Cases (faubourg Saint-Germain), style ogival; très beaux vitraux (Maréchal, Amaury Duval, etc.): chemin de la Croix par Pradier et Duret; peintures de Lenepveu, Pils, Bouguereau.
Halles centrales.	Premier spécimen de l'architecture en fer, dont la tour Eiffel et la Galeries des Machines sont le perfectionnement.
Palais de l'Industrie.	Palais de l'Exposition de 1855; exposition annuelle de la Société des artistes français; concours agricole, concours hippique et expositions diverses. (V. *Salons et Musées.*)
Sorbonne.	Bâtiments nouveaux sur la rue des Écoles; style éclectique. Sculptures de Mercié, Chapu, Injalbert, Suchetet, Delaplanche, Falguière, Crauk, Lanson, Coutan, Barrias, Dalou, etc. Grand amphithéâtre: fresque célèbre de Puvis de Chavannes, *l'Alma-Mater.* Salles diverses et appartements du recteur : peintures par Flameng, Chartran, Benj. Constant, Wencker, Lerolle, Cazin, Raphaël Collin, Lhermitte, Roll, etc.

Hôtel des Postes, Télégraphes et Téléphones. Rue du Louvre ; architecture très moderne ; grilles d'un beau travail : façade des « téléphones » en briques émaillées et fer.

Monument à la République. Place de la République ; statue par Morice, hauts reliefs par Dalou.

Fontaine de Dalou, place de la Nation.

Lion de Belfort. Place Denfert-Rochereau, œuvre de Bartholdi.

Fontaine des Quatre parties du Monde. Carrefour de l'Observatoire, œuvre de Carpeaux.

Monuments de grands hommes. BARYE, quai d'Orléans.

GAMBETTA, par Aubé, place du Carrousel.

MURGER, par Henri Bouillon, jardin du Luxembourg.

TH. DE BANVILLE, par Roulleau, jardin du Luxembourg.

LA FONTAINE, par Dumilâtre, Ranelagh.

ALEXANDRE DUMAS, par Gustave Doré, boulevard Malesherbes.

EUGÈNE DELACROIX, par Dalou, jardin du Luxembourg.

ÉMILE AUGIER, par Barrias, place de l'Odéon.

CHARLEMAGNE, par les frères Rochet, place du Parvis-Notre-Dame.

CHAPITRE XI

LES TOMBES CÉLÈBRES

LE PÈRE-LACHAISE

Cimetière de l'Est, ouvert en été de 7 heures du matin à 7 heures du soir; en hiver, fermeture à 4 heures et demie.

Histoire. Le père jésuite Lachaise, confesseur de Louis XIV, possédait une maison de campagne à l'endroit où se trouve aujourd'hui la chapelle. Cette campagne fut achetée en 1804 par la ville et convertie en cimetière.

Tombes.

Edmond About. mort 1885, homme de lettres.

Agoult (c^{tesse} d'). . m. 1876, femme de lettres (Daniel Stern).

François Arago. m. 1853, astronome.

Auber . . . . m. 1871, compositeur de musique.

Balzac . . . . . . m. 1850, célèbre romancier.

Paul Baudry . . m. 1886, peintre.

Beaumarchais. . m. 1799, auteur dramatique.

Bellini . . . . . m. 1833, compositeur de musique.

Béranger . . . . m. 1857, chansonnier.

Bizet. . . . . . . m. 1875, compositeur de musique.

Blanqui . . . . . m. 1881, révolutionnaire.
Boïeldieu . . . . m. 1834, compositeur de musique.
Bœrne. . . . . . m. 1837, poète allemand.
Casimir-Périer . m. 1832, député et orateur célèbre, ministre sous Louis-Philippe (grand-père de l'ancien président de la République).
Cherubini. . . . m. 1842, compositeur de musique.
Chopin . . . . . m. 1849, pianiste et compositeur.
Cousin. . . . . . m. 1867, écrivain.
Daubigny. . . . m. 1878, peintre.
Casimir Delavigne. m. 1843, écrivain.
Désaugiers . . . m. 1827, chansonnier.
Dupuytren . . . m. 1835, grand chirurgien.
Foy . . . . m. 1825, général et auteur célèbre.
Gay-Lussac . . . m. 1850, chimiste.
Géricault . . . . m. 1824, peintre.
Grétry. . . . . . m. 1813, compositeur de musique.
Gros . . . . m. 1835, peintre.
Héloïse et Abélard. m. 1141 et 1163. Amants célèbres.
Hérold. . . . . . m. 1853, compositeur de musique.
Ingres. . . . . . m. 1867, peintre d'histoire.
Allan Kardec . . m. 1869, fondateur de la philosophie spiritiste.
Lafontaine . . . m. 1695, fabuliste illustre.
Laplace . . . . . m. 1827, géomètre.
Masséna. . . . . m. 1817, maréchal de l'Empire duc de Rivoli et prince d'Essling.

Michelet . . . . . m. 1875, historien.
Monge . . . . . . m. 1810, grand mathématicien.
Mollère . . . . m. 1673, grand auteur dramatique.
Alfred de Musset. m. 1857, poète.
Nodler . . . . . . m. 1844, écrivain.
Victor Noir . . . m. 1870, journaliste tué par le prince Pierre Bonaparte.
Pradler . . . . . m. 1852, sculpteur.
Rachel . . . . . . m. 1858, célèbre tragédienne.
Raspail . . . . . m. 1878, pharmacien et homme politique.
Jean Reynaud . m. 1863, philosophe et publiciste.
Ricord . . . . . . m. 1889, médecin.
Rossini . . . . . m. 1868, compositeur de musique.
Scribe . . . . . . m. 1861, célèbre auteur dramatique.
Crocé-Spinelli et Sivel. m., 1875, victimes de la catastrophe du ballon *Zenith*.
Talma . . . . . . m. 1826, fameux tragédien.
Tamberlick . . . m. 1882, célèbre ténor.
Thiers . . . . . . m. 1877, ancien président de la République.

CIMETIÈRE MONTMARTRE

Cimetière du Nord, les mêmes heures que le Père-Lachaise.

Tombes.

Baudin . . . . . mort 1851, représentant du peuple.

Berlioz . . . . . . m. 1869, compositeur de musique.

Beyle . . . . m. 1842, célèbre écrivain.

Cavaignac. . . . m. 1857, général.

Paul Delaroche. m. 1856, peintre.

Léo Delibes. . . m. 1891, compositeur de musique.

Alexandre Dumas fils. m. 1895, célèbre auteur
dramatique.

Théophile Gautier. m. 1872, célèbre écrivain.

Gozlan. . . . . . . m. 1866, écrivain.

Halévy . . . . . . m. 1862, compositeur de musique.

Heine . . . . m. 1862, célèbre poète allemand.

Victor Massé . . m. 1884, compositeur de musique.

Mürger . . . . . . m. 1861, écrivain.

Offenbach. . . . m. 1880, célèbre compositeur
de musique.

Renan. . . . . . . m. 1892, célèbre écrivain et
philologue.

Samson . . . . . . m. 1871, artiste dramatique.

Troyon . . . . . . m. 1865, peintre.

Horace Vernet . m. 1863, peintre.

CIMETIÈRE MONTPARNASSE ou du SUD

Tombes.

Henri Martin . . m. 1883, célèbre historien.

Orfila . . . . m. 1853, célèbre médecin
et chimiste.

Rude. . . . . m. 1855, grand statuaire.

PANTHÉON

Tombes.

Baudin . . . . . m. 1851, représentant du peuple.

Bertholet . . . . m. 1822, chimiste.

Bichat. . . . . . m. 1802, grand médecin.

Bougainville . . m. 1811, navigateur.

Cuvier. . . . . . m. 1832, naturaliste.

Fénelon . . . . . m. 1715, archevêque de Cambrai.

Lafayette . . . . m. 1834, général.

Lannes. . . . . m. 1809, maréchal.

Laplace . . . . . m. 1827, astronome.

La Tour d'Auvergne. m., 1800, premier grenadier de France.

Lazare Carnot . m. 1823, conventionnel.

Louis David . . m. 1825, peintre.

Malesherbes. . . m. 1794, orateur et défenseur de Louis XVI.

Marceau. . . . . m. 1796, général de la République.

Manuel . . . . m. 1827, représentant du peuple.

Mirabeau . . . . m. 1789, orateur politique.

Rousseau . . . . m. 1778, philosophe et grand écrivain.

Soufflot. . . . . m. 1781, architecte.

Victor Hugo. . m. 1885, poète illustre.

Voltaire. . . . . m. 1778, grand écrivain.

Carnot. . . . . m. 1894, président de la République.

DEUXIEME PARTIE

CE QU'IL FAUT SAVOIR

CHAPITRE PREMIER

INSTITUT DE FRANCE

Situation.	Palais de l'Institut, quai Conti, en face le pont des Arts.
Origine et objet.	Fondé lors de la Constitution de l'an III (1795) avec misssion de recueillir les découvertes et de perfectionner les arts et les sciences.
Composition.	Formé de la réunion des cinq académies : Académie française, A. des Inscriptions et Belles-lettres, A. des Sciences, A. des Beaux-Arts, A. des Sciences morales et politiques. Chaque académie, sauf l'Académie française, comprend des membres titulaires, des membres libres, des associés étrangers, et des correspondants nationaux ou étrangers.
Présidence.	Appartient chaque année à tour de rôle au délégué de chacune des académies. Pour l'année 1895, la présidence était au délégué de l'Académie des Beaux-Arts.
Bureau annuel en 1895.	Ambroise Thomas (Beaux-Arts), *président* ; Gaston Boissier (Académie française), Maspéro (Inscrip-

tions et Belles-Lettres), Marcy (Sciences), Léon Say (Sciences morales et politiques), *vice-présidents;*

Comte H. Delaborde (secrétaire perpétuel de l'Académie des Beaux-Arts), *secrétaire.*

Administration. Les propriétés et les fonds communs aux cinq académies sont administrés par une commission comprenant deux membres et le secrétaire perpétuel de chaque académie.

Secrétariat et agence. M. Pingard, chef du secrétariat et agent spécial, au palais de l'Institut, 23, quai Conti. Dispensateur des entrées et invitations.

Bibliothèque. V. *Bibliothèques.*

Séance publique des cinq Académies. Le 25 octobre de chaque année. Le monde littéraire et artistique est invité. Les demandes de cartes, à M. Pingard. (Pour toilettes V. *Paris-Usages*).

Prix décernés par l'Institut. (Cinq sections réunies).

Prix biennal. Fondé par l'État. 20,000 fr., à l'œuvre ou à la découverte la plus propre à honorer ou à servir le pays, désignée successivement par chacune des cinq académies.

Prix de Linguistique. Fondé par M. de Volney; médaille de 1,500 francs au

meilleur ouvrage de philologie comparée.

(Pour conditions et pro-
grammes des concours, s'a-
dresser au secrétariat de l'Institut, quai Conti.)

ACADÉMIE FRANÇAISE

Origine et objet. Réunion de quarante illustrations françaises, dite « les
Immortels »; fondée par Richelieu (en 1630) pour veiller
à la conservation de la langue
française.

Séances ordinaires. Le jeudi à trois heures.

Séance publique. Chaque année en novembre.

Elections. Un décès d'académicien
laissant une place vacante,
l'Académie doit choisir le nouveau titulaire. Les règlements
successifs interdisent « les
brigues et les influences »;
chaque académicien doit, en
arrivant au vote, pouvoir
affirmer qu'il n'a pris enga-
gement envers aucun candidat, etc.

**Visites
académiques.** En réalité quand un candidat adresse au secrétaire per-
pétuelle la lettre pour poser
sa candidature, l'usage veut
qu'il aille faire visite à chacun
des membres vivants pour lui
exposer ses titres et lui demander sa voix.

Partis.

Il est admis dans le public que l'Académie comprend trois partis ou coteries : les « cabotins » (gens de théâtre), les « pets de loup » (normaliens), les « ducs » (amateurs). Cette division n'est pas absolue ; les groupements se font selon les circonstances et se modifient selon les cas à résoudre. Les véritables influences pour les élections académiques sont les salons spécialement préoccupés de cette question. (V. *Salons parisiens.*)

Réceptions officielles.

Après l'élection, le candidat choisi par l'Académie est présenté au Chef de l'État, qui doit l'agréer ; puis il est introduit dans l'Académie en une séance solennelle où il est le *récipiendaire*. Il prononce un éloge de son prédécesseur ; le chancelier lui répond en exposant les raisons qui l'ont fait admettre ; les deux *discours* sont un assaut d'éloquence académique. C'est seulement après cette cérémonie que le nouveau membre de l'Académie a le droit de vote.

Places.

Les invitations aux réceptions officielles sont très recherchées ; ce sont événements parisiens. Les places du centre (sous la coupole) sont aux habitués, amis d'académiciens, illustrations littéraires, artistiques, mondaines, etc. Les places de tribune, moins briguées, sont encore très demandées par les simples spectateurs. Dispensateur : M. Pingard.

Truc parisien pour avoir une bonne place dans les tribunes.

Les personnes ayant des places de tribunes non numérotées envoient généralement un commissionnaire dès le matin, pour faire queue à leur place. En venant à une heure et demie, elles prennent la place du commissionnaire et entrent les premières.

MEMBRES ACTUELS   Par ordre d'ancienneté.
(Noms, adresses, prédécesseurs, dates d'élection, principaux titres.)

Ernest Legouvé. 14, rue Saint-Marc (ANCELOT, 1855). Moraliste, littérateur et auteur dramatique.

Duc de Broglie. 10, rue de Solférino (LACORDAIRE, 1862). Historien.

Emile Ollivier. 17, rue Desbordes-Valmore (LAMARTINE, 1870). Orateur politique et publiciste.

Duc d'Aumale. 5, rue Montalivet (Comte DE MONTALEMBERT, 1871). Historien.

Alfred Mézières. 57, boulevard Saint-Michel (SAINT-MARC GIRARDIN, 1874). Histoire et critique littéraire.

Jules Simon 10, place de la Madeleine (DE RÉMUSAT, 1875). Histoire de la philosophie. Moraliste et publiciste.

Gaston Boissier. Au palais de l'Institut, 23, quai Conti (PATIN, 1876). Histoire de la littérature latine et de la religion romaine.

Victorien Sardou. 28, rue de Madrid (AUTRAN, 1877). Auteur dramatique. (V. *Gens de Lettres*.)

Duc d'Audiffret-Pasquier. 23, rue Fresnel (DUPANLOUP, 1878). Trois discours.

Edmond Rousse. 17, boulevard Haussmann (JULES FAVRE, 1880). Barreau.

Sully-Prudhomme. 82, faubourg Saint-Honoré (DUVERGIER DE HAURANNE, 1881). Poésies, histoire de la philosophie, esthétique.

Victor Cherbuliez. 12, rue de Tournon (DUFAURE, 1881). Romancier et esthéticien. (V. *Gens de lettres*.)

Cardinal Perraud. (Evêque d'Autun), 6, quai d'Orléans (A. BARBIER, 1882). Eloquence sacrée et histoire.

Edouard Pailleron. 1, quai d'Orsay (CH. BLANC, 1882). Auteur dramatique. (V. *Gens de Lettres*.)

Francois Coppée. 12. rue Oudinot (DE LAPRADE, 1884). Poète, romancier, auteur dramatique. (V. *Gens de Lettres*.)

Joseph Bertrand. 4, rue de Tournon (J.-B. DUMAS, 1884). Mathématicien, histoire de la philosophie et des sciences.

Ludovic Halévy. 22, rue de Douai (Comte D'HAUSSONVILLE, 1884). Romancier et auteur dramatique. (V. *Gens de Lettres*.)

Léon Say .... 21, rue Fresnel (EDMOND ABOUT, 1886). Economiste et publiciste.

Edouard Hervé. 29, rue de Lisbonne (Duc DE NOAILLES, 1886). Publiciste et historien.

Octave Gréard . à la Sorbonne (Comte DE FALLOUX, 1886). Morale et pédagogie.

Comte d'Haussonville. 32, rue Saint-Dominique (CARO, 1888). Critique littéraire, études sur les œuvres philanthropiques.

Jules Claretie . 10, rue de Douai (CUVILLIER FLEURY, 1888). Critique littéraire, histoire, roman.

Henry Meilhac. 10, place de la Madeleine (LABICHE, 1888). Auteur dramatique. (V. *Gens de Lettres*).

Vicomte de Vogüé. 15, rue de Las-Cases (NISARD, 1888). Critique littéraire, voyageur, historien et moraliste.

Charles de Freycinet. 77, rue de la Faisanderie (EMILE AUGIER, 1890). Discours politiques.

Pierre Loti . . . 141, rue Saint-Pierre, Rochefort-sur-Mer (OCTAVE FEUILLET, 1891). Romancier et voyageur. (V. *Gens de Lettres*.)

Ernest Lavisse. 5, rue de Médicis (JURIEN DE LA GRAVIÈRE, 1892). Histoire et pédagogie.

Henri de Bornier. 1, rue de Sully (XAVIER MARMIER, 1893). Auteur dramatique. (V. *Gens de Lettres*.)

Thureau-Dangin. 11, rue Garancière (CAMILLE ROUSSET, 1893). Historien.

Challemel-Lacour. 9, rue de la Trémoille (RENAN, 1893). Histoire de la philosophie, publiciste.

Ferdinand Brunetière. 128, rue de Rennes (JOHN LEMOINE, 1893). Histoire et critique littéraire.

J.-M. de Herédia. 11, rue de Balzac (DE MAZADE, 1894). Poésies. (V. *Gens de Lettres.*)

Albert Sorel. . . 17, rue de Vaugirard (TAINE, 1894). Historien.

Paul Bourget . . 20, rue Barbey-de-Jouy (MAXIME DU CAMP, 1894). Romancier et critique. *(V. Gens de Lettres.)*

Henry Houssaye. 49, avenue de Friedland (LECONTE DE LISLE, 1895). Historien.

Jules Lemaître. 29, rue des Écuries-d'Artois (DURUY, 1895). Auteur dramatique et critique. *(V. Gens de Lettres.)*

F. de Lesseps . . Fauteuil vacant.

Camille Doucet. . Fauteuil vacant.

Pasteur. . . . . . Fauteuil vacant.

Alexandre Dumas. Fauteuil vacant.

Bureau de l'Académie. Un directeur et un chancelier, nommés tous les trois mois ; M. Gaston Boissier, secrétaire perpétuel.

Administration. M. Gaston Boissier. — Rousse. — Halévy.

Commission du Dictionnaire. MM. Gaston Boissier. — Jules Simon. — Gréard. — Coppée.

Séances ordinaires. Le jeudi, à trois heures. Jeton de présence de 200 fr., réparti entre les membres présents.

Séances publiques. Outre les réceptions officielles, séance publique annuelle au mois de novembre pour la distribution des prix, moins recherchée que les réceptions, mais suivie par le monde académique à cause du discours sur le prix de vertu.

PRINCIPAUX PRIX pour 1896.

Prix d'éloquence annuel (4,000 fr.) : Ronsard.

Prix Montyon annuel (19,000 fr.) : ouvrages utiles aux mœurs.

Prix Gobert annuel (10,000 fr., 9,000 fr. au premier, 1,000 fr. au deuxième) : Histoire de France.

Prix Jules Janin (3,000 fr.): traduction d'ouvrage latin.

Prix Vitet (revenu d'une action de la *Revue des Deux-Mondes*, à la disposition de l'Académie dans l'intérêt des lettres).

Prix Lambert (1,600 fr.) : allocation à des hommes de lettres ou à leurs veuves.

Prix Maillé de Latour-Landry (1,200 fr.) : encouragement à un jeune écrivain.

Prix Toirac (4,000 fr.) : à l'auteur de la meilleure comédie jouée dans l'année au Théâtre-Français.

Prix Alfred Née (5,000 fr.) : à l'œuvre la plus originale comme forme et comme pensée.

En 1897.

Prix de Jouy (1,400 fr.) : étude de mœurs actuelles.

Prix Montariol (500 fr.) : à la meilleure chanson.

En 1898.

Prix Calmann Lévy triennal (3,000 fr.) : œuvre littéraire.

En 1899.

Prix Jean Reynaud (10,000 fr.) : travail le plus méritant désigné successivement par chacune des cinq Académies.

Prix de vertu.

Prix Montyon (19,000 fr.); Souriau (1,000 fr.); Honoré de Sussy (8,000 fr.); Lausat (350 fr.); Anonyme (1,000 fr.); Lelevain (1,500 fr.); Lange (6,500 fr.); Buisson (3,500 fr.); Boutigny (500 fr.).

Triennal, 1897 :

Prix Bansa-Gessiomme (2,500 fr.): actes de vertu, courage, probité, dévouement.

Prix Marie Lasne (1.800 fr.); Camille Favre (13,500 fr.); Letellier (450 fr.); Émile Robin (1,000 fr.); Gouilly-Dujardin (400 fr.) : actes de piété filiale.

Prix Gémond (500 fr.) : sauvetage.

Pour les prix de vertu, comme pour les prix Jean Reynaud, Vitet, Calmann-Lévy, Lambert et Maillé Latour-Landry, les auteurs ne posent pas eux-mêmes leur candidature et ne doivent envoyer aucun titre.

ACADÉMIE DES INSCRIPTIONS ET BELLES-LETTRES

Caractère.

Section de l'Institut consacrée spécialement à l'histoire et à la littérature anciennes.

Composition.	40 membres, dont un secrétaire perpétuel; 10 membres libres; 8 associés étrangers; 50 correspondants, dont 30 étrangers et 20 français.
Séances ordinaires.	Le vendredi à trois heures
Séances publiques.	Chaque année au mois de novembre.
Bureau de l'année 1895.	M. Maspéro, *président;* M. Schlumberger, *vice-président;* M. H. Wallon, *secrétaire perpétuel.*
Membres par ordre d'ancienneté,	MM. Ravaisson-Mollien (philosophe esthéticien; célèbre par les cales de la Vénus de Milo, et les feuilles de vigne adaptées aux antiques).

H. Wallon (historien, dit « le père de la constitution »).

Léopold Delisle (bibliographie historique du moyen âge; la plus belle mémoire de France après Gaston Paris).

Hauréau (histoire de la scolastique).

Ed. le Blant (épigraphiste chrétien).

Rozière (chartiste : formulaires du moyen âge).

Deloche (histoire mérovingienne).

J. Girard (helléniste).

L. Heuzey (archéologie grecque).

G. Perrot (id., directeur de l'École normale).

Michel Bréal (linguistique comparée; élève de Max Müller).

Gaston Paris (romaniste; mémoire extraordinaire).

Barbier de Meynard (orientaliste).

Paul Foucart (épigraphie grecque; bourru légendaire).

Ch. Schefer (orientaliste).

J. Oppert (assyriologue).

A. Bertrand (archéologie préhistorique et gallo-romaine).

H. Weil (littérature grecque).

Sénart (indianiste).

P. Meyer (littérature romane).

Maspero (égyptologue).

Arbois de Jubainville (celtisant).

Schlumberger (numismate aimable).

Gaston Boissier (littérature romaine; la plus jolie main du collège de France).

Héron de Villefosse (épigraphiste).

Longnon (géographie du moyen âge).

Croiset (littérature grecque).

P. Viollet (histoire du droit au moyen âge).

Léon Gautier (médiéviste, professeur de paléographie).

A. de Barthélemy (numismatique).

L'abbé Duchesne (épigraphie et histoire de l'ancienne église).

Clermont Ganneau (archéologie sémitique).

Comte de Lasteyrie (archéologie moyen âge).
Homolle (épigraphie grec-
que).
Ph. Berger (épigraphie sé-
mitiqu).
A. Barthe (indianiste).
Eug. Müntz (historien d'art,
renaissance française et italienne).
L. Havet (philologie latine).
Max. Collignon (archéologie
grecque).

Académiciens libres
les plus anciens.

Marquis M. de Vogüé.
Michel de Boislisle.
M. Dieulafoy.
Comte de Mas Latrie.
Ed. Saglio, etc.

Associés étrangers.

Max Müller, à Oxford.
Rawlinson, à Londres.
Curtius (Ernest), à Berlin.
Sickel (Th. de), à Vienne.
Stokes (Witley), à Londres.
Ascoli (Grazadio), à Milan.
Weber (Friedrich), à Berlin.
Helbig (Wolfgang), à Rome.
Mommsen, à Berlin.

Commissions.

Inscriptions et médailles. —
Continuation de l'Histoire littéraire de la France. — Inscriptions sémitiques. — Travaux littéraires. — Antiquités
de la France. — Ecoles françaises d'Athènes et de Rome.
— Etudes du nord de l'Afri-
que. — Administration des
propriétés. — Fondation Be-
noit-Garnier. — Fondation
Eug. Piot.

PRINCIPAUX PRIX
à décerner en 1896.

Prix du budget (2,000 fr.). Critique historique sur les métamorphoses d'Ovide.

Prix Gobert (10,000 fr.). Histoire de France.

Prix Fould (5,000 fr.) Histoire des arts du dessin jusqu'à la fin du XVIe siècle.

En 1897.

Prix du budget (2,000 fr.). Divinités et cultes de la Chaldée et de l'Assyrie.

Correspondants étrangers
les plus anciens.

Don Pascual de Gayangos (Madrid); Spiegel (Erlangen, Bavière); R.-S. Poole (Londres); Ad. Mussafia (Vienne); Koumanoudis (Athènes); Otto Bœhtlingk (Leipzig); Sophus Bugge (Christiania); Rudolf Roth (Tubingue); D. Comparetti (Florence); De Goeje (Leyde); Bretschneider (Saint-Pétersbourg); John Evans (H. Hempstead, Angleterre); J. G. Bühler (Vienne); Neubauër (Oxford); Radloff (Saint-Pétersbourg); Kern (Leyde); Ed. Thompson (Londres).

ACADÉMIE DES SCIENCES

Caractère.

Section de l'Institut spécialement consacrée aux études scientifiques.

11 sections; 68 membres titulaires, y compris 2 secrétaires perpétuels hors sections; 10 membres libres; 8

associés étrangers; 100 correspondants.

Séances ordinaires. Le lundi, à 3 heures.

Séances publiques. Chaque année en décembre.

Bureau de l'année 1895. M. Marey (chirurgie), *président*.

M. Cornu (physique), *vice-président*.

M. J. Bertrand, *secrétaire perpétuel* pour les sciences mathématiques.

M. Berthelot, *secrétaire perpétuel* pour les sciences physiques.

Membres. Sciences mathématiques. 1re *section*. — GÉOMÉTRIE : Ch. Hermite, C. Jordan, G. Darboux, H. Poincaré. E. Picard, E. Appell.

2e *section*. — MÉCANIQUE : H. Resal. M. Lévy, Boussinesq, Marcel Deprez, E. Sarrau, H. Léauté.

3e *section*. — ASTRONOMIE : Faye, Janssen, Loewy, Tisserand, Wolf, Callandreau.

4e *section*. — GÉOGRAPHIE et NAVIGATION : A. d'Abbadie, Bouquet de la Grye, Alf. Grandidier, L. de Bussy, L. Bassot, E. Guyou.

Sciences physiques. 5e *section*. — PHYSIQUE GÉNÉRALE : Fizeau, Cornu. Mascart, Lippmann, Becquerel, Potier.

6e *section*. — CHIMIE : Ch. Friedel, Troost, Schützenberger, E. Gautier, H. Moissan, Ed. Grimaux.

7ᵉ *section*. — MINÉRALOGIE : Daubrée, des Cloizeaux, Fouqué, Gaudry.

8ᵉ *section*. — BOTANIQUE : Ch. Naudin, Trécul, Chatin. Van Tieghem, Bonier.

9ᵉ *section*. — ECONOMIE RURALE : Schlœsing, J. Reiset Chauveau, Dehérain, Duclaux, A. Girard.

10ᵉ *section*. — ANATOMIE et ZOOLOGIE : Blanchard, Lacaze-Duthiers, Milne-Edwards, C. Sappey, A. Ranvier, Ed. Perrier.

11ᵉ *section*. — MÉDECINE et CHIRURGIE : J. Marey, Bouchard, Guyon, Potain, d'Arsonval, Lannelongue.

Membres libres. A. Damour, Ch. de Freycinet, Haton de la Goupillière, E. de Fauque de Jonquières, P Cailletet, R. Bischoffsheim, Brouardel, A. Laussedat.

Principaux associés étrangers. Lord Kelvin (Glascow). Bunsen (Heidelberg). Sir John Lister (Londres). Baron Nordenskiold (Stockholm.

PRINCIPAUX PRIX A décerner en 1896. Grand prix des sciences mathématiques (3,000 fr.) : théories algébriques.

Prix Serres (7,500 fr.): embryologie générale.

Prix J. Reynaud (10,000 fr.): meilleur travail publié depuis cinq ans.

Prix Jérôme Pantl (3,500 fr.):

travail important commencé et à continuer.

En 1897.

Prix Fourneyron (1,000 fr.): stabilité des appareils vélocipédiques.

Prix Petit d'Ormoy (2 prix de 10,000 fr.): mathématiques pures ou appliquées; sciences naturelles.

Correspondants étrangers les plus anciens.

F. Neumann (Kœnigsberg) Sylvester (Oxford); J. Russell Hind (Londres); W. Struve (Pulkowa); Huggins (Londres); sir Richards (Londres); de Serpa Pinto (Lisbonne); Stokes (Cambridge); Williamson (Londres); J. Hall (Albany); Hooker (Londres); Lawes (Angleterre); comte Menabrea (Rome); Loven (Stockholm); Huxley (Angleterre; Carl Vogt (Genève); Agassiz (Cambridge, Etats-Unis); Virchow (Berlin); Tholozan (Téhéran); Carl Ludwig (Leipzig), etc.

ACADÉMIE DES BEAUX-ARTS

Caractère.

Section de l'Institut, consacrée aux arts plastiques et musicaux.

40 membres répartis en cinq sections, plus un secrétaire perpétuel hors section; 10 membres libres; 10 associés étrangers; 50 correspondants.

Séances ordinaires.

Le samedi, à 3 heures.

Séance publique.	Chaque année, mois d'octobre.
Bureau de l'année 1895.	M. Ambroise Thomas (musique), *président*.

M. Bonnat (peinture), *vice-président*.

M. le comte H. Delaborde, *secrétaire perpétuel*, élu membre en 1868 (succédant au comte Duchâtel; en 1874, secrétaire perpétuel à la place de Beulé).

Membres par ordre d'ancienneté.

1re Section : PEINTURE

Gérôme, boulevard de Clichy, 65.

Lenepveu, boulevard de Clichy, 67.

Hébert, 55, boulevard Rochechouart.

Bouguereau, 75, rue Notre-Dame-des-Champs.

Bonnat, 48, rue Bassano.

Jules Breton, à Courrières ; à Paris, 30, rue de Vaugirard.

Gustave Moreau, 14, rue Larochefoucauld.

Henner, 11, place Pigalle.

Français, 139, boulevard Montparnasse.

J.-P. Laurens, 73, rue Notre-Dame-des-Champs.

Jules Lefebvre, 5, rue Labruyère.

Detaille, 129, boulevard Malesherbes.

L.-O. Merson, 18 *bis*, rue Denfert-Rochereau.

Benjamin-Constant, 27, rue Pigalle.

2ᵉ Section:
SCULPTURE

Guillaume, 5, rue de l'Université.

Thomas, 24, rue d'Assas.

Paul Dubois, à l'école des Beaux-Arts.

Falguière, 68, rue d'Assas.

Barrias, 9, avenue des Chasseurs.

Mercié, 15, avenue de l'Observatoire.

Frémiet, 43, boulevard Beauséjour.

Marqueste, 19, rue Poncelet.

3ᵉ Section:
ARCHITECTURE

Ch. Garnier, 90, boulevard Saint-Germain.

Vaudremer, 3, rue Mazarine.

Ginain, 55, avenue des Ternes.

Daumet, 135, boulevard Saint-Germain.

Coquart, 11, rue des Archives.

Normand, 51, rue des Martyrs.

Pascal, 9, boulevard de Sébastopol.

Nénot, à la Sorbonne.

4ᵉ Section:
GRAVURE

Chaplain, palais de l'Institut, 3, rue Mazarine.

Roty, 1, rue Mirabeau.

Blanchard, 47, rue de la Victoire.

Jacquet, 21, avenue Carnot.

5ᵉ Section:
COMPOSITION
MUSICALE

Ambroise Thomas, directeur du Conservatoire de musique, 15, rue du Faubourg-Poissonnière.

Reyer, 24, rue de la Tour-d'Auvergne.

Massenet, 46, rue du Général-Foy.

Saint-Saëns, 4, place de la Madeleine.

Paladilhe, 14, rue Saint-Marc.

Th. Dubois, 31, rue de Moscou.

Académiciens libres.

Gruyer, 22, rue de l'Arcade.

Marquis de Chennevières, 3, rue Paul-Louis Courier.

Duc d'Aumale, 5, rue Montalivet.

Barbet de Jouy, 1, quai Voltaire.

Léon Heuzey, 5, avenue Montaigne.

Baron Alphonse de Rothschild, 2, rue Saint-Florentin.

G. Duplessis, 17, rue du Cherche-Midi.

Gustave Larroumet, 9, rue du Val-de-Grâce.

Georges Lafenestre, 5, avenue Lakanal, ou au musée du Louvre.

E. Michel, 9, avenue de l'Observatoire.

Associés étrangers.

Giuseppe Verdi, à Busseto (Italie).

Gevaërt, à Bruxelles.

John Millais, à Londres.

J. da Silva, à Lisbonne.

Leighton, à Londres.

Antocolsky, à Saint-Pétersbourg ; à Paris, 71, avenue Marceau.

Fiorelli, à Rome.
Alma Tadema, à Londres.
Minzel, à Berlin.

Principaux correspondants :
Pradilla, à Madrid.

Peinture.

Fonseca (Lisbonne) ; Podesti (Rome); Israels (La Haye) ; Chenavard (Lyon) ; Wauters (Bruxelles); Herkomer (Londres); Burne Jones (Londres), etc.

Sculpture.

Monteverde (Rome); Zambusch (Vienne) ; Haehnel (Dresde); Leenhoff (Amsterdam); P. de Vigne (Gand), etc.

Architecture.

Henri Revoil (Nîmes); Cuypers (Amsterdam) ; Melida (Madrid); Waterhouse (Londres), etc.

Gravure.

Jacoby (Vienne); Tautenhayn (Vienne); Biot (Anvers); Macbeth (Londres).

Composition musicale.

Deffès (Toulouse) ; Sgambati (Rome) ; Grieg (Copenhague); César Cui (Saint-Pétersbourg), etc.

Correspondants libres.

Cavalcaselle (Rome) ; Carapanos (Athènes) ; baron de Geymüller (Baden); Le Breton (Rouen) ; prince Scaléa (Palerme), etc.

Commission de la Langue des Beaux-Arts.

M. Moreau (peinture); Jules Thomas (sculpture); Ch. Garnier (architecture); Chaplain (gravure) ; Saint-Saëns (musique) ; comte Delaborde (secrétaire perpétuel).

Commission des Fonds et Propriétés.	Ch. Garnier. Jules Thomas. Les membres du bureau.
PRINCIPAUX PRIX A décerner en 1896.	Prix Bordin (3,000 fr.) : influence des mœurs sur la peinture du XIVe au XIXe siècles. Prix Duc (3,700 fr.) : Hautes études architectoniques. Prix Monbinne (3,000 fr.) : opéra-comique. Grands-Prix de Rome, peinture, sculpture, architecture, composition musicale. Fondation veuve Leprince (3,000 fr.) : aux lauréats des Grands-Prix de Rome. Prix Lambert (1,600 fr.) : artistes ou veuves d'artistes comme marque d'estime. Prix Trémont (2,000 fr.) : jeunes artistes peintres, statuaires ou musiciens. Prix Troyon (1,200 fr.) : concours de paysage. Prix Chaudesaigues (2,000 fr.) : concours d'architectes pour voyage de deux ans en Italie. Fondation de Caen : élèves de l'École de Rome (peintres, sculpteurs et architectes). Fondation Dubosc (7,900 fr.) : jeunes peintres et sculpteurs reçus en loge pour le grand-prix de Rome. Fondation Laboulbène (2,550 fr.) : jeunes peintres admis en loge pour le grand-prix de peinture.

Fondation Cambacérès (3,000 fr.) : 2 grands-prix de peinture, sculpture, gravure.

Prix Henri Lehmann (3,000 fr.) : bonnes études classiques de peinture.

Fondation Anastasi (5,000 fr.) : infortune artistique (peintre ou sculpteur).

Prix Piot (2,000 fr.) : peinture ou sculpture (enfant nu, de 8 à 15 mois).

Prix Houllevigne (5,000 fr.) : œuvre remarquable en art ou histoire de l'art.

Fondation Pinette (12,000 fr.) : pensionnaires musiciens de Rome.

En 1897. Prix Kastner - Boursault (2,000 fr.) : Influence réciproque des Ecoles française et étrangères dans la musique, depuis Lulli jusqu'à nos jours.

ACADÉMIE DES SCIENCES MORALES ET POLITIQUES

Caractère. La plus récente des sections de l'Institut, créée en 1832 : consacrée aux études historiques, philosophiques, juridiques, politiques etc.

5 sections, 40 membres titulaires, y compris un secrétaire perpétuel; 10 membres libres; 6 associés étrangers; 48 correspondants.

Séances ordinaires. Le samedi, à midi.

Séance publique.	Chaque année, au mois de décembre.
Bureau de l'année 1895.	Léon Say (économie politique), *président*. Ravaisson-Mollien (philosophie), *vice-président*. Jules Simon (morale), *secrétaire perpétuel*.

Membres :

1re Section: PHILOSOPHIE	Paul Janet, Ch. Lévêque, Et. Vacherot, Nourrisson, Bouillier, Ravaisson-Mollien, Alf. Fouillée.
2e Section: MORALE	Jules Simon, O. Gréard, Ch. Waddington, R. Bérenger, Bardoux, Th. Roussel, Ad. Guillot, Gebhardt.
3e Section: LÉGISLATION	L. Aucoc, Dareste, Glasson, Desjardins, comte de Franqueville. Colmet de Santerre, Lyon-Caen, Bétolaud.
4e Section: ÉCONOMIE POLITIQUE	E. Levasseur, Fréd. Passy, P. Leroy-Beaulieu, Léon Say, Maurice Block, H. Germain, Juglar.
5e Section: HISTOIRE GÉNÉRALE ET PHILOSOPHIQUE	Jules Zeller, Georges Picot, Aug. Himly, duc d'Aumale, Albert Sorel, Th. Roquain.
Académiciens libres.	E. Boutmy, X. Charmes, F. Perrens, A. Leroy-Beaulieu, A. Desjardins, Ant. Lefèvre-Pontalis, L. Buffet, P. de Rémusat, Henri Doniol, P. Cambon.
Associés étrangers.	W. Gladstone (Londres), J. Naville (Genève), Henri Reeve (Londres), Carlos Calva

(Buenos-Ayres), Chev. d'Arneth (Vienne).

Principaux correspondants étrangers. Ed. Zeller (Stuttgard), Robert Flint (Edimbourg), Emile Castelar (Madrid), Raffalowich (Paris), Klaczko (Vienne), G. Bibesco (Bucarest et Paris), de Molinari (Paris), etc.

Commission pour la publication des ordonnances des rois de France. MM. Aucoc, Picot, Dareste, Levasseur, Glasson, Jules Simon.

Commission des fonds et propriétés. Aucoc, N... et les membres du bureau.

PRINCIPAUX PRIX A décerner en 1896. Prix du budget (2,000 fr.) : Développement du régime dotal.

Prix Victor Cousin (4,000 f.): Philosophie de Philon le Juif.

Prix Odilon Barrot (5,000 fr.) : Législation électorale en Europe.

Prix Félix de Beaujour (5,000 fr.) : Assistance dans les grandes villes.

Prix Ern. Thorel (2,000 fr.) : Education du peuple.

Prix Audiffred (5,000 fr.) : Ouvrage moral.

Prix Gegner (4,000 fr.) : Progrès de la science philosophique.

Prix Audiffred (15,000 fr.) : Grands dévouements.

En 1897. Prix du budget (2,000 fr.) : Rapports généraux de la philosophie et des sciences.

Prix J. Audéoud (12,000 fr.) ;

Amélioration du sort des classes ouvrières.

En 1898.   Prix du budget (2,000 fr.) : Autorité maritale ; situation de la femme mariée.

Prix Saintour (3,000 fr.) : Contrôle des budgets publiés en France et à l'étranger.

Prix Jean Reynaud (10,000 fr.), au travail le plus méritant.

Prix Bigot de Morogues (3,000 fr.) : État du paupérisme en France.

CHAPITRE II

ÉTUDIANTS ET ÉCOLES

ENSEIGNEMENT SUPÉRIEUR
(A partir de 16 ans)

Caractère.   Préparation aux carrières libérales : professorat de lettres ou de sciences, droit, médecine, littérature, beaux-arts, génie civil, etc.

Se donne, selon les cas, soit dans les Facultés, soit dans les écoles spéciales.

Les élèves des écoles se

font inscrire à leur école ; les autres prennent leurs inscriptions à leurs Facultés respectives.

Les uns et les autres sont des *étudiants*.

Grades. Les grades sont accordés par les Facultés (lettres, sciences, droit, médecine) après examens spéciaux ; tout gradué peut porter dans les cérémonies officielles, distributions universitaires, enterrements, réceptions officielles spéciales, etc., la robe avec épitoge jaune pour les lettres, rouge pour les sciences.

Le bachelier porte à l'épitoge *un rang* d'hermine.

Le licencié *deux rangs*.

Le docteur *trois rangs*.

Association générale des étudiants. Société libre des étudiants de Paris, désignée familièrement sous le nom de *l'A*.

Couleurs. Bleu et rouge (ville de Paris) séparés par violet (Université). Drapeau bleu, blanc, rouge, avec nœud violet.

Siège de l'association. 41-43, rue des Écoles.

Sections. De droit, de médecine, de pharmacie, de lettres, de sciences, des sciences politiques, de l'École centrale, de l'École coloniale, de photographie ; club athlétique.

Bibliothèques. De droit, de pharmacie, de sciences, d'École centrale, de lettres, d'École coloniale, d'histoire et de géographie. Salle de conférences, salles de lecture, fumoir, balcon, salle d'escrime.

Fêtes. Banquet et bal annuel; fut très suivi; nombreuses défections depuis le bal des Quat'z-Arts et les incidents tumultueux qui l'ont suivi.

Quartier Latin. Quartier des Écoles, entre l'Odéon, le Panthéon, le faubourg Saint-Jacques, et la Seine; très pittoresque; nombreux souvenirs de l'ancienne Université. (V. *Quartiers historiques.*)

Le Boul'-Mich' Partie du boulevard Saint-Michel, entre Cluny et Bullier.

Assez fréquentable jusqu'à cinq heures du soir; de ce moment jusqu'à deux heures du matin, envahi par la folle jeunesse.

Les dames qui passent à pied prennent toujours le côté droit du boulevard.

CAFÉS (Tous à gauche):

Soufflet. Au rez-de-chaussée, salle des professeurs de Faculté; relativement sérieux; au premier, cercle des polytechniciens (pipos) et café des apprentis militaires (cyrards et pipos).

Vachette. Dit le café Rasta; café chic du boul'Mich'; les plus belles cravates de France, les étudiants fils de famille et les exotiques.

Amédé. — Contigu, rue des Écoles; café de nuit, rendez-vous des buveurs de bière et des mangeurs de choucroute (renommée). Ne ferme point durant les vingt-quatre heures des jours de fête, en hiver.

La Source. — Étudiants en médecine et en droit; réunion des socialistes; beaucoup de méridionaux. Le seul du quartier où les femmes seules ne sont pas admises (les autres sont fort différents).

D'Harcourt. — L' « Américain » de la rive gauche; bruyant, gai, inconvenant; se voit du haut de l'impériale du tramway. Théâtre des incidents tumultueux de 1893, mort de l'étudiant Nuger.

Mahieu. — Très sérieux; réunion de tous les universitaires.

François Ier. — On y trouve les officiers du Val-de-Grâce.

LA SORBONNE ET LES FACULTÉS — Rue des Écoles Siège de l'Académie de Paris, de la Faculté des lettres et de la Faculté des sciences.

Autrefois (avant la Révolution), collège célèbre de l'Université de Paris, fondé sous saint Louis par Robert Sorbon; rebâti sous Louis XIII et en partie de nos jours (V. *Monuments modernes.*)

Recteur. — Le recteur de l'Académie de Paris est le ministre, grand maître de l'Université de France.

Vice-recteur.

M. Octave Gréard, de l'Académie française, le plus autorisé et le plus délié des universitaires lettrés.

Secrétaire de l'Académie.

M. Albert Durand. S'adresser à lui pour cartes, entrées aux cérémonies universitaires, renseignements, etc.

Soutenances de thèses.

De midi à six heures. Le mercredi, histoire; le vendredi, philosophie et lettres.

Le candidat est en habit; le doyen préside et interroge (tourmente), avec cinq membres de la Faculté.

Séances très suivies et recherchées dans le monde littéraire.

Faculté des lettres.

A la Sorbonne. Cours préparatoires à l'examen de licence (littéraire, philosophique, historique, ou langues vivantes), — au diplôme d'études historiques, — aux concours d'agrégation (lettres, grammaire, philosophie, histoire, allemand ou anglais), — et au doctorat ès lettres.

Doyen.

M. Himly.

Secrétaire.

M. Lantoine.

Vingt chaires; professeurs titulaires:

Himly . . . . Géographie; cours un peu fantaisiste et humoristique, plus d'anedoctes que de méthode.

Bouché-Leclerc. Histoire ancienne; érudition très minutieuse, esprit très laïque.

Boutroux .... Histoire de la philosophie moderne; professeur impeccable, si respecté de ses élèves qu'on n'ose lui parler.

Cartault .... Lettres anciennes; insiste sur Plaute et Térence, s'en méfier aux examens sur ces deux auteurs.

Decharme. ... Langue grecque; mythologie.

Gebhart ..... Littérature italienne; esprit jovial et rabelaisien, historien estimable.

Paul Janet ... Philosophie; toujours éclectique, élève de Cousin. Esprit libéral.

Lavisse ..... Histoire de Louis XIV. Directeur des études historiques; très accessible aux innovations.

Luchaire..... Histoire capétienne.

Marion...... Représentant de la pédagogie à la Sorbonne; doux, conciliant et libéral.

Petit de Julleville. Littérature française.

Aulard ..... Histoire de la Révolution française; cours jadis tumultueux, maintenant très écouté et très suivi.

Brochard .... Histoire de la philosophie ancienne; très suivi.

Lemonnier.... Histoire de l'Art; enseigne classiquement.

Marcel Dubois. Géographie coloniale; chargé par le ministre spécial d'enseigner la bonne doctrine coloniale.

Emile Faguet et Gustave Larroumet. Littérature française. Cours très chics; à celui de M. Faguet, public plus académique; à celui de M. Larroumet, plus artistique.

Cours auxiliaires. — Principaux chargés de cours :

Guiraud . . . . . Histoire ancienne; érudition sobre et sûre.

Langlois . . . . . Ancien élève de Sorbonne et des Chartes; vivifie le XIIIᵉ siècle.

Collignon . . . . Archéologie; projections et lanterne magique.

Conférences. — Principaux maîtres de conférences:

Séailles . . . . . Directeur des études philosophiques.

Seignobos . . . . Histoire contemporaine, pédagogie historique et pédagogie appliquée. Extrémement précis et lucide.

Faculté des Sciences. *A la Sorbonne.*

Principaux cours. Cours préparatoires à la licence (ès sciences mathématiques, physiques, ou naturelles) aux concours d'agrégation (mêmes ordres) et au doctorat ès sciences (mêmes ordres).

Doyen. M. Darboux. — Géométrie supérieure.

Secrétaire M. Philippon.

Principaux professeurs.	Appell. — Mécanique rationnelle.
	Bonnier. — Botanique.
	Poincaré. — Probabilités, et physique mathématique.
	Troost. — Chimie.
	Lippmann. — Physique, photographie des couleurs.
	Friedel. — Chimie organique.
Cours annexes.	Ch. Vélain. — Géographie physique.
	Painlevé. — Calcul différentiel et calcul intégral.
	Chatin. — Histologie.
Cours libres.	Wyrouboff. — Physique moléculaire.
	Filhol. — Paléontologie.
	Chabrié. — Chimie appliquée à la physiologie.
Faculté de Droit	*Place du Panthéon.* Cours préparatoires à la licence en droit (inscription au barreau) et au doctorat en droit ; professorat. Inscriptions après le baccalauréat.
Doyen.	M. Colmet de Santerre. — Droit civil.
Secrétaire.	M. Petit.
Principaux professeurs	Emile Alglave. — Science financière.
	Beudant. — Droit civil.
	Bufnoir. — Droit civil comparé.
	Fernand Faure. — Statistique.
	Garsonnet. — Pandectes.
	Jobbé-Duval. — Droit romain.

Henri Michel. — Droit administratif.

Léon Renault. — Droit international public.

Lyon Caen. — Droit commercial.

Léveillé. — Législation coloniale.

Faculté de Médecine.

Rue de l'Ecole-de-Médecine.

Cours préparatoires au doctorat en médecine.

Inscriptions après le baccalauréat et l'obtention d'un certificat d'études en sciences physiques, chimiques, naturelles, surnommé le *P. C. N.* (délivré après un an d'études à la Faculté des sciences.)

Doyen.

M. Brouardel. — Médecine légale.

Principaux professeurs.

Gautier.—Chimie médicale.

Cornil. — Anatomie pathologique.

Farabeuf. — Anatomie.

Mathias Duval. — Histologie.

Gariel. — Physique médicale.

Grancher. — Maladies des enfants.

Terrier. — Opérations et appareils.

Lannelongue. — Pathologie chirurgicale.

Dieulafoy. — Pathologie médicale.

Laboulbène. — Histoire de la médecine et de la chirurgie.

Richet. — Physiologie.

Pour les professeurs de cliniques, voir *Médecins* et *Hôpitaux*.

Principaux agrégés MM. Chantemesse, Charrin, Netter, Nélaton, Gaucher, Gley, Heim, Ricard, Robin, Sebilleau, Segond.

Secrétaire. M. Pupin, à la Faculté.

Internat et externat dans les hôpitaux. Examens à l'Assistance publique. Pour l'externat : les quatre premières inscriptions. Les externes seuls peuvent concourir pour l'internat.

Concours très recherché ; indemnités modestes aux internes titulaires (1re année, 600 fr. ; 2e année, 700 fr. ; 3e année, 800 fr. ; 4e année, 1,000 fr., logement à l'hôpital, ou 600 fr. d'indemnité).

Collège de France. *Place Cambrai, 1, rue des Ecoles.*

Ensemble de cours publics d'enseignement supérieur donnés par les sommités de la science et des lettres : fondé sous François Ier pour donner un enseignement purement scientifique.

Admission. Libre ; sauf pour les laboratoires où chaque directeur a le droit d'agréer.

Principaux cours. Berthelot. — Chimie organique.

Marey.—Histoire naturelle.

Balbiani. — Embryogénie comparée.

Th. Ribot. — Psychologie expérimentale.

Pierre Laffitte. — Histoire des sciences.

P. Leroy-Beaulieu. — Economie politique.

E. Levasseur. — Géographie et statistique.

Maspéro. — Antiquités égyptiennes.

Louis Havet. — Philologie latine.

G. Boissier. — Histoire de la littérature latine; très mondain.

E. Deschanel. — Langue et littérature françaises modernes; mondain.

Arbois de Jubainville. — Langue et littérature celtique; mondain occultiste.

Michel Bréal. — Grammaire comparée; jeunes filles à examens.

Principaux laboratoires.
(communs au Collége de France et à l'Ecole des Hautes-Etudes)

Balbiani. — Zoologie pure.

Berthelot. — Chimie minérale, organique, etc. Science pure (anciennement Claude Bernard), physiologie.

Ranvier — Histologie; derniers raffinements de la technique microscopique.

Schutzenberger. — Chimie pure et appliquée à l'industrie.

Marey (suppléant, François Franck). — Physiologie, méthode graphique, chromophotographie.

D'Arsonval (successeur de Brown-Séquard). — Liquides organiques.

Administrateur. M. Gaston Pâris, de l'Institut.

Ecole supérieure de Pharmacie.	*4, avenue de l'Observatoire.* Sciences physiques et naturelles ; chimie dans toutes ses applications ; préparation au diplôme de pharmacien de 1re classe, et au diplôme supérieur (équivalent au doctorat ès sciences).
Admission.	Après inscription accompagnée du diplôme de bachelier et du certificat d'examen de validation de stage (Le stage se fait pendant trois ans, à partir de seize ans au moins, chez un pharmacien). Trois années d'études. Inscriptions trimestrielles. Bourses.
Destination.	Internat des hôpitaux, laboratoires municipaux, professorat et agrégation des sciences pharmaceutiques dans les Facultés mixtes.
Directeur.	M. Planchon. — Histoire naturelle des médicaments.
Principaux professeurs.	Bouchardat. — Hydrologie et histoire des minéraux. Jungfleisch. — Chimie analytique. Riche. — Chimie minérale. Milne-Edwards. — Zoologie. Moissan. — Toxicologie. Guignard — Botanique générale.
Ecole des Hautes-Etudes.	*A la Sorbonne.* Etude et application des méthodes d'observation et de découverte ; fondée par M. Duruy. — Divisée en plusieurs sections : sciences, études his-

toriques et philologiques, sciences religieuses.

Admission. Sans examen ni titre préalable ; inscription à l'école comme *stagiaire*, en désignant soi-même les conférences qu'on veut suivre ; *titulaire* au bout d'un an sur la proposition du professeur. En 3ᵉ ou 4ᵉ année, thèse à volonté, pour le titre d'*élève diplômé*, ne conférant aucun droit.

Destination. Missions à l'étranger, professions libérales, etc.

Principaux maîtres J. Psichari. — Philologie byzantine.

Héron de Villefosse. — Epigraphie latine.

Gaston Paris. — Philologie romane.

Clermont Ganneau. — Archéologie orientale.

Monod. — Histoire du moyen âge.

Léon Marillier. — Religion des peuples non civilisés.

Léon de Rosny. — Religions de l'Extrême-Orient ; très select.

André Berthelot. — Religions de la Grèce et de Rome.

Réville. — Religion chrétienne.

Jules Soury. — Philosophie (hors section).

École Normale *45, rue d'Ulm.*
Supérieure. Forme, en principe, des professeurs pour les lycées ; en réalité, des écrivains qui

s'empressent de lâcher l'enseignement dès qu'ils se sont fait une situation dans les lettres (Normaliens.)

Enseignement très libéral, varié, et ressources nombreuses d'éducation.

Adm'ss'on. Concours (bacheliers), deux sections : lettres et sciences. Trois ans d'études; quatrième année accordée quelquefois aux agrégés.

Destination. Enseignement secondaire classique, — enseignement supérieur, — écoles de Rome et d'Athènes, — missions scientifiques, etc.

Direction. Directeur G. Perrot; — sous-directeur, lettres : M. Vidal Lablache, — sciences : M. Tannery.

École d'Athènes. *A Athènes.*
Archéologie et art grecs.

Admission. Docteurs ès lettres ou agrégés des lettres. Trois ans d'études, dont un à Rome.

École de Rome. *A Rome.*
Archéologie, art et érudition latine.

Admission. Élèves de Normale supérieure, des Chartes, des Hautes-Études, docteurs distingués, etc.
Un an d'études; — prolongation sur avis de l'Académie des inscriptions.

École supérieure des Mines	*60, boulevard Saint-Michel.* Forme des ingénieurs des mines.
Admission.	Comme *élèves ingénieurs*, les premiers de Polytechnique. Comme *externes* — au concours (2ᵉ quinzaine d'octobre). Comme *étrangers* — demande de l'ambassadeur et examen de capacité. Comme *libres*, — demande personnelle au ministre pour autorisation.
Destination.	Les élèves ingénieurs : service de l'État (trois ans d'études). Les externes : industries particulières et chemins de fer (diplôme d'ancien élève). Les étrangers : chacun pour son pays ; certificat d'études. Les élèves libres, aucun titre. Cours préparatoires assurant l'externat.
Cours publics.	Minéralogie, — géologie, — paléontologie.
École des Ponts et Chaussées.	*28, rue des Saints-Pères.* Forme des ingénieurs des ponts et chaussées.
Admission.	Comme élèves internes : élèves de Polytechnique. Comme externes, — concours (1ʳᵉ quinzaine d'octobre).
Destination.	Internes : ingénieurs de l'État. Externes : génie civil. Cours préparatoire assurant l'externat.

**École des
Constructions
Navales.**
(Génie Maritime.)

27, quai de la Tournelle.

Forme des ingénieurs pour la marine.

Admission,

Comme élèves, après deux ans de Polytechnique.

Comme élèves libres, autorisation du ministre ; diplôme.

Destination.

Élèves fixes, — ingénieurs de la marine de l'Etat.

Élèves privés, — ingénieurs de constructions navales, compagnies de transports maritimes, etc.

**École Centrale
des Arts
et Manufactures**

Rue Montgolfier.

Ecole libre, surveillée par l'Etat (commerce et industrie). Forme des ingénieurs des arts et manufactures.

Admission.

Examen d'entrée, en juillet ou en octobre. Limite inférieure : dix-sept ans.

Trois ans d'études. Diplôme après examen de sortie.

Destination.

Industrie ; manufactures nationales, etc., sans garantie.

Société d'anciens élèves, 81, rue de Turbigo, aidant les nouveaux.

**Ecole
des Chartes.**

Annexée au palais des Archives, *rue des Francs-Bourgeois*, 58 (prochainement transférée à la Sorbonne).

Prépare des archivistes paléographes, experts en écritures, élèves de Rome, etc.

Admission.

Examen (1er novembre), bacheliers ès lettres de moins de

	vingt-cinq ans, trois ans d'études (internat).
Directeur.	M. Paul Meyer.
Principaux professeurs.	L. Gautier. — Paléographie. Giry. — Diplomatique. P. Meyer. — Langues romanes. R. de Lasteyrie. — Archéologie du moyen âge.
Ecole du Louvre.	*Cour Lefuel, au Louvre.* Prépare des conservateurs de musées, des bibliothécaires, des missionnaires et explorateurs archéologues.
Admission.	Inscription au secrétariat des Musées nationaux. Trois ans d'études, thèse au cours de la 4ᵉ année, en vue du *diplôme d'élève de l'école.*
Principaux cours.	G. Lafenestre. — Histoire de la peinture. E. Ledrain. — Épigraphie assyrienne, phénicienne. Molinier. — Histoire des arts appliqués à l'industrie. Eugène Révillout. — Droit égyptien. Courajod. — Histoire de la sculpture, moyen âge, renaissance et temps modernes.
Ecole libre des Sciences politiques.	*27, rue Saint-Guillaume.*
Admission.	Préparation aux examens de carrières administratives ; sans grades universitaires et sans examen ; demande au directeur, examinée par le Conseil de l'école ; *élèves* (ins-

criptions d'ensemble) et *auditeurs* (inscriptions partielles), diplôme aux élèves.

Destination.

Selon les sections : diplomatie, Conseil d'État, administration intérieure, inspection des finances, Cour des comptes, service colonial.

Directeur.

M. Boutmy.

Principaux membres du conseil

MM. Léon Say, Ribot, comte de Chambrun, baron de Courcel.

Principaux professeurs.

Louis Léger. — Histoire d'Autriche.

Albert Sorel. — Histoire diplomatique.

Sturm. — Histoire financière.

Levasseur. — Géographie statistique.

Funck-Brentano. — Economie sociale.

Leroy-Beaulieu. — Économie politique.

Raymond Koechlin.

Ecole des Beaux-Arts.

14, rue Bonaparte. (V. *Monuments historiques, musées et bibliothèques.*) Arts du dessin, de la peinture, de la sculpture, de l'architecture, de la gravure en taille-douce, de la gravure en médailles et en pierres fines.

Admission.

Sur examen (mars et juillet), à quinze ans au moins, trente ans au plus.

Auditeurs bénévoles, sur autorisation du directeur.

Directeur.	Paul Dubois, de l'Institut.
Principaux cours.	MM. Heuzey (histoire et archéologie); Ruel (littérature); Eugène Müntz (pas de chaire, mais conseil recherché par les élèves et les amateurs pour son érudition et son obligeance proverbiales).
Ateliers.	*Peinture.* — Barrias, Gérôme, Bonnat, Gustave Moreau.
	Sculpture. — Barrias, Falguière, Thomas.
	Architecture. — Guadet, Ginain, Moyaux.
	Gravure en taille-douce. — J. Jacquet.
	Gravure en médailles. — Ponscarme.
Concours.	Différents prix et fondations attachés aux diverses sections donnent lieu à concours.
Prix de Rome.	Le principal concours est en vue des prix de Rome (voyage en Italie et séjour à la villa Médicis, à Rome). Premier examen pour l'*admission en loge.* Les admis sont dès lors enfermés pour le temps nécessaire à l'exécution du sujet du concours. Ils ne reçoivent aucune visite et ne communiquent pas entre eux.
Titres.	Les compositions sont exposées publiquement salle Melpomène, et les décisions du

jury très commentées le plus souvent.

Le diplôme dit « certificat d'études à l'École des Beaux-Arts » est délivré à tous les lauréats de concours, et à tous les concurrents pour les prix de Rome.

Conservatoire de Musique et de Déclamation.	Fondé en 1795, en exécution des décrets de la Convention Nationale. Règlement souvent remanié; a eu des internes; n'a plus que des externes.
Situation.	Grande entrée, *45, rue du Faubourg-Poissonnière*; entrée de la direction, *1, rue du Conservatoire*; occupe toute la surface entre les rues Sainte-Cécile et Richer.
Direction.	Ambroise Thomas, membre de l'Institut, *directeur*. Émile Réty, *chef du secrétariat*.
Principaux professeurs.	*Composition* : Massenet, Th. Dubois, Ch. Lenepveu; *Harmonie* : E. Pessard, etc.; *Histoire de la musique* : Bourgault-Ducoudray; *Chant* : Crosti, Archaimbaud, Warot, Duvernoy, etc.; *Ensemble vocal* : Marty; *Opéra* : Giraudet, Melchissédec; *Opéra-comique* : Achard, Taskin; *Déclamation dramatique* : Delaunay, Worms, Silvain, Dupont-Vernon, de Féraudy, Leloir;

Littérature dramatique : Marcel Fouquier; *Ensemble instrumental : Ch. Lefebvre; Accompagnement au piano :* Delahaye; *Orgue, improvisation :* Widor; *Piano :* Pugno, Diemer, de Bériot, Delaborde, Duvernoy; *Harpe :* Hasselmans; *Violon :* Garcin, Marsick, etc.; *Violoncelle :* Delsart, Rabaud; *Instruments divers :* Taffanel (flûte), Gillet (hautbois), Bremond (cor), Allard (trombone), etc.

Concours d'admission

En octobre; non publics.

Concours de fin d'année.

En juin, juillet; publics, après un premier examen en chaque classe. Les plus recherchés, ceux de chant, opéra, opéra-comique, tragédie, comédie. Jury : MM. Ambroise Thomas, H. de Bornier, etc.

Pour avoir des places.

Adresser la demande à la direction ou à un professeur influent.

Public mêlé : amateurs, artistes, journalistes, familles et amis des concurrents.

Muséum d'Histoire naturelle.

57, rue Cuvier, Jardin des Plantes.

Formation et conservation de collections comprenant toutes les productions du globe, dans les trois règnes de la nature.

Admission.

Libre; les cours sont publics; l'entrée des collections est autorisée pour les porteurs de cartes délivrées, sur demande, par l'administration.

Principaux professeurs.
Van Tieghem. — Botanique.
Georges Ville. — Physique végétale.
Stanislas Meunier. — Géologie.
Milne-Edwards. — Zoologie.
Edmond Perrier. — Zoologie des mollusques.
Frémiet. — Dessin d'animaux appliqué à l'histoire naturelle.
Hamy. — Anthropologie.
Chauveau. — Pathologie comparée.

Institut Pasteur
Rue Dutot.

Établissement privé mis à la disposition de M. Pasteur et de ses élèves; constitue un vaste laboratoire consacré aux recherches de microbiologie et aux expériences pratiques.

Directeur.
M. Duclaux.

Admission.
Sur la demande au directeur, avec titres justifiant la demande.

Ecole de Médecine vétérinaire.
A Alfort (Seine).
Prépare des vétérinaires civils et militaires.

Admission.
Demande avant le 1er août au ministère de l'agriculture; 17 ans;
Examen d'admission ou bac-

calauréat, diplôme des écoles nationales d'agriculture; quatre ans d'études; internat, externat, demi-pension; diplôme après examen de fin d'études. Trente élèves entrenus par le ministère de la guerre.

Directeur. Dr Trasbot.

Principaux professeurs. Adam, Baron, Cadiot, Kauffmann, Nocard.
Chefs de travaux : Dechambres, Désoubry, Lignières.

Destination. Médecine vétérinaire de l'armée, des haras publics ou privés, de la pratique civile.

Institut national agronomique. *16, rue Claude-Bernard.* Étude et enseignement des sciences dans leurs rapports avec l'agriculture.

Admission. Élèves réguliers externes ou auditeurs libres sur examen, au mois d'octobre. Deux ans d'études; examen à la fin en vue du diplôme ou du certificat (selon la moyenne obtenue), année complémentaire possible.

Destination. École nationale forestière pour les douze premiers; quatre à l'école des Haras du Pin (haras nationaux); professorat et administration agricole; direction, génie, chimie agricoles, etc.

Directeur. M. Risler — Agriculture comparée.

Principaux professeurs.	Schlœsing. — Chimie agricole.
	Tresca.— Machines agricoles.
	Dybowski.—Cultures coloniales.
	Duclaux. — Physique et microbiologie.
Champs d'expérience.	A Joinville-le-Pont, avec laboratoires et bâtiments pour physiologie végétale, chimie agricole, zootechnie, génie rural.

Ecole de physique et de Chimie industrielles.	*42, rue Lhomond.* Spécialisation et développement pratique des sciences physico-chimiques appliquées à l'industrie.
Admission.	Après concours; trois années d'études; examen de sortie; certificat ou diplôme selon la moyenne obtenue.
Destination.	Génie civil, direction d'ateliers dans les industries mécaniques ou chimiques. Association d'anciens élèves pour le soutien mutuel et le placement.

Ecole des Langues Orientales vivantes.	*Rue de Lille.* Etude pratique des langues orientales vivantes et des pays où ces langues sont en usage.
Admission.	Cours publics après inscription. Pour être élève régulier, s'inscrire au secrétariat de l'école (novembre); seize ans au moins, vingt-quatre au

Destination.   plus ; baccalauréat exigé. Trois ans d'études. Diplôme d'élève breveté, après examen de fin d'études.

Destination.   Interprètes pour les pays d'Orient, diplomatie, agents commerciaux, etc.

Principaux cours.   Arabe littéral, arabe vulgaire, persan, turc, malais et javanais, arménien, grec moderne, hindoustani et tamoul, chinois, japonais, annamite, russe, roumain, géographie politique et commerciale des États, etc.

Ecole coloniale.   *129, boulevard Montparnasse.*

Préparation aux carrières administratives coloniales.

Admission.   Demande avant le 15 août; dix-huit ans au moins, vingt-cinq ans au plus; baccalauréat; certificat de santé spécial. Trois ans d'études; deux ans seulement pour les licenciés en droit. Bourses d'études, auditeurs libres. — Quelques élèves indigènes des pays d'Orient. Brevet après examen de sortie.

Destination.   Administration centrale des colonies; magistrature coloniale ; commissariat colonial ; bureaux de Cochinchine ; administration des affaires indigènes ou personnel des résidences en Extrême-Orient ; administration pénitentiaire de Guyane et de Nouvelle-Calédonie; corps des administrateurs africains.

Directeur.   M. Aymonier.

Ecole supérieure du Commerce.   *102, rue Amelot.*
Patronnée par la chambre de commerce; prépare des chefs et administrateurs pour les importantes maisons de commerce et d'industrie.

Admission.   Au concours, à seize ans au moins; deux ans d'études après le cours préparatoire.

Ecole des Hautes Etudes Commerciales.   *13, rue de Tocqueville.*
Préparation aux affaires de la banque, du commerce et de l'industrie.

Admission.   Concours à dix-huit ans au moins; deux années d'études normales obligatoires. Prix de pension élevés; bourses de l'Etat, de la Ville, du département, etc.

Destination.   Outre les affaires libres: élèves chanceliers dans les consulats; administration commerciale dans les colonies; ministère du commerce, douanes, etc.

Institut Commercial de Paris.   *19, rue Blanche.*
Ecole préparatoire au commerce d'exportation.

Admission.   Au concours; seize ans au moins; deux années d'études obligatoires; diplôme supérieur délivré d'après la moyenne des notes.

Destination. Commerce à l'extérieur, fondation de comptoirs, ou direction, en France, de maisons d'exportation.

ÉCOLES SPÉCIALES
Dépendant du ministère de la Guerre

Ecole Polytechnique

5, rue Descartes.

Caractère. Préparation scientifique intensive; les élèves s'appellent familièrement des *pipos*.

Costume. Pantalon noir à double bande rouge; tunique noire, ceinturon verni; chapeau bicorne, épée, attribuée aux élèves après la défense héroïque de la barrière Clichy (général Moncey, 1815).

Admission. Au concours, après la classe de mathématiqu spéciales.

Durée des études. Deux ans. Sorties les mercredis et les dimanches.

Destination. *Ecole des mines,* pour les dix ou douze premiers; *Ecole des ponts et chaussées; Ecole du génie maritime,* etc.; grande majorité : *Ecole de Fontainebleau* (génie militaire ou artillerie). En outre : poudres et salpêtres, tabacs, lignes télégraphiques, etc.

Entrée directe dans l'armée comme sous-lieutenants en

cas de disette d'officiers; nom familier : « petits chapeaux » (en opposition à « gros bonnets »).

Directeur.
Général André.

Principaux professeurs.
Mercadier, Bertrand, Duruy, Grimaux, Résal, Sarrau, etc.

École Saint-Cyr.
A Saint-Cyr (Seine-et-Oise); trains spéciaux le dimanche, gare Montparnasse.

Caractère.
Préparation d'officiers pour l'armée (cyrards).

Costume.
Pantalon rouge, tunique bleue, shako avec plume de coq blanches; épaulettes.

Admission.
Au concours, après préparation spéciale dans les classes de mathématiques élémentaires dites classes de Saint-Cyr (familièrement: *corniches*, et les élèves : *cornichons*).

Durée des études.
Deux ans. Les trois premiers mois, pas de sorties; ensuite tous les dimanches.

Destination.
Infanterie, infanterie de marine (marsouins), cavalerie.

Postards.
A Saint-Cyr et à Polytechnique, on désigne ainsi les élèves de l'École de l'ancienne rue des Postes (pères Jésuites).

CHAPITRE III

INSTRUCTION PRÉPARATOIRE

ENSEIGNEMENT SECONDAIRE
(12-16 ans)

LYCÉES ET COLLÉGES

Louis-le-Grand. *Rue Saint-Jacques.*
Fondé en 1563, à portée de la Sorbonne, sous le nom de collège de Clermont ; les vieux bâtiments renfermaient une salle de dessin curieuse. Remplacés par des constructions neuves, lourdes et sans style.

Caractère — Particulièrement littéraire ; eut longtemps la spécialité de préparer à Normale-lettres ; a une classe de rhétorique supérieure.

Proviseur. — M. Gazemin.

Population scolaire — Très bourgeoise ; les boursiers de mérite, envoyés par les lycées de province, y sont en nombre.

Association amicale d'anciens élèves. — Très florissante.

Petit lycée. — (Lycée Montaigne, *rue Auguste-Comte*), classes primaires et de grammaire.

Henri IV. *Place du Panthéon.*
Occupe l'emplacement de

	l'ancienne abbaye de Sainte-Geneviève, dont il reste une tour dite « tour de Clovis ».
Caractère.	Sérieux, littéraire; est devenu le lycée où on prépare le plus de normaliens.
Proviseur.	M. Bertagne.
Censeur.	M. Bralley.
Population.	Fils d'universitaires, de savants, de fonctionnaires de Paris et de la province; public calme, laborieux, tranquille.
Association d'anciens élèves.	Florissante.

Condorcet. *Rue du Havre.*

D'abord lycée Bonaparte, puis lycée Fontanes; situé dans les bâtiments d'un ancien couvent de capucins, bâti sous Louis XVI.

Caractère.	Lycée d'externes, suivi par pensions ecclésiastiques. Études moins sérieuses, plutôt dans le sens historique et diplomatique.
Proviseur.	M. Blanchet.
Censeur.	M. Claverie.
Population.	Fils des preux napoléoniens; fils de famille, très chics et préoccupés de leur élégante tenue: (financier et faubourg Saint-Honoré). Futurs attachés d'ambassade et quarts d'agents de change.
Association d'anciens élèves.	En bonne situation, mais pas assez nombreuse. Banquet annuel, présidence variable.

Petit lycée.	*Rue d'Amsterdam.* M. le Dr Gusse; surveillant général : M. Pozzo di Borgo.
Saint-Louis.	*Boulevard Saint - Michel;* ancien collège d'Harcourt; reconstruit sous la Restauration.
Caractère.	Purement scientifique; pépinière de saint-cyriens et de polytechniciens.
Proviseur.	M. Piéron.
Censeur.	M. Laviéville.
Population.	Travailleuse; bon esprit. Boursiers de province et fils de famille intelligents, travaillant pour assurer leur admission aux écoles.
Association d'anciens élèves.	Très active, et prêtant un concours efficace à ses membres. Bonne situation financière.
Charlemagne.	*Rue Saint-Antoine.* Occupe l'ancienne maison professe des Jésuites. (V. *Maisons et quartiers historiques.*)
Caractère.	Sérieux, simple; esprit honnête et solide, qualifié sous l'Empire de « démoc-soc »; préparation surtout philosophique et littéraire.
Proviseur.	M. Grenier.
Censeur.	M. Chapuis.
Population.	Public bon garçon, laborieux, tranquille : enfants du

Marais, du faubourg Saint-Antoine, de la ligne de Vincennes. Reçoit les élèves de l'école Massillon ; les anciennes grandes institutions pour externes : Massin, Hénon, etc., ont disparu.

Association d'anciens élèves. Florissante. Banquet annuel très suivi.

Janson de Sailly *85, rue de la Pompe.* Construction toute moderne (1885) sur les terrains donnés par M. Janson. Ouvert en 1887. Aujourd'hui, le plus peuplé de tous : dix-neuf cents élèves.

Caractère. Trop peuplé et trop récent pour avoir aucune spécialité ; tendance aux sports ; détient la plupart des records et des championnats dans les exercices physiques.

Proviseur. M. Fourteau.

Censeur. M. Lafeteur.

Population. Fils de financiers, d'étrangers, de *bourgeois-gentilshommes* ; anciens élèves et élèves externes des établissements ecclésiastiques du quartier ; public chic, élégant, snob. Beaucoup d'éléments laborieux et intelligents, boursiers de mérite ; succès au concours général.

Naturellement pas d'anciens élèves.

Petit lycée. Annexe : M. Bréhier.

Buffon.	*Boulevard de Vaugirard.* Construction récente; ouvert en 1891, pas d'histoire.
Caractère.	Lycée d'enseignement moderne.
Proviseur.	M. Dabinier.
Censeur.	M. Voisin.
Population.	Locale; enfants d'artistes, de professeurs; esprit très vivant et éveillé.
Voltaire.	*Avenue Daumesnil.* Ouvert en 1892; pas d'histoire.
Caractère.	Fondé exclusivement pour l'enseignement moderne; actuellement doté d'un enseignement classique.
Proviseur.	M. Déprez.
Surveillants généraux.	MM. Loisel et Knid.
Population.	Simple et sérieuse; fils d'industriels.
Carnot.	*Avenue de Villiers,* ancienne *école Monge.* Fondé en 1879, représentait alors le dernier mot du progrès comme installation et pédagogie.
Caractère.	Réorganisation récente; orientation non déterminée.
Proviseur.	M. Frétillier.
Surveillant général.	M. Traillon.
Population.	Plutôt scientifique; ingénieurs en herbe, mêlés aux fils des familles du quartier.

Michelet.	*A Vanves.*
	Anciens bâtiments et ancien parc du château ; situation excellente.
Caractère.	Enseignement classique ; création récente.
Proviseur.	M. Plançon.
Censeur.	M. François.
Population.	Plutôt élégante : enfants de familles soucieuses de leur trouver du bon air en même temps qu'une instruction régulière.
Lakanal.	*A Bourg-la-Reine.*
	Sur la hauteur ; situation très pittoresque, de premier ordre pour l'hygiène.
Caractère.	Enseignement classique, création récente.
Proviseur.	M. Breitling.
Censeur.	M. Guérin.
Population.	Peu nombreuse ; grand commerce et industrie de l'est de Paris.
Collége Rollin.	*Avenue Trudaine.*
	Fondé en 1828, rue Lhomond ; transféré sur l'emplacement des anciens abattoirs, au pied de la butte Montmartre.
Caractère.	Gai ; le plus joyeux de l'Université ; surnommé le collége de la Galette. Enseignement des lycées, sous le contrôle du conseil municipal de Paris.

Directeur.	M. Rousselot.
Censeur.	M. Sommier.
Population.	Externes simples, bonne bourgeoisie; beaucoup de camaraderie.
Association d'anciens élèves.	Florissante.

Collège Chaptal *45, boul. des Batignolles.*
Transformé cette année en école primaire supérieure avec section d'enseignement secondaire.

Directeur.	M. Coutant.
Population.	Simple, d'éducation moyenne; quelques travailleurs visant les écoles du gouvernement.

LYCÉES DE JEUNES FILLES

Note générale.	Enseignement secondaire spécial; diplôme de fin d'études ne constituant aucune équivalence; pas de sanction ni de destination; enseignement pour jeunes filles de la bourgeoisie libérale, qui veulent être préparées à suivre le progrès des connaissances modernes.

Fénelon. *45, rue Saint-André-des-Arts.*
Directrice : Mlle Provost.

Racine. *26, rue du Rocher.*
Directrice : Mme Lacroix-Dubut.

Molière.	*71, rue du Ranelagh, à Passy.* Directrice : Mlle Stoude.
Lamartine.	*12, rue du Faubourg-Poissonnière.* Directrice : Mme Roubinowitch.
Victor-Hugo.	*Rue Sévigné.* Directrice : Mlle Kuss.
École normale de l'enseignement secondaire des jeunes filles.	A Sèvres (Seine-et-Oise). Prépare des professeurs-femmes pour les lycées de jeunes filles. Directrice : Mme Jules Favre.

INSTITUTIONS PRIVÉES

Pensionnats pour **Jeunes filles.** Laïques.	Mmes *Bernier et Drappier*, rue de la Tour, 86 (Passy). Mmes *Carré et Demailly*, rue Demours. Mme *Collot*, 2 *bis*, rue du Château (Neuilly). Mme *Rey*, rue Lafontaine, 41 *bis* (Auteuil). Mme *Havet*, rue de Longchamps, 20-22.
Religieux.	*Couvent du Sacré-Cœur*, rue de Varenne. Aristocratie nobiliaire et financière ; beaucoup d'étrangères riches.

Couvent des Oiseaux, rue de Sèvres, 86.

Bourgeoisie riche ; aristocratie de province.

Dames Augustines de Sainte-Marie, rue Bara, 8.

Bonne bourgeoisie industrielle et commerciale.

L'Assomption, rue de l'Assomption, Passy.

Jeunes filles du monde élégant, riche et bien pensant.

Religieuses Dominicaines, rue Théophile-Gautier, 37.

Religieuses du Saint-Sacrement, 22, rue de Naples.

Religieuses Zélatrices de la Sainte-Eucharistie, rue de Douai, 60, 62.

Religieuses de Saint-Joseph, rue Monsieur, 17, 19, 21.

Pensionnats
pour
garçons.

Collège Sainte-Barbe, rue Valette, 4.

Petit collège, Fontenay-aux-Roses.

Ecole alsacienne, rue d'Assas, 109.

Préparation pour
baccalauréat.

Chevalier, 65, rue du Cardinal-Lemoine.

Lelarge, 20, rue Gay-Lussac.

Roger-Momenheim, 2, rue Lhomond.

École préparatoire
à l'Ecole centrale
des arts
et manufactures.

Duvignau de Lanneau, rue de Rennes, 157.

Etablissements religieux pour garçons.

Collège Stanislas, rue Notre-Dame-des-Champs. Deux camps très tranchés : fils de famille et domestiques ; collège séculier dont les professeurs sont nommés par l'Etat et dont les élèves prennent part au concours général.

Ecole Albert-le-Grand, à Arcueil (dominicains). Directeur : le père Didon.

Esprit très libéral, élèves peu nombreux, éducation de premier ordre.

Ecole de la rue de Madrid (Jésuites), rue de Madrid, 5, 7, 14 ; très mondain, prix élevés.

Ecole des Postes, rue Lhomond ; école préparatoire aux écoles spéciales et du gouvernement.

Etablissement des Frères de Passy, rue Raynouard, 68, bourgeoisie.

Ecole des Carmes, rue de Vaugirard, 70.

Très recherchée : pur faubourg Saint-Germain.

Cours pour jeunes filles

Mme *Dieterlen-Boisard*, boulevard Haussmann, 25.

Cours des Sœurs Sainte-Marie, avenue d'Iéna, 8.

Mme *Garnier-Gentilhomme*, rue de l'Arcade, 59.

Installation remarquable. Ancienne réputation. Education sérieuse. — Cours par correspondance suivi par toute la noblesse de province. Journal hebdomadaire pour les jeunes filles, sous la rubrique : *Voix de la jeunesse.*

Mlles *Patin*, rue Royale, 25.

Mlle *Tribou*. avenue d'Antin, 33.

ENSEIGNEMENT PRIMAIRE

Petits enfants
(de 2 à 6 ans.)

Ecoles maternelles communales, publiques (inscription à la mairie), avec cantine scolaire pour repas chauds ; gratuites, populaires. Comités de dames patronnesses (mairie).

Cours et écoles enfantines, dans tous les quartiers, annexés souvent aux cours pour jeunes filles.

Classes
primaires.
(6 à 12 ans.)

Ecoles primaires communales de la ville de Paris, publiques et gratuites (inscription à la mairie), avec cantine scolaire. Enseignement excellent, supérieur à celui du même degré dans les lycées ; dessin, chant, etc., etc. ; populaire.

Classes primaires de lycées, publiques, payantes : dans tous les lycées.

Nombreux établissements privés, laïques, confessionnels, etc. (V. p. 206 et 207.)

Enseignement primaire supérieur (12 à 16 ans.)	Préparation aux emplois du commerce, de l'industrie, aux écoles d'arts et métiers. Boursiers de l'enseignement primaire, reçus après examens.
Écoles pour garçons.	*Ecole Turgot*, rue Turbigo, la plus ancienne; directeur : M. Porcher. *Ecole Colbert*, rue Château-Landon, directeur : M. Mandagot. *Ecole J.-B. Say*, rue d'Auteuil, directeur : M. Lévêque. *Ecole Arago*, boulevard Arago, directeur : M. Bainier. *Ecole Lavoisier*, rue Denfert-Rochereau, directeur : M. Filon.
Écoles pour filles.	*Ecole Sophie-Germain*, rue de Jouy, directrice : Mme Chégaray. *Ecole Edgar Quinet*, rue des Martyrs, directrice : Mme Lacroix.
Enseignement professionnel Pour garçons.	*Ecole Estienne*, boulevard d'Italie, 118; industrie du livre (typographie, gravure, reliure, etc., etc.). *Ecole Boulle*, rue de Reuilly, 57 ; industrie de l'ameublement. *Ecole Diderot*, boulevard de la Villette, 60 ; fer et bois. *Ecole Bernard-Palissy*, rue des Petits-Hôtels, 12; céramique.

Ecole des Arts décoratifs, rue de l'Ecole de Médecine.

Pour jeunes filles. *Ecoles* de la ville de Paris, rues de la Tombe-Issoire, 77; Bossuet, 14; Ganneron, 26; Fondary, 20; Poitou, 7; Bouret, 2.

Ecoles Elisa Lemonnier, rue Duperré, rue des Boulets.

Ecole professionnelle des Ternes, rue Bayen, 22 *bis*.

Ecole professionnelle de dessin, rue de Seine.

Ecoles normales de l'enseignement primaire. Formant des instituteurs et des institutrices pour les écoles primaires.

Pour garçons, rue Molitor, à Auteuil, directeur : M. Lenient.

Pour jeunes filles, boulevard des Batignolles, 56; directrice : Mme Bourguet.

Écoles normales supérieures de l'enseignement primaire. Formant des professeurs pour les écoles normales de France.

Pour garçons, à Saint-Cloud, directeur : M. Jacoulet.

Pour jeunes filles, à Fontenay-aux-Roses, directrice : Mlle Saffroy.

CHAPITRE IV

BIBLIOTHÈQUES

Bibliothèque nationale.

Rue Richelieu.
La plus importante réunion de livres du monde. Fondée par Colbert. Reçoit un exemplaire de tous les ouvrages français qui paraissent, chaque éditeur étant tenu de déposer en double exemplaire chacun des livres qu'il publie.

Passe pour inaccessible ; mais d'un usage très facile avec un peu d'habitude.

Salles de travail.
Entrée : rue Richelieu. Carte sur demande à l'administration. Ouvrages nombreux à la disposition des lecteurs : grandes collections historiques, dictionnaires, catalogues, atlas, livres de référence, bibliographies, périodiques, etc., etc.

Salle de lecture.
Entrée : rue Colbert. Ouvrages moins rares, à lire sur place. Pour tous lecteurs non munis de cartes.

Collections.
Galerie Mazarine. Collection de Bibles la plus précieuse du monde ; manuscrits enluminés, ivoires.

Galerie de la Réserve. Plâtre

original du Voltaire de Houdon ; reliures de Grolier et autres ; livres des rois et reines de France.

Cabinets des médailles et des estampes. (V. *Musées.*)

Salle de géographie, au bout de la galerie Mazarine. Anciens atlas et cartes, plans de Paris, etc.

Administration. Rue Richelieu. Appartements Louis XIV ; le mobilier moderne est copié sur les meubles du temps, jusqu'aux sièges dans les bureaux.

Directeur. M. Léopold Delisle, érudit, très accueillant aux travailleurs classiques ; rebelle aux nouveautés.

Clientèle. Tout le monde. Habitués légendaires : tous les jours, à la même place ; physionomies spéciales ; journalistes venant prendre à la hâte des renseignements pour un article ; ecclésiastiques documentant leurs sermons à l'aide du fonds latin ; professeurs, étudiants, littérateurs, etc. Peu ou pas de fantaisistes : caractère très sérieux.

Bibliothèque de l'Arsenal. Fondée par Voyer d'Argenson ; augmentée de celle du duc de la Vallière ; propriété nationale depuis 1790, fondue avec celle des Célestins (couvent voisin, détruit alors).

Bâtiments du commencement du xviie siècle ; ce qu'on

montre comme cabinet de Sully est l'ancien boudoir de Mme de la Meilleraie. Beaux salons Louis XV. Le véritable cabinet de Sully contient les archives Saint-Simoniennes.

Conservateurs célèbres. Charles Nodier (cercle très littéraire; débuts de Victor Hugo), Ancelot, Paul Lacroix (bibliophile Jacob), Éd. Thierry (ensuite directeur du Théâtre-Français), Hippolyte Lucas, Lorédan Larchey, Eugène Muller, Louis Ulbach.

Conservateur actuel. M. Henri de Bornier.

Clientèle. A 10 h. 10 le matin, élèves du lycée Charlemagne.

De 2 à 4 h., petits bourgeois du Marais venant lire les revues (*Revue des Deux-Mondes* et *Revue bleue* surtout).

Beaucoup de jeunes filles préparant des examens.

Beaucoup d'érudits, à cause des raretés célèbres que possède le fond.

Salle spéciale de Bibles précieuses.

Fonds considérable sur l'histoire de la Révolution et le Saint-Simonisme.

Bibliothèque des Beaux-Arts. A l'école des Beaux-Arts; bâtiment du fond.

Grande salle, beaucoup d'air et de lumière; belles portes Henri II, provenant du château d'Anet.

Collection considérable d'ouvrages sur l'art et l'histoire, dans tous les pays; albums, dessins.

Conservateur. M. Eugène Müntz, érudition extrêmement sagace et précise.

Clientèle. Elèves de l'Ecole des Beaux-Arts; de l'Ecole du Louvre; écrivains d'art; amateurs français et étrangers.

Bibliothèque du Conservatoire. Au Conservatoire de musique et de déclamation, *45, rue du Faubourg-Poissonnière.*

Collection d'ouvrages et de documents relatifs à l'histoire de la musique.

Administration. M. Wekerlin, bibliothécaire; M. Julien Tiersot, sous-bibliothécaire.

Clientèle. Elèves de la maison en petit nombre; compositeurs et critiques musicaux.

Bibliothèque de l'Opéra. A l'Opéra, par la rue Auber.

Dans l'aile gauche, occupant les dépendances de la loge destinée au chef de l'Etat (une vaste rotonde), quatre à cinq salons luxueusement aménagés renferment les plus précieux autographes, entre autres :

Manuscrit des *Fêtes de l'Amour et de l'Hymen,* par Rameau; ouverture de l'*Ar-*

bre enchanté, par Gluck ;
manuscrits de : Grétry, Mé-
hul, Spontini, Cherubini, Rossini, Auber, la scène du
ballet de *Tannhauser*, de
Wagner, etc., etc.

Fonds considérable de ma-
nuscrits, de partitions origi-
nales, d'ouvrages sur l'art
lyrique et dramatique.

Clientèle.   Tous les maitres de la composition musicale ; les élèves
du Conservatoire.

Bibliothèque   Au musée Carnavalet, *rue*
Carnavalet.   *des Francs-Bourgeois.*

Fonds spécialement con-
sacré à l'histoire de la ville
de Paris et de la Révolution
française ; constitution récente ; l'ancienne bibliothèque
de la ville a brûlé avec l'Hôtel de Ville en 1871. Riche
collection de journaux.

Bibliothèque   *Place des Vosges.*
des   Fonds important de dessins
Arts décoratifs.   de meubles, d'étoffes, de broderies, dentelles, costumes
historiques, livres d'art, etc.

Administration.   M. de Champeaux, bibliothécaire.

Clientèle.   Amateurs d'ameublements
de style ; ouvriers d'art, etc.

Bibliothèque   *Place du Panthéon.*
Ste-Geneviève.   Fondée d'abord (xviie s.)
dans les bâtiments de l'ab-
baye de Sainte-Geneviève ;
rebâtie en 1850.

Beaux manuscrits ; incunables ; aldes ; elzévirs ; portrait authentique de Marie Stuart ; 200.000 imprimés ; fonds scandinave considérable.

Beaucoup de périodiques français.

Les raretés sont, d'ailleurs, très peu demandées ; la collection d'aldes, presque complète, est peu connue. Le catalogue, mal établi, est inutilisable.

Administration. — Henri Lavoix, bibl.; Alfred Ernst ; M. Poirée ; Develay (traducteur de Pétrarque).

Clientèle. — Etudiants ; poètes.

Beaucoup de chercheurs de librettis, à cause de l'important fonds scandinave réuni autrefois par M. Xavier Marmier.

A partir de 7 h. du soir, pas une place ; pas d'air. Administration indifférente à tout ce qui s'y passe.

Bibliothèque du Sénat. — Au Luxembourg.

Fonds politique très complet pour l'histoire parlementaire des dernières années.

Peintures d'Eugène Delacroix.

Administration. — Autrefois, Fr. Coppée ; Leconte de Lisle ; Charles Edmond ; aujourd'hui, s'adresser à M. Lacaussade.

Clientèle.	Hommes politiques ; journalistes sérieux, sur autorisation expresse du questeur de service.
Bibliothèque de la Chambre.	Au Palais-Bourbon. Fresque de Delacroix. Même fonds, même usage et même clientèle ; admissions un peu plus libéralement accordées.
Bibliothèque du |Théâtre-Français.	Fondée au début du xviiie siècle sur l'initiative de Palissot. Bibliothécaire : M. Léon Guillard. Collection d'œuvres dramatiques et de partitions musicales. Trente-deux éditions différentes de l'œuvre de Molière. Almanachs des spectacles de Paris et de la province depuis 1752.
Bibliothèque de l'Université. (Sorbonne.)	A la Sorbonne. Fondée au moyen âge ; fonds curieux de livres anciens ; au moins 350 éditions de Cicéron ; pas un livre moderne, à moins de cadeaux d'auteurs. Deux divisions : Bibliothèque scientifique ; Bibliothèque de lettres dite Bibliothèque Albert Dumont.
Administration.	M. de Chantepie ; M Boissonnade, très obligeants.
Clientèle.	Rien que des étudiants dans le jour ; le soir tout le monde ; très libre ; très accessible.

Bibliothèque du Louvre.

Aux bureaux de la Conservation du Louvre, entrée à l'angle sud-ouest de la cour carrée.

Bibliothécaire.

M. Sévin-Desplaces.

Collection d'œuvres relatives à l'histoire de l'art dans tous les pays. 20,000 volumes.

Fondation de la Convention. La bibliothèque brûlée en 1871 était l'ancienne « bibliothèque du roi »; celle-ci est plus spécialement destinée au musée même.

Salles de travail très tranquilles; non publiques, mais autorisation facilement accordée par M. Sévin-Desplaces, qui met son savoir à la disposition des chercheurs.

Bibliothèque Mazarine.

A l'Institut.

Ancienne bibliothèque de Mazarin ; considérablement accrue : 300,000 volumes, beaucoup de manuscrits ; grand fonds relatif à l'histoire et aux études d'art.

Administration.

Ferdinand Fabre, bibliothécaire.

Clientèle.

Littérateurs, hommes de lettres ; amateurs littéraires du monde. Etudiants très sérieux, surtout philosophes.

Bibliothèque des Arts et Métiers.

Rue Saint-Martin.

Etablie dans l'ancien réfectoire du prieuré de Saint-Martin des Champs (xiiie s.).

Collection de 30,000 volumes environ, relatifs surtout aux arts industriels, mécaniques, etc.; ouverte de 10 h. à 3 h., et le soir.

Administration. M. Gelin, conservateur.

Clientèle. Ingénieurs, élèves de Centrale et des Écoles spéciales; ouvriers laborieux; peu d'amateurs, malgré des raretés très intéressantes relatives aux étoffes, dentelles, etc.

Bibliothèque du Muséum. *Rue Linné.*
Collections de livres sur la botanique, la zoologie, la géographie descriptive, les voyages. Nombreuses miniatures de fleurs.

Administration. M. Dennicker.

Clientèle. Étudiants, amateurs horticoles, grands cultivateurs, artistes peintres ou dessinateurs.

NOTE GÉNÉRALE Tous les grands établissements ont leur bibliothèque annexe et spéciale : Institut, École de Droit, École de Médecine, etc., etc. Celles qui ne sont pas publiques admettent le plus souvent les personnes qui, ayant une recherche à faire, se présentent avec des références.

CHAPITRE V

CONFÉRENCES & AUDITIONS

École
des Beaux-Arts. Conférences d'art (M. Heusey), très suivies par les amateurs mondains.

Bodinière Rue Saint-Lazare, 18.
Ancien *Théâtre d'application;* devenu un centre d'actualités artistiques et littéraires très à la mode.

Directeur. M. Bodinier.
Conférences du mercredi, à 3 heures (de novembre à mai). Public d'abonnés, très élégant. Littérateurs fantaisistes, humoristes.

Auditions diverses tous les jours : Chansons anciennes, chansons mimées, etc. Conférences explicatives, par des hommes de lettres.
Représentations d'œuvres inédites.

Cours de littérature pour les dames et les jeunes filles, par Sarcey, le mardi, jusqu'en janvier ; — ensuite série sur l'art féminin, par Mme Anna Lampérière.
Expositions artistiques dans la galerie.

Collège de France	Conférences historiques et littéraires de MM. Émile Deschanel, Ribot, Gaston Boissier ; très suivies par les femmes du monde sérieuses.
Odéon	Conférences classiques, par des critiques littéraires, sur les pièces représentées à l'abonnement. Public simple, bonne bourgeoisie, collégiens et jeunes filles à examen.
Sorbonne	Conférences historiques de M. Lavisse ; public sélect ; sociologues et intellectuels du monde littéraire et académique. Cours de MM. Émile Faguet et Gustave Larroumet, très suivis par les femmes du monde ; plus de mondanité qu'au Collège de France.

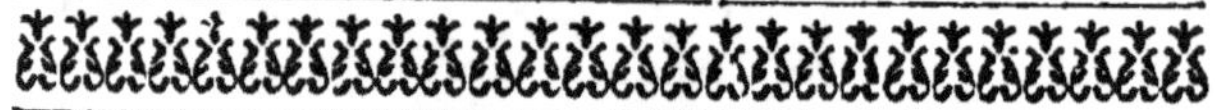

CHAPITRE VI

LES JOURNAUX ET REVUES

PRINCIPAUX JOURNAUX QUOTIDIENS

Le Figaro	26, rue Drouot. — Journal du matin.
Direction.	MM. Fernand de Rodays et A. Périvier.

Tendance ou caractère. Conservateur indépendant; très parisien; paraît sur six pages.

Principaux collaborateurs. MM. G. Calmette, secrétaire de la rédaction; Henri Fouquier, critique dramatique; Jacques Saint-Cère, politique étrangère; Saint-Genest (Boucheron), Whist (Valfrey), Philippe de Grandlieu (Léon Lavedan), Albert Bataille, gazette des tribunaux; Philippe Gille, critique littéraire; Robert Milton (A. de Saint-Albin), sport, etc.

Rédaction très mondaine; five o'clock artistiques très recherchés; reçoit les rois et célébrités de passage à Paris, et place ensuite leur portrait dans le hall.

Initiateur des salles de dépêches.

Le Temps. *5, boulevard des Italiens.* — Journal du soir.

Direction. M. Adrien Hébrard, sénateur.

Tendance ou caractère. Républicain. Journal de doctrine et d'informations. Dépêches et correspondances de l'étranger.

Principaux collaborateurs. MM. Francisque Sarcey, critique dramatique (le dimanche); de Pressensé, bulletin du jour; Gaston Deschamps, critique littéraire; Jacques Hébrard, sénateur, A. Sabatier, politique intérieure; Paul Delombre, finances ; Ad. Aderer, courrier théâtral. MM. Legouvé, Alf. Mézières, Alb. Sorel, L. Grandeau, de Cherville, Max de Nansouty, etc.

Le Journal des Débats. *17, rue des Prêtres-Saint-Germain-l'Auxerrois.* — Paraît le soir.

Direction.	M. De Nalèche.
Tendance ou caractère.	Républicain modéré.
Principaux rédacteurs.	MM. Léon Say, Ernest Lavisse, Jules Lemaître, Francis Charmes, Henri de Parville, etc.

Le Gaulois. *2, rue Drouot.* — Journal du matin.

Direction.	M. Arthur Meyer.
Tendance ou caractère.	Royaliste et mondain.
Principaux rédacteurs.	MM. J. Cornély et Louis Teste, rédacteurs politiques;

L'Écho de Paris *16, rue du Croissant.* — Journal du matin.

Direction.	M. Valentin Simond.
Tendance ou caractère.	Républicain, littéraire ; fait peu de politique.
Principaux rédacteurs.	MM. Anatole France, Henri Bauer, Nestor (H. Fouquier), Mme Séverine, etc.

Le Journal. *106, rue Richelieu.* — Journal du matin.

Direction.	M. Fernand Xau.
Tendance ou caractère.	Républicain, littéraire ; fait peu de politique.
Principaux rédacteurs.	MM. Clémenceau, François Coppée, Catulle Mendès, Ar-

mand Silvestre, Paul Hervieu, Paul Adam, etc.

Le Petit Journal. 61, rue Lafayette. — Journal du matin.

Direction.	M. Marinoni.
Tendance ou caractère.	Républicain libéral. C'est le journal du monde entier qui a le plus gros tirage.
Principaux rédacteurs.	MM. Giffard et Judet.

Le Petit Parisien. 16, rue d'Enghien. — Journal du matin.

Direction.	M. Jean Dupuy, sénateur.
Tendance ou caractère.	Républicain.

L'Intransigeant. 142, rue Montmartre. — Journal du matin.

Direction.	M. Henri Rochefort.
Tendance ou caractère.	Républicain socialiste.
Principal rédacteur	M. Henri Rochefort.

La Libre Parole　14, boulevard Montmartre. — Journal du matin.

Direction.	M. Edouard Drumont.
Tendance ou caractère.	Antisémite.
Principal rédacteur	M. Edouard Drumont.

L'Autorité. 4 bis, rue du Bouloi. — Journal du matin.

Direction.	M. Paul de Cassagnac.
Tendance ou caractère.	Impérialiste.
Principal rédacteur	M. Paul de Cassagnac.

Le Matin. 25, rue d'Argenteuil. — Journal du matin.

Tendance ou caractère.	Républicain.
Principaux rédacteurs.	MM. Ranc, H. Maret, etc.

La Petite République. *142, rue Montmartre.*
— Journal du matin.

Direction.	M. Millerand, député.
Tendance ou caractère.	Révolutionnaire socialiste.
Principaux rédacteurs.	MM. Millerand, Jaurès, Rouanet, Viviani, Gérault-Richard, députés.

L'Univers.   *10, rue des Saints-Pères.* —
Journal du soir.

Direction.	M. Eugène Veuillot.
Tendance ou caractère.	Catholique.

La Gazette de France. (Monument historique.) Le plus ancien journal de France, fondé en 1631.

Tendance.	Légitimiste pur.

Le Siècle.   (Monument historique.)

Le Rappel.   (Monument historique.) Fut célèbre lors de la direction Auguste Vacquerie, Paul Meurice, Victor Hugo.

Directeur actuel.	Pierre Lefèvre.
Tendance.	Républicain radical.

PRINCIPAUX JOURNAUX ILLUSTRÉS

L'Illustration.   *13, rue saint Georges.* —
Hebdomadaire. En vente le vendredi.

Direction.	M. Louis Marc.

L'Univers Illustré. *3, rue Auber.* — Hebdomadaire. En vente le vendredi.

Direction.	M. E. Calmann Lévy.

Le Monde Illustré. 13, quai Voltaire. — Hebdomadaire. En vente le vendredi.

Direction.   M. E. Desfossés.

Le Figaro illustré. 24, boulevard des Capucines. — Mensuel. Publication de grand luxe.

Direction.   M. René Valadon.

La Revue Illustrée. 12, rue de l'Abbaye. — Bimensuelle. Publication élégante et artistique.

Direction.   M. René Baschet.

Le Courrier Français. 14, rue Séguier. — Hebdomadaire. En vente le vendredi.

Direction.   M. J. Roques.

La Vie Parisienne. 8, rue Favart. — Hebdomadaire. En vente le samedi. Journal du monde élégant. Satirique, mondain et littéraire.

Direction.   A. Baudoin.

L'Écho de la Semaine. 28 bis, rue Richelieu. — Hebdomadaire. En vente le jeudi. Politique et littéraire.

Direction.   M. Ed. Petit.

PRINCIPAUX JOURNAUX DE MODES

L'Art et la Mode. 8, rue Halévy. — Hebdomadaire.

Direction.   M. Ch. Chautel.

L'Ami de la Mode. 5, rue des Filles-Saint-Thomas. — Bi-mensuel.

Direction.   M. H. Petit.

Le Journal des Demoiselles. 48, rue Vivienne.
— Hebdomadaire.

Direction.   M. J. Thiéry.

La Mode Française. 67, rue de Grenelle. —
Hebdomadaire.

Direction.   Baronne de Clessy.

La Mode Illustrée. 56, rue Jacob (maison
Didot). — Hebdomadaire.

Direction.   Mme Emmeline Raymond.

Le Moniteur de la Mode. 3, rue du 4-Septem-
bre. — Hebdomadaire.

Direction.   M. Goubaud ; Gabrielle
d'Eze (Mme Gabrié).

La Mode Pratique. 79, boulevard Saint-Ger-
main (maison Hachette).

Direction littéraire.   M. Desclozières.
Direction pratique.   Mme C. de Broutelles.

PRINCIPALES REVUES

Revue des Deux-Mondes. 15, rue de l'Uni-
versité. — Directeur : M. Brunetière, de l'Académie Française. — La plus ancienne et
la plus influente des revues
françaises. Paraît le 1er et le
15 de chaque mois.

Revue de Paris. 85 bis, faubourg Saint-Ho-
noré. — Directeurs : MM. Gan-
derax et Lavisse. — De fondation récente, a conquis rapidement une place importante.
Paraît le 1er et le 15 de chaque
mois.

La Nouvelle Revue. 190, boulevard Malesherbes. — Directrice : Mme Edmond Adam, y signe des lettres sur la politique étrangère. — Revue républicaine. Paraît le 1er et le 15 de chaque mois.

Le Correspondant. 14, rue de l'Abbaye. — Directeur : M. Léon Lavedan. — Conservatrice et catholique. Paraît le 10 et le 20 de chaque mois.

La Revue Bleue. 111, boulevard Saint-Germain. — Politique et littéraire.

La Revue Blanche. 15, rue des Martyrs. — Directeur : M. Natanson. — Littéraire et décadente. Mensuelle.

La Revue des Revues. 7, rue Le Peletier. — Directeur : M. Jean Tinot. Mensuelle.

Revue Générale des Sciences. 3, rue Racine. — Directeur : M. Louis Olivier, docteur ès sciences. Sciences pures et vulgarisation. Paraît le 15 et le 30 de chaque mois.

La Revue Scientifique ou Revue Rose. 111, boulevard Saint-Germain. — Directeur : M. Ch. Richet. Hebdomadaire.

CHAPITRE VII

GENS DE LETTRES

Paul Adam.   *26, rue de la Faisanderie.*

Œuvres principales   Le Mystère des Foules;
Essai de vivre.

Caractère
de l'œuvre.   Conceptions audacieuses,
attirantes. Forme très personnelle.

Jean Aicard.   *5, rue Michelet.*

Œuvres principales   Miette et Noré, le Pavé
d'amour, la Chanson de l'enfant, le Diamant noir.

Caractère
de l'œuvre.   Romantisme méridional.

Alphonse Allais.   *Rue Édouard-Detaille.*

Œuvres principales   A se tordre, le Parapluie de
l'Escouade, $2 + 2 = 5$.

Caractère.   Gaîté, humour, fantaisie.

Maurice Barrès.   *8, rue Caroline.*

Œuvres principales   Sous l'œil des Barbares, le
Jardin de Bérénice, Huit jours
chez Renan, Psychothérapie,
Une journée parlementaire
(comédie).

Caractère.   Culte du soi. Ironiste délicat et subtil. Polémiste violent. Styliste hors ligne.

Henri Becque.   *104, avenue de Villiers.*

Œuvres principales   La Parisienne, les Corbeaux,

	Michel Pauper, — les Polichinelles (en préparation !).
Caractère.	Études amères de mœurs contemporaines. Créateur du théâtre « rosse ».
Emile Bergerat.	*72, rue Laugier.*
Œuvres principales	Le Petit Moreau, la Vierge, le Viol, Enguerrande, Ours et Fours.
Caractère.	Esprit verveux et paradoxal.
Alex. Bisson.	*17, rue Monchanin.*
Œuvres principales	Les Surprises du divorce, Ma Gouvernante, Monsieur le Directeur, etc.
Caractère.	Vaudevilliste gai.
M. Boniface.	*14, place Vendôme.*
Œuvres principales	La Tante Léontine, la Crise, les Petites Marques.
Caractère.	Satire et observation minutieuse de la vie.
Robert de Bonnières.	*15, avenue Bosquet.*
Œuvres principales	Les Monach, le Petit Margemont. Lord Hyland.
Caractère.	Profonde observation philosophique.
Henri de Bornier.	*1, rue Sully.*
Œuvres principales	La Fille de Roland, le Fils de l'Arétin (drames en vers).
Caractère.	Belles idées dramatiques; sentiments élevés.
M. Bouchor.	*18, avenue de l'Observatoire*
Œuvres principales	Les Chansons Joyeuses, les Poèmes de l'Amour et de la Mer, Tobie et Noël.

| Caractère. | Note très personnelle, poésie, naïveté voulue. |

Paul Bourget. *20, rue Barbet-de-Jouy.*

Œuvres principales — Cruelle énigme, Mensonges, le Disciple, Cœur de femme, Sensations d'Italie, Cosmopolis, Outre-mer, etc., etc.

Caractère — Analyse psychologique (inspirée de Stendhal) et préoccupations philosophiques.

Ed. Cadol. *A Asnières.*

Œuvres principales — Les Inutiles (comédie); Le Cher Maitre, Madeleine Houlard (romans).

Caractère. — Grande probité littéraire.

Alfred Capus. *9, rue Maubeuge.*

Œuvres principales — Qui perd gagne, Années d'aventures, Brignol et sa fille (comédie).

Caractère. — Observation humoristique et fine des milieux bourgeois.

Jules Case. *Rue de l'Arc-de-Triomphe.*

Œuvres principales — Jeune ménage, la Fille à Blanchard, l'Étranger, Promesses.

Caractère. — Études sérieuses des questions psychologiques et sociales.

Victor Cherbuliez. Suisse naturalisé. — *12, rue de Tournon.*

Œuvres principales — Méta Holdenis, comte Kostia, Samuel Brohl et Cie, la Ferme du Choquart. —(A publié également, sous le pseudonyme de Valbert, un grand nombre d'études politiques et historiques.)

Caractère. Agréable, récits faciles et attrayants.

Jules Claretie. *10, rue de Douai.*
Œuvres principales Le Train 17, Monsieur le Ministre, Le Siège de Paris, etc.

Caractère. Conteur aimable. Journaliste très documenté.

Fr. Coppée. *12, rue Oudinot.*
Œuvres principales Le Passant, Pour la couronne (théâtre), Intimités, les Humbles, la Grève des Forgerons, Pour le Drapeau (poésies), Henriette, Toute une jeunesse (romans).

Caractère. Poétique, sentimental, tendre, très français.

Fr. de Curel. *Rue de Grenelle.*
Œuvres principales L'Invitée, l'Envers d'une Sainte, les Fossiles, l'Amour brode.

Caractère. Psychologie traitée par un esprit mathématique.

Alph. Daudet. *31, rue de Bellechasse.*
Œuvres principales Fromont jeune et Risler aîné, le petit Chose, Jack, l'Évangéliste, Sapho, l'Immortel, Tartarin, le Nabab, etc.

Caractère. L'art de raconter et d'observer.

Léon Daudet. Fils du précédent, *même adresse.*

Œuvres principales   Les Morticoles, les Kamschatka.
Caractère.   Satirique, livres à clef.
M. Donnay.   *164, boulevard Péreire.*
Œuvres principales   Lysistrata, Eux, Pension de Famille, Amants (comédie), Education de Princes, Chères Madames (dialogues).
Caractère.   Spirituel, parisien, beaucoup de charme.
D'Ennery.   *59, avenue du Bois.*
    Le doyen des auteurs dramatiques.
Œuvres principales   Les Deux Orphelines et quantité de mélodrames.
Caractère.   Mélodramatique, littérature populaire.
Ferd. Fabre.   *25, quai Conti.*
Œuvres principales   L'Abbé Tigrane, Mon oncle Célestin.
Caractère.   Etudes de la vie du clergé en province, descriptions des paysages des Cévennes.
G. Feydeau.   *75, rue de Chaillot.*
Œuvres principales   Le Fil à la patte, l'Hôtel du libre échange, Champignol malgré lui.
Caractère.   Gaîté folle.
Henry Fouquier   *12, avenue de l'Alma.*
Œuvres.   Chroniques, critique dramatique du *Figaro.*
Caractère.   Erudition, élégance et esprit.
Anat. France.   *13, rue de Sontay.*
Œuvres principales   Thaïs, le Crime de Sylvestre

Bonnard, le Lys rouge, la Rôtisserie de la reine Pédauque.

Caractère. Ironie, grande érudition philosophique et religieuse, délicieux dans la forme.

Ganderax. 5, *rue Washington.*
Directeur de la *Revue de Paris.*

Caractère. Très littéraire, érudit et délicat.

Phil. Gille. 62, *rue Jouffroy.*
Œuvres principales Trente Millions de Gladiator, les Charbonniers, Critiques d'art (Versailles).

Caractère. Goût artistique, forme spirituelle et amusante.

Ed. de Goncourt 67, *boulevard Montmorency* (Auteuil).
A publié ses principales œuvres avec son frère Jules, décédé. Consacrera sa fortune, après sa mort, à la fondation d'une Académie, dont il désignera lui-même les membres par testament.

Œuvres principales Études historiques sur la fin du xviiie siècle. Romans : Germinie Lacerteux, Manette Salomon, les frères Zemgano; etc., le journal des Goncourt.

Caractère. Très artiste. Précurseur, avec Flaubert, de l'école naturaliste; a fortement contribué à répandre en France le goût du bibelot xviiie siècle et à faire connaître l'art japonais en Europe.

H. Gréville.   *174, rue de Grenelle.* (Mme Durand).

Œuvres principales   L'Expiation de Saveli, Dosia, Sonia, Cléopâtre.

Caractère.   Imagination précise ; peintures très vivantes de la vie russe élégante.

Grosclaude.   *15, rue de la Paix.*

Œuvres principales   Hâtons-nous d'en rire, les Complices.

Caractère.   Esprit pince sans rire et très fantaisiste.

Gyp.   (Comtesse de Martel), petite-nièce de Mirabeau. — *Avenue Bugeaud* (Neuilly).

Œuvres principales   Autour du mariage, Bob, Pas jalouse, Passionnette, Leurs âmes, etc.

Caractère.   Humoristiques et nerveux croquis d'une société qui s'en va.

Halévy.   *22, rue de Douai.*

Œuvres principales   L'Abbé Constantin, les Petites Cardinal, — Collaborateur de Meilhac : Frou-frou ; livrets d'opérettes célèbres, etc., etc.

Caractère.   Finesse attendrie, observation parisienne sans amertume, sourire spirituel.

J.-M. de Hérédia   *11, rue Balzac.*

Œuvre principale   Les Trophées.

Caractère.   Forme parfaite (sonnets). Évocation de l'antiquité.

Abel Hermant.   *24, boulevard des Capucines.*
Œuvres principales   Cavalier Miserey, Nathalie Madoré, Ermeline, la Carrière, le Frisson de Paris, etc.
Caractère.   Observation fine et indépendante de milieux très différents.

Paul Hervieu.   *13, rue des Mathurins.*
Œuvres principales   L'Alpe homicide, Flirt, Peints par eux-mêmes, l'Armature (rom.). Les Tenailles (comédie).
Caractère.   Études cruelles, mais vraies et profondément observées, de la vie mondaine.

H. Houssaye.   *47, avenue de Friedland.*
Œuvres principales   Diverses œuvres historiques, 1814, 1815.
Caractère.   Érudition pittoresque et vivante.

J.-K. Huysmans   *11, rue de Sèvres.*
Un des cinq des soirées de Médan (recueil de nouvelles, publié par E. Zola et ses disciples, Guy de Maupassant, Paul Alexis, Léon Hennique, Henri Céard). A abandonné l'école naturaliste.
Œuvres principales   Les sœurs Vatard, En ménage, A rebours, Là-bas, En route.
Caractère.   Naturalisme brutal dans les premiers; mystique actuellement.

J. Lamber. (Mme **Ed. Adam**).	*190, boulevard Malesherbes.* Directrice de la *Nouvelle Revue.*
Œuvres principales	Grecque, Laïde, Païenne.
Caractère.	Conviction ardente et passion enthousiaste.

H. Lavedan.	*30, boulevard Flandrin.*
Œuvres principales	Le Prince d'Aurec, Famille, Deux noblesses, Viveurs (comédies), Inséparables, Sire (dialogues).
Caractère.	Observation parisienne; satire délicate et émue, dans une forme finement littéraire.

J. Lemaitre.	*29, rue des Écuries-d'Artois.*
Œuvres principales	Révoltée, le Député Leveau, Flipotte, l'Age difficile, le Pardon (comédies), Sérénus, les Rois, (romans), les Contemporains (critique).
Caractère.	Douce philosophie, bonté par raisonnement, observation attendrie et spirituelle.

Pierre Loti.	Officier de marine. (Lucien Viaud.)
Œuvres.	Pêcheurs d'Islande, le Mariage de Loti, Madame Chrysanthème, Mon frère Yves, Récits de voyage (au Maroc et en Terre Sainte).
Caractère.	Descriptions et sensations artistiques subjectivement présentées.

René Maizeroy. *75, boulevard Berthier.*

Œuvres principales Après, l'Adorée, Journal d'une rupture.

Caractère. Féministe. Style très prenant et passionné.

Stéphane Mallarmé. Professeur d'anglais à Rollin, *89, rue de Rome.*

Œuvres principales L'Après-midi d'un Faune, traduction d'Edgar Poé.

Caractère. Symbolisme très avancé.

Hector Malot. *A Fontenay-sous-Bois.*

Œuvres principales Sans Famille, la Petite Sœur, Un beau-frère.

Caractère. Familial, d'observation consciencieuse.

P. Margueritte. *A Sèvres.*

Œuvres principales Jours d'épreuves, Pascal Géfosse, le Cuirassier blanc.

Caractère. Energie du fond et de la forme, très littéraire.

Meilhac. *10, place de la Madeleine.*

Œuvres principales Ma Cousine, la petite Marquise, Margot. En collaboration avec Halévy : Froufrou, la plupart des opérettes d'Offenbach.

Caractère. Très fin, très spirituel, très parisien.

Catulle Mendès. Romancier, poète et auteur dramatique, *19, boulevard Montmartre.*

Œuvres principales Zohar, la Première Maitresse, la Maison de la vieille, les Mères ennemies (drame),

la femme de Tabarin (comédie), Isoline.

Caractère.   Sensualisme lyrique et raf-
finé, note artistique très évi-
dente.

Octave Mirbeau   *A Carrières - sous - Poissy
(Seine-et-Oise).*

Œuvres principales   Le Calvaire, l'Abbé Jules.

Caractère.   Observation puissante, pes-
simiste, grande vigueur de
style.

**Comte de
Montesquiou.**   *A Versailles.*

Œuvres principales   Les Chauves-Souris, le Chef
des Odeurs suaves, le Par-
cours du Rêve au Souvenir.

Caractère.   Sensations artistiques.

G. Ohnet.   *14, avenue Trudaine.*

Œuvres principales   Serge Panine, la Comtesse
Sarah, le Maître de Forges
(roman et pièce dont le grand
succès a été une réaction
contre le naturalisme français).

Caractère.   Le romancier favori de la
bourgeoisie. Très lu aussi à
l'étranger.

Pailleron.   *1, quai d'Orsay.*

Œuvres principales   Le Monde où l'on s'ennuie,
l'Étincelle, Cabotins, la Souris.

Caractère   Étude légère des faiblesses
et des ridicules mondains.

Paul Perret.   *58, rue La Rochefoucauld.*

Œuvres principales   L'Amour et la Guerre, Sœur
Sainte-Agnès, les Demoiselles
de Liré.

Caractère.	Remarquable forme littéraire ; cadres historiques.
Porto-Riche.	*100, faubourg Saint-Honoré*
Œuvre principale.	Amoureuse.
Caractère.	Psychologie hardie ; très artiste.
Marcel Prévost.	Ancien élève de l'École Polytechnique. — *8, avenue Percier*.
Œuvres principales	Mademoiselle Jauffre, le Scorpion, la Confession d'un amant, l'Automne d'une femme, Lettres de femmes, les Demi-vierges.
Caractère.	Charme sentimental, analyse de la femme moderne.
Jean Rameau.	*13, rue de l'Arc-de-Triomphe.*
Œuvres principales	La Chanson des étoiles (vers); Rose de Grenade, la Chevelure de Madeleine.
Caractère.	Grande inspiration de la nature.
H. de Régnier.	*6, rue Boccador.*
Œuvres principales	Poésies, Contes à moi-même.
Caractère.	Poésie élevée, symboliste de la jeune école.
J. Ricard.	*93, boulevard Berthier.*
Œuvres principales	Acheteuses de rêves, Sœurs, La Voix d'or, à Prix fixe et à la Carte, etc.
Caractère.	Conteur agréable et mondain.

Richepin. *9, rue Galvani.*

Œuvres principales — Le Flibustier, la Glu, Nana-Sahib, Vers la Joie, (poèmes : les Blasphèmes, Chanson des Gueux).

Caractère. — Fougueux, violent.

Ed. Rod. — Suisse genevois, naturalisé français. — *16, rue Lafontaine.*

Œuvres principales — Le Sens de la vie, la Course à la mort, Dernier refuge, etc.

Caractère. — Consciencieux, philosophique, intéressant.

Rodenbach. *12, rue Gounod.*

Œuvres principales — Le Silence, Bruges la Morte, les Yeux, le Voile, la Vocation.

Caractère. — Impressions d'au-delà, silence, rêverie, philosophie des choses mortes.

J.-H. Rosny. — Anciens ouvriers (deux frères).

Œuvres principales — Daniel Valgrave, Nell Horn, les Corneilles, l'Autre femme, etc.

Caractère. — Etudes fouillées des questions sociales et morales.

Francisque Sarcey. *57, rue de Douai.*

Œuvres principales — Le Mot et la Chose, Souvenirs de Jeunesse, Minon-Minette.

Caractère. — Grande bonhomie qui fait passer sur l'allure un peu pédagogique de l'esprit et du style.

V. Sardou.   28, *rue de Madrid et à Marly.*

Œuvres principales   Patrie, la Haine, Pattes de Mouches, Rabagas, Dora, Divorçons, Fédora, Théodora, Nos Intimes, la Famille Benoiton, etc.

Caractère.   Grande habileté et connaissance géniale des ressources dramatiques. Théâtre toujours des plus intéressants.

Sully-Prudhomme.   *82, faubourg Saint-Honoré.*

Œuvres.   Poésies diverses (le Vase brisé).

Caractère.   Mélancolie, délicatesse, philosophie.

A. Theuriet.   *6, rue Houdan, Bourg-la-Reine.*

Œuvres principales   Poésies, Sous bois, la Maison des deux Barbeaux, Sauvageonne, Michel Verneuil, Amour d'automne, Flavie, etc.

Caractère.   Etudes de la bourgeoisie provinciale et rurale; paysages simples et de poésie douce.

Pierre Valdagne   *26, rue Guillaume Tel.*

Œuvres principales   Allô! allô!, la Blague (pièces), Variations sur le même air (roman).

Caractère.   Un sceptique tendre.

Fern. Vandérem   *99, boulevard Malesherbes.*

Œuvres principales   La Cendre, Charlie.

Caractère.   Sujets très personnels; ornie attrayante et littéraire.

Emile Zola.	*21 bis, rue de Bruxelles.*
Œuvres principales	La série des Rougon-Maquard.
Caractère.	Naturaliste (Zola est chef de l'école). Conception hardie, charpente robuste, honnêteté brutale; puissance d'évocation des masses.

CHAPITRE VIII

MUSIQUE

GRANDS CONCERTS

Société des concerts du Conservatoire.	*1, rue du Conservatoire.* Concert chaque dimanche, par double série, à 2 heures, de novembre à avril.
Chef d'orchestre.	Taffanel; chef des chœurs : S. Rousseau.
Caractère.	Fondée en 1828, sous la direction d'Habeneck ; exécution très soignée, parfaite souvent. Concert spirituel très recherché, le soir du Vendredi-saint.

Répertoire. Grand classique, ouvert depuis peu seulement aux chefs-d'œuvre contemporains et à Wagner ; principal culte : Beethoven ; exécution unique de la messe en *ré*.

Places. Public d'abonnés, très sérieux et élégant. On peut presque toujours se procurer des places chez les grands marchands de musique, ou le dimanche avant le concert (une heure et demie) chez le concierge du Conservatoire, à qui les abonnés empêchés remettent à cet effet leurs coupons.

Association artistique (concerts du Châtelet). Administration, 43, rue de Berlin. — Concert chaque dimanche, à 2 heures, d'octobre à mai.

Chef d'orchestre. Ed. Colonne ; chef des chœurs : Fock.

Fondée en 1874 ; les sociétaires (cotisation 30 fr.) peuvent être autorisés par la direction à assister aux répétitions du samedi matin (très suivies par les amateurs du monde).

Caractère. Exécution soignée, plutôt sentimentale.

Répertoire. Éclectique ; prédilection pour Berlioz et les jeunes maîtres français ; succès de l'année : *Damnation de Faust,* l'*Or du Rhin, Parsifal, les Béatitudes.*

Places. De 7 fr. à 1 fr. 25.

Concerts Lamoureux.	Cirque d'été ; administration, 62, rue Saint-Lazare. — Concert chaque dimanche, à 2 heures et quart, par double série, souvent le jeudi, à 4 heures (prix réduits), d'octobre à mai.
Chef d'orchestre.	Ch. Lamoureux ; 2ᵉ chef : M. Chevillard.
Caractère.	Cénacle des Wagnériens français.
Répertoire.	Répertoire presque exclusivement composé de Wagner et des grands classiques ; exécution précise, de correction parfaite. Fait entendre les célébrités vocales de l'étranger (Mᵐᵉˢ Materna, Lili Lehmann, Kalisch, etc.).
Places.	Entre 8 fr. et 2 fr.
Concerts d'Harcourt.	*40, rue Rochechouart.* Concerts chaque dimanche, à 2 heures et quart, et parfois le soir. Chef d'orchestre : d'Harcourt ; 2ᵉ chef : Doret. Création récente ; chef d'orchestre jeune, riche, plein d'ardeur ; répertoire tout à fait éclectique.
Places.	Très bon marché.
Concerts de l'Opéra.	A l'Opéra. — Le dimanche, à 2 heures et quart, d'octobre à mai. Chefs d'orchestre : Paul Vidal, G. Marhy, et les com-

positeurs qui veulent diriger leurs œuvres.

Création de l'année; fondation de grande espérance pour la musique nouvelle.

Concerts de la Société nationale.

22, *rue Rochechouart* (salle Pleyel).

Fondés en 1872 par Camille Saint-Saëns.

Œuvres inédites des compositeurs français ; public d'abonnés amateurs très choisis ; rendez-vous des novateurs intransigeants.

SOCIÉTÉS MUSICALES D'AMATEURS

Sociétés privées, composées de gens du monde, soit exécutants, soit participant aux frais d'exécution par des artistes (cotisations, locations de places, etc.).

La Trompette.

84, rue de Grenelle.

Fondée en 1858 par Emile Lemoine à l'Ecole polytechnique. Devenue un des centres musicaux importants de Paris,

Séances chaque semaine, de janvier à mai ; quatuor Marsick-Hayot-Laforge-Loys, alternant avec le quatuor Remy - Parent - Van Wœfelghem et Delsart. Chanteurs et pianistes renommés en auditions. Public de musiciens excellents et gens du monde, invités par M. et Mme Lemoine (invitations recherchées).

Société chorale d'amateurs. (Guillot de Sainbris), *16, rue Dumont-d'Urville.*

Président : E. Guinand ; directeur : Maton.

Composé exclusivement de gens du monde ; il faut être présenté par deux membres pour en faire partie ; public d'amis et de membres honoraires, un peu vieillot.

L'Euterpe. *14, rue de Trévise.*

Directeur : Duteil d'Ozanne. Présentation par deux membres.

Société chorale bien menée, modeste et consciencieuse.

La Circé. *8, rue d'Athènes.*

Comte d'Azevedo. Société mondaine, même recrutement.

Exécution de morceaux d'ensemble, duos, quatuors, etc. Très chic ; pas très sérieux musicalement.

Société des grandes auditions musicales. Présidente : Mme la comtesse de Greffulhe.

Réunion de Mécènes, donnant des subsides pour faire représenter les œuvres qui leur semblent intéressantes.

Société des concerts de l'Ecole de musique religieuse. *10, boulevard de Clichy.*

Directeur : Gust. Lefèvre. Auditions d'œuvres spéciales, de chants d'église, etc.

SOCIÉTÉS MUSICALES DE PROFESSIONNELS

Associations d'exécutants, donnant périodiquement des auditions payantes.

Société des chanteurs de Saint-Gervais.

1, rue Jean-de-la-Brosse.
Directeur : M. Bordes.
Société de 40 musiciens ; fait entendre à Saint-Gervais, les jours de fête et de la semaine sainte, les chefs-d'œuvre de la vieille musique religieuse ; chante *a capella*, dans les salons, de vieux madrigaux français ; donne trois concerts par an pour l'audition des cantates inédites de Bach.

Société de musique de chambre pour instruments à vent.

22, rue Rochechouart (Pleyel).
MM. Taffanel, Gillet, Brémond, Diemer, etc.
Concerts annoncés, avec prix d'entrée. Public élégant.

Société des instruments anciens.

22, rue Rochechouart.
Clavecin, viole d'amour, viole de gambe, vielle, etc., etc. : MM. Diemer, Van Wœfelghem, Delsart, etc.
Séances de musique ancienne très suivies. Prix d'entrée.

Sociétés de musique de chambre.

Chefs de quatuors : Lefort, 184, boulevard Saint-Germain ; Geloso, 22, rue Rochechouart (Pleyel) ; J. Philippe, 13, rue du Mail.

Quatuors.	Société des derniers quatuors de Beethoven; quatuors Parent, 13, rue du Mail; Remy, 184, boulevard Saint-Germain; Crickboom, 40, rue Rochechouart.
Société nouvelle.	*8, rue d'Athènes.* MM. Raoul Pugno, Marsick, Hollmann.
Société de musique française.	*99, boulevard Magenta,* M. Nadaud.

CONCERTS DIVERS

Jardin d'Acclimatation, tous les dimanches.

Musiques militaires dans tous les jardins de Paris, en été.

Les plus suivies : Tuileries, Palais-Royal (garde républicaine), Luxembourg, Ranelagh, etc.

MUSIQUE RELIGIEUSE

Note générale.	La plupart des grandes églises ont pour le chant une maîtrise artistique et des solistes ; pour l'orgue, des musiciens connus. Aux grandes fêtes (Noël, Vendredi-Saint, Pâques, etc.), véritables concerts religieux.
Saint-Eustache.	Grandes messes avec orchestre et chant; orchestre

du Conservatoire, artistes de l'Opéra et de l'Opéra-Comique. Messe célèbre de la Sainte-Cécile. Affluence considérable.

La Madeleine. Très bonne musique ; orchestre et chant. Maître de chapelle : Gabriel Fauré. (V. *Notoriétés de la musique.*)

Saint-Roch. Séances célèbres du Vendredi-Saint : *les Sept paroles du Christ*, de Th. Dubois.

Saint-Sulpice. Exécutions remarquables de plain-chant ; orgue célèbre tenu par Widor. (V. *Ibid.*)

Trinité. Chapelle artistique ; organiste : M. Guilmant, du Conservatoire. (V. *Ibid.*)

Saint-Augustin. M. Eugène Gigout, maître de chapelle et organiste.

CHAPITRE IX

NOTORIÉTÉS DE LA MUSIQUE

Mme Artot de Padilla, 39, *rue de Prony.*
Célèbre cantatrice et professeur éminent.

Audran, 27, *rue Guillaume-Tell.*
Compositeur de musique légère, *Miss Helyett*, *le Grand Mogol*, *la Mascotte*, etc., etc.

Cam. Benoit, *28, rue de Rivoli.*
Compositeur; critique musical.

Ch. Bordes, *2, rue François-Miron.*
Compositeur ; maître de chapelle de Saint-Gervais.

Bourgault-Ducoudray, *16, villa Molitor, Auteuil.*
Compositeur, critique, professeur au Conservatoire. Reconstitutions de chants grecs et de musique ancienne. Un des hommes qui ont le plus contribué à l'histoire de la musique. Auteur de *Thamara.*

E. Bourgeois, *81, avenue Niel.*
Chef d'orchestre de l'Opéra-Comique; accompagnateur.

L. Breitner, *5, rue Daubigny.*
Pianiste; élève de Rubinstein.

A. Bruneau, *11 bis, rue Vielle.*
Compositeur de grand talent ; critique musical du *Figaro;* attaché jusqu'à présent à des livrets de Zola : *le Rêve, l'Attaque du Moulin.*

Cavaillé-Coll, *15, avenue du Maine.*
Le plus célèbre des facteurs d'orgue actuels.

Mlle C. Chaminade, *32, rue de l'Université.*
Compositeur et pianiste. Mélodies appréciées: *les Amazones, Callirrhoë.*

G. Charpentier, *6, rue Custine.*
Une des personnalités les mieux douées et les plus bruyantes de la nouvelle

école. Vit sur la butte Montmartre ; en descend quelquefois, pour assister, à l'exécution de ses œuvres : *Impressions d'Italie, la Vie du poète,* etc.

Chausson, *22, boulevard de Courcelles.*
Nouvelle école ; compositeur d'avenir.

Édouard Colonne, *43, rue de Berlin.*
Célèbre chef d'orchestre.
(V. *Concerts.*)

Mme Colonne (née Vergin), *43, rue de Berlin.*
Cantatrice appréciée (*Damnation de Faust*), professeur de chant ; a formé de bons élèves.

Mme Conneau, *15, rue de Milan.*
Veuve du médecin de Napoléon III ; admirable professeur.

Coquard, *56, boulevard des Invalides.*
Compositeur.

Danbé, *39, rue de la Victoire.*
Chef d'orchestre de l'Opéra-Comique et des bals de l'Elysée.

Debussy, *10, rue Gustave-Doré.*
Compositeur original, nouvelle école ; beaucoup d'avenir.

Delaborde, *22, rue Rochechouart.*
Grand pianiste.

Delsart, *6, rue Murillo.*
Violoncelliste d'un charme rare.

Desgranges, *44, rue Cambon.*
Chef d'orchestre de danse (bals de l'Opéra).

L. Diémer, *82, rue d'Amsterdam.*

Pianiste virtuose merveilleux; compositeur; a contribué à remettre à la mode les clavecins de la maison Pleyel, sur lesquels il exécute à ravir les airs de Rameau, Couperin, etc., tels qu'ils ont été écrits.

Th. Dubois, *31, rue de Moscou.*

Compositeur; *les Sept Paroles* (exécutées tous les vendredis saints à Saint-Roch) *la Farandole, Aben Hamet,* etc., etc.

Faure, *52 bis, boulevard Haussmann.*

Célèbre baryton, fit les beaux jours de l'Opéra à la fin de l'Empire; compositeur et professeur; chante à peu près uniquement, maintenant, ses œuvres : les *Rameaux,* l'*Alleluia d'Amour,* le *Crucifix,* etc.

G. Fauré, *54, boulevard Malesherbes.*

Musique de scène de *Shylock, Caligula* (Odéon); mélodies très répandues.

Mᵐᵉ Ferrari, *3, rue Copernic.*

Compositeur et professeur distingué.

Fragerolle, *15, rue du Souvenir, Asnières.*

Compositeur humoristique du *Chat Noir : la Marche à l'Étoile,* etc.

Gigout, *63 bis, rue Jouffroy.*

Célèbre organiste de Saint-Augustin.

Gillet, *53, rue Philippe-de-Girard.*
Le hautbois par excellence ; effets uniques.

Baronne de Grandville, *4, rue du Commandant-Rivière.*
Compositeur aimable : *les Heures, Mazeppa,* etc.

Guilmant, *62, rue de Clichy.*
Organiste de la Trinité et du Conservatoire. Fondateur des concerts d'orgue du Trocadéro.

Mlle Gutzviller, *22, rue de Chaillot.*
Jeune fille qui a des succès dans les salons : chante en s'accompagnant de la harpe.

R. Hahn, *6, rue du Cirque.*
Jeune compositeur, homme du monde.

D'Harcourt, *10, rue de la Victoire.*
Fondateur des concerts (V. *Concerts.*)

A. Holmès, *40, rue Juliette-Lamber.*
Compositeur et poète ; fait elle-même les livrets sur lesquels elle travaille. *La Montagne Noire, Ludus pro patria, Irlande, les Argonautes, Ode triomphale,* et mélodies très répandues : *les Griffes d'or, Noël,* etc.

Holmann, *2, rue Bochard de Saron.*
Violoncelliste au son très ample.

Georges Huo, *14, avenue Hoche.*
Mélodies répandues ; *Rübezahl.*

Vinc. D'Indy, *7, avenue de Villars.*
Chef de la jeune école, grand talent ; compose ses livrets lui-même. *La Cloche, Wallenstein, Ferval, la Chevauchée du Cid,* etc.

V. Joncières, *10, rue de Castiglione.*
Bon musicien ; *Dimitri, le Chevalier Jean, la Reine Berthe,* etc.

G. Krauss, *169, boulevard Haussmann.*
Artiste d'une rare puissance dramatique, restée longtemps à l'Opéra (*Don Juan, les Huguenots, l'Africaine, Sapho, Tribut de Zamora* (création), *Henri VIII* (id.).

R. Laborde, *66, rue de Ponthieu.*
Professeur connu (Calvé, Delna, etc.).

Lamoureux, *15, rue Ballu.*
Excellent chef d'orchestre. (V. *Concerts.*) Célèbre par la raideur de son bâton et de son caractère.

Ch. Lecocq. *27, rue du Mont-Thabor.*
Auteur de la *Fille de Madame Angot.*

Lenepveu, *9, rue de Verneuil.*
Compositeur, professeur au Conservatoire. *Le Florentin, Velleda, Jeanne d'Arc, Requiem,* etc.

Marmontel, *4, rue de Calais.*
Ancien professeur au Conservatoire ; a formé presque tous les pianistes actuels.

Marsick, *41, rue de Berlin.*
Violoncelliste rare, professeur au Conservatoire. Beaucoup de talent.

M⁰⁰ Marchesi, *88, rue Jouffroy.*
Professeur de chant, grande réputation.

J. Massenet, *46, rue du Général-Foy.*
Un de nos plus célèbres compositeurs. *Don César de Bazan, le Roi de Lahore, Hérodiade, le Cid, Thaïs, Manon, Werther. — Ève, Marie-Magdeleine.* — Mélodies très répandues : *les Enfants* (paroles de Georges Boyer), *Pensées d'Automne.*

Maton, *5, rue Nollet.*
Chef d'orchestre; accompagnateur très recherché.

A. Messager, *2, rue Gounod.*
Compositeur gracieux. *Isoline, la Basoche, Madame Chrysanthème, les Deux pigeons.*

Paladilhe, *14, rue Saint-Marc.*
Compositeur : *Patrie, les Saintes de la Mer,* etc.

G. Pierné, *14, rue Monsieur-le-Prince.*
Compositeur de musique légère, pianiste, organiste de Sainte-Clotilde.

R. Planquette, *11, rue de Calais.*
Compositeur; musique légère, opérettes : *les Cloches de Corneville, Rip, la Princesse Colombine,* etc.

Prince de Polignac, *15, avenue Henri-Martin.*
Compositeur mondain; fait exécuter dans la salle de musique de son hôtel des œuvres de Rameau, de Bach (soli-chœurs, orgue et orchestre).

Paul Puget, *16, rue de la Tour-d'Auvergne.*
Compositeur jeune école et d'avenir.

R. Pugno, *40, rue de la Tour-d'Auvergne.*
Merveilleux pianiste: le premier actuellement en France.

Ravina, *15, rue La Bruyère.*
Doyen des pianistes.

Eugène Reyer, *24, rue de la Tour-d'Auvergne.*
Un maître de la scène lyrique; *la Statue, Salammbô, Sigurd.*

Mme Rogor-Miclos, *62, avenue de Wagram.*
Pianiste; profil de médaille.

Baronne Nathaniel de Rothschild, *33, rue du Faubourg-Saint-Honoré.*
Compositeur de mélodies mode ancienne : « Si vous n'avez rien à me dire. »

C. Saint-Saens, *4, place de la Madeleine.*
Fut « petit prodige », — est devenu le plus grand de nos compositeurs actuels; pianiste, organiste, compositeur. *La Princesse jaune, le Timbre d'Argent, Samson et Dalila, Henri VIII, Ascanio,* — symphonies, musique de chambre, mélodies.

Salvayre, *37, rue Saint-Pétersbourg.*
Compositeur : *le Bravo, Richard III, la Dame de*

Montsoreau, — symphonies et mélodies.

P. Sarasate, *5, place Malesherbes.*
Le plus grand violoniste actuel.

G. Serpette, *1, rue de Londres.*
Compositeur; musique légère. *Le Petit Chaperon rouge, Cousin-Cousine, Fanfreluche*, etc.

Diaz de Soria, *13, rue de la Trémoille.*
Chanteur; beau style.

P. Taffanel, *8, avenue Gourgaud.*
Flûtiste merveilleux; longtemps soliste dans les grands concerts ; maintenant chef d'orchestre de l'Opéra et du Conservatoire.

Teste, *8, avenue de Villiers.*
Le meilleur *trompette* de France. Impeccable.

Ambr. Thomas, *15, Faubourg Poissonnière.*
(au Conservatoire, dont il est directeur).
Le doyen des compositeurs français. *Le Caïd, Mignon, le Songe d'une nuit d'été, Hamlet, Françoise de Rimini,* etc. A pu assister en 1895 à la millième de *Mignon.*

F. Thomé, *60, rue Condorcet.*
Compositeur; mélodies charmantes pour piano et pour chant, très répandues dans le monde.

J. Tiersot, *6, rue des Beaux-Arts.*
Sous-bibliothécaire au Con-

servatoire; critique érudit; a
retrouvé et publié de vieilles
chansons françaises déli-
cieuses.

Waldteuffel, *37, rue Saint-Georges.*
Chef d'orchestre pour les
bals.

Van Wæefelghem, *63, boulevard Pereire.*
Connu surtout des dilet-
tantes, comme rare exécutant
sur la viole d'amour.

Louis Varney, *6, rue Choron.*
Compositeur d'opérettes dé-
licates : *l'Amour mouillé*,
Fanfan la Tulipe, etc.

Mme P. Viardot, *243, boulevard Saint-Germain.*
Retirée du théâtre, mais
fait encore de la musique
chez elle, avec ses filles,
Mme Alphonse Duvernoy (Ma-
rianne Viardot) et Mme Georges Chamerot. — A laissé
comme tragédienne lyrique
des souvenirs célèbres : le
Prophète, Alceste, Orphée,
Sapho, etc.

Paul Viardot, *16, rue de Bruxelles.*
Violoniste ardent et vigou-
reux.

Paul Vidal, *40, rue des Martyrs.*
Compositeur; un délicieux
Noël sur le poème de Bouchor;
la *Maladetta*, *Guernica*, des
partitions pour pantomimes,
des mélodies (*Printemps
nouveau*).

Wekerlin, 24, *rue Saint-Georges.*
Bibliothécaire au Conservatoire ; a retrouvé et publié une foule de mélodies anciennes, et composé lui-même des mélodies simples et gracieuses (sérénade de *Marie Tudor*, de *Ruy Blas*, etc.).

Ch.-M. Widor, 3, *rue de l'Abbaye.*
Professeur au Conservatoire, organiste de Saint-Sulpice. — Compositeur : *Maître Ambros, la Korrigane :* mélodies et pièces pour orgue, piano, chant.

A. Wormser, 2, *rue Gounod.*
Compositeur de *l'Enfant prodigue*, la pantomime maintenant célèbre.

CHAPITRE X

NOTORIETÉS DE LA PEINTURE

SOCIÉTÉ NATIONALE DES BEAUX-ARTS
(CHAMP-DE-MARS)

Aman Jean, 15, *quai Bourbon.*
Venise, la Femme au paon, Portraits. Poésie délicate et fine, facture savante et voilée, charme extrême.

Besnard, *19, rue Guillaume-Tell.*
Plafond de l'Hôtel de Ville, *la Femme en jaune*, décoration à l'école de pharmacie et la Sorbonne.
Puissance et audace de la composition, du dessin, de la couleur. Très moderne.

Jacques Blanche, *19, rue du Docteur-Blanche.*
Portraitiste mondain ; facture distinguée.

René Billotte, *29, boulevard Berthier.*
Peintre de Paris par excellence; donne la note d'air et de lumière spéciale à la ville.

Boldini, *41, boulevard Berthier.*
(Italien)
Virtuose hors ligne. Pastelliste supérieur. Portraits de John Levis Brown, Mme Urizarri, la petite fille aux bas noirs. Connu dans toutes les expositions universelles.

Carrière, *23, avenue de Ségur.*
Maternité, *Théâtre populaire*, portraits de Daudet et de Goncourt.
Se plaît à envelopper de brume des figures dont le dessin, le modelé, le sentiment sont exquis et d'une science impeccable.

Cazin, *40, rue du Luxembourg.*
Agar, *Judith*, *Paysage de nuit*, paysages divers et figures.
Sentiment décoratif et poétique.

Carolus Duran, *Passage Stanislas.*

Plafond au Louvre (autrefois dit « la Chute de la Maison de Savoie »). *Portraits.* Peintre des mondaines riches; n'a pas son pareil pour les étoffes.

Dagnan-Bouveret. *73, boulevard Bineau (Neuilly).*

Tous les genres, connu surtout par sa *Vierge et l'Enfant*, a fait beaucoup de sujets bretons.

Duez, *39, boulevard Berthier.*

Triptyque de Saint-Cuthbert, Décorations et fleurs.

Promettait beaucoup de puissance; resté classique

Friant, *11, boulevard de Clichy.*

Peinture anecdotique (un peu sèche). Portraits nombreux, toute la famille Coquelin. Très connu : *l'Enterrement.*

Helleu, *55, avenue Bugeaud.*

Pointe sèche en diamant. Grand succès en Angleterre (portrait de la princesse de Galles). Célèbre par la série d'*Hortensias bleus*, commandée par la comtesse de Greffuhle.

Pierre Lagarde, *5, rue Pelouze.*

Paysages le soir; sujets décoratifs et religieux.

Poésie intense et pénétrante.

Madeleine Lemaire, *31, rue de Monceau.*

Premier peintre de France

pour fleurs et fruits, fait aussi quelques sujets de genre et portraits.

Lerolle, *20, avenue Duquesne.*

Paysanneries et paysages. Pittoresque gai.

L'Hermitte, *14, rue Pierre-Ginier.*

Paysans, Moissonneurs, les Halles; décoration à l'Hôtel de Ville.

Classique libéral et pittoresque.

Monténard, *7, rue Ampère.*

Le Port de Toulon, la Route du cap Brun.

Exprime avec une rare intensité les paysages lumineux du Midi et de la Méditerranée.

Puvis de Chavannes. *11, place Pigalle.*

Grandes peintures décoratives : *Ludus pro patria* (Amiens), *le Bois sacré* (Lyon), *Alma mater* (Sorbonne), *Été et Hiver,* décoration de l'escalier du Préfet (Hôtel de Ville), *Sainte Geneviève* (Panthéon), *les Muses et le Génie* (Boston). — Tableaux : *Décollation de saint Jean-Baptiste, l'Enfant prodigue, le Pauvre pêcheur.*

Expression intense et idéale de la vie de l'âme; puissance et simplicité des moyens; noblesse et harmonie de la composition.

Pointelin, *26, rue de Fleurus.*

Soir de septembre, paysages divers.

Sentiment très poétique.

Roll, *41, rue Alphonse-de-Neuville.*

> *La Femme au taureau, la Grève des Mineurs, Fêtes officielles populaires.* Décorations à l'Hôtel de Ville et à Versailles.
>
> Mouvement, lumière, entrain, plus que finesse ou distinction.

Stevens, *20, rue Eugène-Flachat.*
(Belge)

> Grand peintre de la génération de 1850. Étonne encore par la puissance de ses coloris. Fait de tout : portrait, genre, marine.

Thaülow, *à Dieppe.*

> *Paysages, Bords d'eau courante, Neiges de Norvège.*
>
> Exécution solide, poésie très particulière.

James Tissot, *avenue du Bois-de-Boulogne.*

> *La Vie du Christ ;* série de petits tableaux à la gouache et à l'aquarelle, d'une science et d'un caractère très personnels ; portraits inspirés de la peinture anglaise.

Whistler, *110, rue du Bac.*

> Peintre américain devenu très parisien. *Portrait de sa mère, portraits de Femme,* d'une grâce très élégante.
>
> Conception psychologique dans le dessin et charme dans le coloris.

SOCIÉTÉ DES ARTISTES FRANÇAIS
(CHAMPS-ÉLYSÉES)

Louise Abbema, *47, rue Laffitte.*
*Femme au bord de la mer;
le Printemps; la Falaise;*
fleurs décoratives; éventails
de haute fantaisie artistique.
Elégance mondaine.

Rosa Bonheur, *By, près Thomery (Fontainebleau).*
(Officier de la Légion d'honneur.) S'habille toujours en
homme avec autorisation de
la police. Bœufs, chevaux.
(V. *Luxembourg.*) A dans son
jardin une ménagerie avec
des lions et des tigres. Ses
plus belles toiles sont en Amérique.

Léon Bonnat, *48, rue Bassano.*
Portraits officiels et de célébrités; solidité de facture;
dessin rare.

Bouguereau, *75, rue Notre-Dame-des-Champs.*
Allégories; tableaux reli-
gieux; genre classique mièvre
et froid.

Chartran, *3 bis, place des Etats-Unis.*
Portraitiste très connu. Le
pape, Carnot, etc. Peinture
élégante et riche.

Raphaël Collin, *à Fontenay-aux-Roses.*
*Floréal; l'Eté; Femmes au
bord de la mer,* décoration à
la Sorbonne.
Dessin ferme, palette déli-

cate, plus d'élégance et de finesse que d'originalité.

Benjamin-Constant, *15, impasse Hélène.*
Tableaux d'Orient, portraits, grandes décorations.
Classique oriental : couleur chaude.

Cormon, *13, rue d'Aumale.*
Grands tableaux de peinture historique; *la Fuite de Caïn; le Retour de Salamine.*
Classique moderne.

Damoye, *10, rue Alfred-Stevens.*
Paysage de Sologne et du Nord; Marécages.
Impression de mélancolie et de solitude.

Ed. Detaille, *129, boulevard Malesherbes.*
Peinture militaire officielle; mouvement et vive couleur.

Dubufe, *43, avenue de Villiers.*
Peinture académique, anecdotique. Illustration d'une édition d'Augier.

Français, *139, boulevard du Montparnasse.*
Daphnis et Chloé; la Source.
Paysagiste classique.

Gérôme, *65, boulevard de Clichy.*
Peintre et sculpteur; solide et solennel.

Henner, *11, place Pigalle.*
Nymphes au bain; Baigneuses; Madeleine; Christ mort.
Recherche des finesses de ton et de modelé des corps

nus sur fond de bitume avec coins de bleu clair. Ensembles harmonieux et poétiques. Portraits de caractère.

Harpignies, *4, rue Coëtlogon.*
Paysages de plein soleil et du soir; robustes et forts plus que poétiques.

J.-P. Laurens, *73, rue Notre-Dame-des-Champs.*
Excommunication de Robert le Pieux; le Pape et l'Inquisiteur: scènes d'histoire, très fouillées et d'un large sentiment.

Jules Lefebvre, *5, rue La Bruyère.*
Diane au bain; la Vérité.
Peinture officielle, classique et froide. Beaux morceaux d'académie.

Maignan, *1, rue La Bruyère.*
Tableaux d'histoire, mérovingiens. Belle collection d'objets anciens.

Henri Martin, *89, rue Denfert-Rochereau.*
Grands tableaux; décoration à l'Hôtel de Ville; *Chacun sa chimère;* études délicates. Beaucoup de fraîcheur.

L.-O. Merson, *18 bis, rue Denfert-Rochereau.*
Peintre, surtout illustrateur. Contours qui sentent la pointe sèche; sentiment élevé, belle couleur.

Gustave Moreau, *14, rue La Rochefoucauld.*
Le Sphinx, Salomé, Hérodiade. Peinture étincelante,

fantastique et incisive. Ne montre ses tableaux à personne.

Aimé Morot, *11, rue Weber.*

Tauromachies, tableaux militaires. *La Charge des cuirassiers de Reichshoffen.* Mouvement plutôt que couleur.

Henri Pille, *35, boulevard Rochechouart.*

Peintre et illustrateur ; scènes moyen âge, beuveries, cabarets. Verve et habileté.

Raffaëlli, *202, rue de Courcelles.*

Types de Paris dans tous les mondes, surtout du peuple. Exprime supérieurement le mouvement de la ville.

Paul Renouard, *16, rue de l'Arbre-Sec.*

Peintre et dessinateur : types parisiens : coulisses, Parlement. Satiriste gai, crayon et pinceau très fins et très habiles.

Rochegrosse, *61, boulevard Berthier.*

Scènes antiques. Après un instant d'audace avec *Andromaque,* rentre dans le classique.

Roybet, *24, rue du Monthabor.*

Scènes de genre historique, moyen âge ; cabarets.

Tattegrain, *12, boulevard de Clichy.*

Le Lendemain de la bataille des Dunes; Pêcheurs. Décorations de l'Hôtel de Ville.

Vibert, *18, rue Ballu.*

Des cardinaux. Créations en couleurs rouges.

Zuber, *59, rue de Vaugirard.*

Paysagiste délicat, fin aquarelliste.

CHAPITRE XI

DESSINATEURS

Forain, *1* bis, *boulevard Gouvion-Saint-Cyr.*

Dessinateur de génie, a trouvé à la fois le dessin très simple, puissant, et le mot juste qui mine la société : *Courrier Français, Figaro,* etc.; décoration du café Riche.

Willette, *15, rue du Delta.*

Imaginatif et délicat artiste; on l'a surnommé le Watteau moderne. Vitraux du *Chat-Noir,* dessins au *Courrier Français;* affiches, illustrations.

Heidbrinck. Complète avec Willette et Forain le trio des dessinateurs-types du moment. Etude des miséreux, dessin très fouillé; beaux portraits. *Le Mur, Courrier Français, Gil Blas,* etc.

Steinlen, *54, rue des Abbesses.*
Grand talent, fécond et travailleur ; expression saisissante de la misère surtout dans le *Chambard*, journal socialiste ; très élevé dans les illustrations de *Lourdes* (roman de Zola). Œuvres au *Chat-Noir*, au *Gil Blas illustré*, etc.

Caran d'Ache, *47, rue de la Faisanderie.*
Caricaturiste très particulier ; verve et fantaisie, aimablement ironique. *Vie parisienne, Figaro, Journal* ; albums, entre autres le « Carnet de Chèques ».

Ibels, *à Vaux (Seine-et-Oise).*
Artiste très personnel, impressionniste dans la forme ; talent très souple, allant du paysage poétique au réalisme de brasserie.

Jules Chéret, *20, rue Bergère.*
Peintre spécialiste d'affiches ; coloriste fantaisiste et décoratif.

Boutet de Monvel, *8, rue Hégésippe-Moreau.*
Peintre et illustrateur très remarquable, surtout pour les enfants : naïveté et charme uniques.

Lucien Métivet, *10, rue Frochot.*
Artiste très original : tableaux d'une signification toujours puissante. Illustrateur d'un esprit charmant, d'une souplesse et d'un imprévu remarquables.

CHAPITRE XII

NOTORIÉTÉS DE LA SCULPTURE

CHAMP-DE-MARS

Bartholomé, *10, rue de Chaillot.*
> Monument aux morts, pour le Père-La Chaise.

Charpentier, *99, boulevard Murat.*
> Statuettes et plaquettes en étain.

Dampt, *17, rue Campagne-Première.*
> *La Fin du Rêve, la Femme au chat,* statuettes d'ivoire et de bois, bustes.

Injalbert, *18, rue du Val-de-Grâce.*
> Monument de Molière à Pezenas.

Rodin, *182, rue de l'Université.*
> *Saint Jean, les Bourgeois de Calais, Bustes,* têtes d'étude.
> Caractère particulier de vie intense.

Saint-Marceaux, *23, avenue de Villiers.*
> *Génie gardien du secret de la Tombe, la Communiante, Jeanne Darc, Fontaine* en Champagne (à Epernay).

Dalou, *18 bis, impasse du Maine.*
> Bas-reliefs Mirabeau et Dreux-Brézé; Fontaine de la

place de la Nation, buste de Vacquerie.

Puissance extrême et mouvement énergique.

CHAMPS-ÉLYSÉES

Bartholdi, 20, *rue Vavin.*
Lion de Belfort, statue de la Liberté.
Grande sculpture décorative.

Alfred Boucher, 25, *boulevard du Montparnasse.*
Les Coureurs, la Terre.

Emile Carlier, 55, *rue du Cherche-Midi.*
Gilliath, l'Aveugle et le Paralytique.

Chaplain, 3, *rue Mazarine.*
Médailles.

Chapu, 23, *rue Oudinot.*
La Jeunesse, pour le tombeau d'Henri Regnault et de ses camarades; *le Souvenir.*

Paul Dubois, *à l'École des Beaux-Arts.*
Tombeau de Lamoricière (la Charité, l'Histoire, le Courage militaire).

Falguière, 68, *rue d'Assas.*
Diane, Junon, sujets à reproduction.

Frémiet, 43, *boulevard Beauséjour.*
Statues équestres de Velasquez et de Jeanne Darc; *Dénicheurs d'Oursons, le Gorille.*

E. Guillaume, 5, *rue de l'Université.*
Buste de Mgr Darboy.

Mercié, *15, avenue de l'Observatoire.*
Gloria victis, *Quand même,*
les Mobiles de la Loire.

Roty, *25, quai Conti.*
Médailles.

Marquet de Vasselot, *7, rue Talma.*
Bustes mondains et statues
officielles.

CHAPITRE XIII

ATELIERS D'ÉLÈVES

Pour s'inscrire, faire une
visite à l'artiste le matin; autant que possible avec une
lettre d'introduction. Arran-
gements à l'amiable : prix, de
30 à 100 francs par mois, ou
rien, selon les situations et les
vocations.

Carrière, *boulevard de Clichy.*
Sérieux et moderne.

Aman Jean, *boulevard de Clichy.*
Poétique et sérieux.

Humbert et Gervex, *49, boulevard du Mont-*
parnasse.
Académie du portrait.

L.-O. Merson et Raphaël Collin, *49, boulevard*
du Montparnasse.
Classique intelligent.

Courtois, *73, boulevard Bineau*, à Neuilly.
Atelier de dames et de jeunes filles du monde, études relativement sérieuses.

ACADÉMIES LIBRES

Préparation d'élèves qui ne veulent pas entrer à l'École des Beaux-Arts.

Académie Julian. « Boîte à bachot » de la peinture.

Caractère. La plus importante; beaucoup de gens du monde; clientèle américaine nombreuse; a des succursales dans tous les quartiers de Paris.

Principaux professeurs. J.-P. Laurens, Benjamin Constant, Bouguereau, Tony Robert Fleury, Jules Lefebvre.

Académie Colarossi. Moins importante, plus artistique et moderne. Deux succursales.

Principaux professeurs. Girardot, Raphaël Collin, Cormon.

Académie Delécluze, *80, rue Notre-Dame-des-Champs.*

Caractère. La plus nouvelle de ces fondations : tendances modernes.

Principaux professeurs. Callot, Delance, Lhermitte.

CHAPITRE XIV

NOTORIÉTÉS PARISIENNES

A. Abeille . . . . Sportman.

Antoine . . . . . Artiste dramatique (actuellement au Gymnase), fondateur du Théâtre Libre.

Mᵐᵉ Adam. . . . Directrice de la *Nouvelle Revue;* salon politique et littéraire.

Duc d'Aumale. . De l'Académie Française. L'oncle du comte de Paris. Propriétaire du château de Chantilly qu'il a légué à l'Académie française après sa mort.

Mᵐᵉ Aubernon. . Salon littéraire le plus connu à Paris.

Balty . . . . . . Artiste dramatique désopilante, chanteuse de Revue.

Maurice Barrés. Homme de lettres, ancien député boulangiste.

Bennett. . . . . Propriétaire du *New-York Herald,* introducteur des coachs à Paris.

Blowitz. . . . . Correspondant du *Times.*

Boon . . . . . . Jockey d'obstacles.

Bruant . . . . . Poète, chantant lui-même en costume *ad hoc,* ses chansons ironiques ou farouches, au cabaret du Mirliton.

Caran d'Ache. . Dessinateur fantaisiste et caricaturiste

Comte de Castellane. Clubman et propriétaire d'une écurie de courses. Marié à Mlle Anna Gould, fille du millionnaire américain.

Carolus Duran . Peintre à la mode, portraits avec étoffes superbes.

Rose Caron. . . Cantatrice à l'Opéra, créatrice de Sigurd, Salammbô.

Chauchard ·. . . Fondateur des magasins du Louvre, propriétaire d'une belle galerie de tableaux.

Chincholle . . . Reporter au *Figaro*.

Clémenceau. . . Ancien député radical, directeur de la *Justice* et journaliste militant.

Ed. Colonne. . . Chef d'orchestre. (V. *Concerts.*)

Coquelin aîné. . Comédien, autrefois au Théâtre-Français, actuellement à la Porte-Saint-Martin.

Coquelin cadet . De la Comédie-Française; comique irrésistible.

Crozier . . . . . Ministre plénipotentiaire. Introducteur des ambassadeurs.

Paul Déroulède. Poète, homme politique, fondateur de la Ligue des Patriotes.

Comte de Dion . Duels célèbres, voiture à vapeur.

La Divine. . . . Mlle Bartet, Artiste dramatique, de la Comédie-Française.

La petite doyenne. Mlle Reichenberg, de la Comédie-Française.

Drumont . . . . . Rédacteur de la *Libre-Parole*. Auteur de la *France Juive*.

Dodge. . . . . . . Jockey de courses plates.

Eiffel . . . . Ingénieur-constructeur de la Tour.

Forain. . . . . . . Dessinateur de grand talent qui voit les choses en laid.

Galliffet. . . . . . Général de cavalerie en retraite, grand cavalier.

Charles Garnier. Architecte de l'Opéra.

Mme Gauthereau. Professionnal beauty.

Maud Gonne . . Belle irlandaise, conférencière pour la cause de son pays.

Granier. . . . . . Diva d'opérette, récemment convertie en comédienne.

Comtesse de Greffülhe. Présidente de la Société des Grandes auditions musicales.

Yvette Guilbert. L'étoile des cafés-concerts.

Gyp. . . . . (C^sse de Martel). Femme de lettres.

La Goulue, Grille-d'Egout. Danseuses réalistes dans les bals publics.

Huret. . . . . . . Champion cycliste.

Lamoureux. . . Chef d'orchestre et fondateur des concerts Lamoureux au Cirque d'été.

Liane de Pougy. Demi-mondaine connue pour ses beaux bijoux.

Massenet. . . . Compositeur très féminin, auteur de *Manon*.

Arthur Meyer. . Directeur du *Gaulois*.

Félicia Mallet. . Artiste dramatique, mime, chanteuse fin de siècle.

Henri Meilhac . Auteur dramatique fin et spirituel, de l'Académie Française.

Milan. . . . . . Roi de Serbie, en retraite à Paris.

Mounet-Sully . . Tragédien, de la Comédie-Française.

Comte de Montesquiou-Fezensac. Poète du faubourg Saint-Germain. Amateur distingué.

Marquis de Morès. Duels retentissants. Antisémite farouche.

Naquet. . . . . Député. Connu surtout par sa campagne pour la loi sur le divorce.

La belle Otéro. . Danseuse et chanteuse espagnole.

Paulus . . . . . Chanteur de café-concert.

D' Péan. . . . . Célèbre chirurgien.

Sâr Peladan . . Poète et mage de la Rose-Croix.

Polin . . . . . . Chanteur comique (café-concert).

Puvis de Chavannes. Peintre idéaliste.

Réjane . . . . . La plus parisienne des comédiennes.

Barons de Rothschild. Alphonse, Gustave, Edmond, Arthur, Henri, Adolphe, etc., les grands financiers.

Henri Rochefort. Pamphlétaire, rédacteur en chef du journal *l'Intransigeant*.

Sarah Bernhardt. La grande tragédienne, directrice du théâtre de la Renaissance.

Prince de Sagan. Fils aîné du duc de Talley-
 rand et Valençay. Président
 de la Société des steeple-
 chases de France. Connu aussi
 par son genre d'élégance très
 personnelle.

Séverine . . . . Femme de lettres, écrivant
 dans différents journaux et
 s'occupant beaucoup d'œuvres
 de charité.

Jules Simon . . Ancien ministre, sénateur,
 de l'Académie française.

Francisque Sarcey. Critique dramatique du
 Temps.

Aurélien Scholl. Le dernier des « chroni-
 queurs étincelants ».

Duchesse d'Uzès. Femme d'art, de lettres et
 du monde.

CHAPITRE XV

SALONS PARISIENS

M⁰ᵉ **Juliette Adam.** Le dimanche; comédies inédites, musique, littérature.

Baronne Adelsward. Salon mondain.

Mᵐᵉ **d'Ansac . . .** Musique.

Marquise d'Aramon. Élégance mondaine et
aristocratique; musique.

Comtesse d'Ergy. Musique, élégance mondaine.

Mᵐᵉ **Aubernon de Nerville.** Salon littéraire,
académique. Dîners célèbres;
les mercredis.

Mᵐᵉ **Ayer . . . .** Aristocratie américaine. Musique.

Mᵐᵉ **la générale Bataille.** Musique; maîtresse
de maison cantatrice· ama-
teur.

Comtesse Diane de Beausacq. Salon littéraire;
jeu de petits papiers le ven-
dredi, d'où est tiré chaque
année un volume de « pen-
sées ».

Mᵐᵉ **Charbonnier de la Bédollière.** Comédies; revues annuelles inédites.

Mᵐᵉ **Guillaume Beer.** Musique, littéraire; maîtresse de maison poète.

Mᵐᵉ **Bénardaky .** Musique, réunions mondaines.

Comtesse Jean de Berteux. Réunions mondaines.

Mme Beulé . . . . Salon littéraire; musique.

Princesse Alexandre Bibesco. Musique.

Comtesse de Biron. Salon mondain.

Mme Fernand Boussenot. Comédie.

Princesse de Brancovan. Mondain, musique.

Comtesse de Branicka. Salon mondain.

Princesse Amédée de Broglie. Salon mondain;
        comédie.

Marquise de Brou. Musique.

Mme Arman de Caillavet. Le dimanche. Salon
        littéraire.

Baronne Caruël de Saint-Martin. Musique.

Comte de Chambrun. Auditions musicales; po-
        litique sociale.

Mme G. Charpentier. Salon littéraire.

Duchesse de Chevreuse Aristocratie ancienne,
        très fermée.

Mme Ciblel . . . . Salon mondain.

Mme Jules Cohen. Musique.

Comtesse de Contamine. Comédie.

Baronne Creuzé de Lesser. Salon mondain.

Marquise de Croix. Salon mondain.

Mme L. Delamarre. Comédie.

Mme Louis Desgenetais. Musique.

Mme Louis Diemer. Musique.

Duchesse de La Rochefoucauld-Doudeauville. Sa-
        lon mondain, aristocratie po-
        litique.

Duchesse de Montesquiou-Fezensac. Mondain,
        aristocratie terrienne et poli-
        tique.

Comtesse Fernand de la Ferronnays. Mondain.

Mme de Franqueville. A *la Muette*. Musique.

Duchesse de Gadagne. Mondain

Comtesse de Ganay. Mondain, sport aristocratique.

M⁰ᵉ Gillou . . . . Comédie.

Princesse Gortschakoff. Salon littéraire, les lundis.

Mᵐᵉ Grammont-Gouin. Musique.

Comtesse de Greffülhe. Mondain, musical, littéraire ; très éclectique.

Mᵐᵉ Félix Guyon. Musique.

Marquise d Harcourt. Mondain, musical.

Comtesse d Haussonville. Mondain, politique littéraire, académique, musical.

Mᵐᵉ Max Hellmann. Musical.

Marquise d Hervey de Saint Denis. Mondain, littéraire.

Mᵐᵉ Hochon . . . Musique.

Baronne Hottinguer. Mondain.

Marquise de Jaucourt. Mondain.

Mᵐᵉ Kuïght . . . Musique, comédie.

Comtesse Lafond. Comédie.

Comtesse de Lariboisière. Mondain.

Mᵐᵉ Albert Lefèvre. Musique.

Mᵐᵉ Madeleine Lemaire. Musique.

Marquise de Lévis-Mirepoix. Musique, beaux-arts, comédie.

Marquise de Lubersac. Mondain.

Princesse de Lucinge-Faucigny. Mondain.

Duchesse de Maillé. Mondain.

Comtesse Le Marois. Mondain.

Duc de Massa . . Musique.

Princesse Mathilde. Mondain, littéraire, musical.

Comtesse de Mellray. Littéraire. Les dimanches et les mercredis.

Comtesse de Miramon Fargues. Mondain.

Vicomtesse de Montreuil. Mondain, musical.

Baronne Morio de Lisle. Musique, comédie.

Duchesse de Morny. Mondain.

Mme de Munkaczy. Beaux-arts, musique.

Comtesse Pillet-Will. Musique, comédie.

Princesse de Poix. Mondain.

Princesse Edmond de Polignac. Musique.

Mme Fernand Ratisbonne. Mondain.

Princesse Dominique Radziwill. Mondain.

Comtesse de Rambuteau. Mondain, musical.

Comtesse Aimery de La Rochefoucauld. Mondain,
aristocratique.

Mme Emmanuel Rodocanachi. Musique, littérature.

Mme Ricard . . . Salon littéraire, artistique
et mondain.

Duchesse de Rohan. Mondain.

Baronne de Roman-Kaisaroff. Musique.

Baronne Gustave de Rothschild. Mondain,
finance et aristocratie.

Princesse de Sagan. Mondain, élégant et éclectique.

Baronne de Saint-Didier. Musique.

Comtesse de Saussine. Musique, comédie.

Mme Henri Schneider. Mondain, finance et
grande industrie.

Comtesse Diane de Ségur. Comédie.

Mme Edmond Seligmann. Comédie.

Baronne Seillière. Mondain, comédie.

Baronne Sipière. Musique.

Mᵐᵉ Alfred Sommier. Mondain.

Mᵐᵉ Strauss. . . . Salon littéraire, académique
et mondain.

Baronne de La Tombelle. Musique et littérature.

Princesse de La Tour d'Auvergne. Mondain.

Vicomtesse de Tredern. Mondain, surtout musical; éclectique.

Duchesse de La Trémoïlle. Mondain.

Comtesse de Trobriand. Musique.

Mᵐᵉ Vlasto. . . . Musique.

Comtesse de Vogué. Littéraire, académique;
éclectique. Les lundis à 4 heu-
res.

Princesse de Wagram. Mondain.

Mᵐᵉ Robert de Wendel. Mondain.

Mᵐᵉ Eugène Yung. Littéraire.

CHAPITRE XVI

LES CERCLES

     Dans tous ces cercles, le candidat doit être présenté par deux parrains, membres du cercle, qui apostillent sa demande de présentation.

LE JOCKEY   *1 bis, rue Scribe.*
Société d'encouragement pour l'amélioration des races de chevaux. Aristocratie et bourgeoisie très riche.

Admission.   Par suffrage universel (du cercle). Scrutin tous les samedis du 1ᵉʳ janvier au 30 juin. Tout membre du Jockey-Club d'Angleterre a son entrée au cercle pendant un mois.

L'UNION   *11, boulevard de la Madeleine.*
Aristocratique et diplomatique, très fermé. Accessible seulement à l'aristocratie et au corps diplomatique étranger.

Admission.   Suffrage universel. Scrutin tous les samedis. Une boule noire sur douze entraîne le rejet du candidat. Les ambassadeurs et ministres étrangers peuvent être admis sans ballottage.

CIRCLE ARTISTIQUE ET LITTÉRAIRE
(Pieds Crottés.)

7, *rue Volney.*
Beaucoup de peintres et de bonne bourgeoisie. Une exposition de peinture et une de dessins et d'aquarelles par an. Représentations dramatiques, concerts, etc.

Admission.
Par le comité.
Président : M. Paul Tillier.

CERCLE des DEUX-MONDES

30, *rue de Grammont.*
(Ancien local du Jockey-Club.) Beaucoup de financiers, hauts commerçants et quelques hommes de lettres. Partie intermittente; a été la plus forte de Paris il y a quinze ans.

Admission.
Commission spéciale composée de onze membres du comité et de six membres élus chaque année par l'assemblée générale.
Président : M. E. Blanc.

SPORTING

2, *rue Caumartin.*
Cercle de grands chasseurs et composé surtout de membres des autres grands cercles. Partie assez forte.

Admission.
Tous les membres effectifs du cercle votent sur la candidature.
Président : Comte Roger de Nicolay.

CERCLE des CHEMINS DE FER

22, *rue de la Michodière.*
Riche bourgeoisie et aussi aristocratie. Forte partie de whist et de poker.

Admission.	Par le comité. Une boule noire annule trois blanches. *Président :* M. Georges Osmont.
CERCLE de la **RUE ROYALE** *(Petit Club.)*	*1, rue Royale.* Très élégant, forte partie intermittente. Tendance antisémitique. La société des Steeple-chases de France est une émanation de ce cercle.
Admission.	Suffrage de tous les membres du club. Scrutin tous les lundis du 1ᵉʳ janvier au 30 juin. Une boule noire annule quatre blanches. *Président :* Comte Friant.
L'UNION ARTISTIQUE *(L'Épatant.)*	*5, rue Boissy-d'Anglas.* Le cercle le plus nombreux de Paris; fusion de l'ancien cercle impérial avec « les Mirlitons ». La plupart des peintres et des littérateurs en font partie. Exposition annuelle; deux grandes représentations en janvier et en juin. Grosse partie.
Admission.	Ballottage par le comité. Vingt membres au moins. Une boule noire annule six boules blanches. Ambassadeurs et ministres peuvent être admis par décision du comité sans vote. *Président :* Marquis de Vogué.
Grand **CERCLE** *(Ganaches.)*	*16, boulevard Montmartre.* Gros commerçants. Partie sérieuse.

CLUB ANGLAIS   *3 bis, chaussée d'Antin.*

CERCLE NATIONAL des Armées de terre et de Mer.   *19, avenue de l'Opéra, au coin de la rue de la Paix.*
Uniquement destiné aux officiers de l'armée active, de la réserve ou de la territoriale; lieu de réunion pour les membres des divers corps d'armée.

CERCLE DE L'ESCRIME   *9, rue Taitbout.*
Forte partie; rendez-vous des joueurs de tous les cercles.

YACHT-CLUB.   *6, place de l'Opéra.*
Société d'encouragement pour la navigation de plaisance maritime.

Admission.   Commission composée de 15 membres du comité et de 15 membres nommés chaque année en assemblée générale. Une boule noire annule trois blanches.
Président : vice-amiral Arvet.

CERCLE AGRICOLE (*Les Pommes de terre.*)   *284, boulevard Saint-Germain.*
Aristocratie. Grande noblesse terrienne; très fermé, très catholique.

CERCLE NATIONAL   *5, avenue de l'Opéra.*
Monde politique républicain; autrefois rue Vivienne, et centre de réunions célèbres lors du Seize-Mai.

CHAPITRE XVII

SPORT[1]

Le sport à Paris, sans avoir la même importance qu'en Angleterre ou en Amérique, tient une grande place dans la vie élégante.

Les courses de chevaux ont gardé jusqu'à présent le premier rang dans les goûts sportifs des Parisiens; la bicyclette leur fait maintenant une sérieuse concurrence.

LES COURSES

COURSES PLATES

LONGCHAMPS (Bois-de-Boulogne). Dépendant de la *Société d'encouragement pour l'amélioration de la race chevaline en France*, composée uniquement de membres du Jockey-Club, *3, rue Scribe* (secrétaire : M. Madeleine).

Les membres du Jockey-Club ont une tribune spéciale à Longchamps et portent une carte *verte*.

Commissaires spéciaux. Le comte de Kergorlay, le comte de Berteux, le comte de Gontaut-Biron.

---

(1) *Paris-Parisien* s'occupe cette année surtout des *Courses*; il a donné (V. *Paris-Pratique*) quelques indications sommaires sur l'escrime et l'équitation. Il réserve pour l'année prochaine la chasse, le yachting et le tir aux pigeons.

Prix d'entrée. Pesage: hommes, 20 francs; femmes, 10 francs; tribunes, 5 francs; pelouse, 1 franc; voitures sur la pelouse : 1 cheval, 15 francs; 2 chevaux, 20 francs. (Le monde parisien ne va qu'au pesage.)

Epoques des courses. Les courses de Longchamps ont lieu au printemps, de mars à mai; en été, en juin; en automne, en septembre et octobre; elles ont lieu le dimanche et, en mai et juin, le jeudi et le dimanche; de plus, la semaine du Grand-Prix, il y a quatre réunions.

Grand Prix. Le *Grand Prix de Paris* (3,000 mètres pour chevaux de trois ans) se chiffre par 200,000 francs de prix et 280,000 au moins avec les entrées et forfaits.

Se court toujours le second dimanche après le Derby d'Epsom, qui se court lui-même le mercredi avant la Pentecôte.

Grand Prix d'automne. Prix du Conseil municipal (100,000 francs) qui se court le second dimanche d'octobre. Ces deux grands prix sont les seuls ouverts aux chevaux de tous pays, les règlements de la *Société d'encouragement* lui interdisant de donner des prix à des chevaux étrangers.

Epreuves classiques. C'est à Longchamps que se courent en automne les *criteriums* pour chevaux de deux ans et au printemps les *Poules d'Essai* pour chevaux de trois ans qui forment avec le *Prix du Jockey-club* et le *Prix de Diane* (se courant à Chantilly) les épreuves classiques.

Heures. Les courses à Longchamps commencent à deux heures.

CHANTILLY · Même organisation et même direction qu'à Longchamps.

Trajet en chemin de fer par la gare du Nord de quarante à soixante minutes.

Époques des réunions. Trois réunions au printemps. A la première se court le *Prix de Diane*, exclusivement réservé aux pouliches de trois ans. A le troisième se court le prix du *Jockey-Club* (75,000 francs) 2,400 mètres pour chevaux de trois ans, le Derby français, l'épreuve classique par excellence, couru pour la première fois en 1836 avec alors une valeur de 3,000 francs.

A l'automne, six réunions.

Heures. Les courses commencent à Chantilly à 1 h. 1/2.

Note générale. Chantilly est le grand centre d'entraînement, le Newmarket français ; est habité par une nombreuse colonie anglaise vivant exclusivement du sport et de ce qui le concerne. Le duc d'Aumale est possesseur du château, un des plus beaux de France.

MAISONS LAFFITTE

Hippodrome appartenant à une société particulière présidée par M. Adam (3, rue des Mathurins). A une demi-heure de chemin de fer de Paris (gare de l'Ouest), au bout de la forêt de Saint-Germain.

Caractère.

Autant la *Société d'Encouragement* de Chantilly et Longchamps se tient à la routine, autant la *Société sportive* de Maisons se prête à toutes les innovations. Il y a à Maisons des pistes en ligne droite de 1,000, 1,200, 1,400 et 1,600 mètres qui donnent aux épreuves une absolue régularité en évitant les tournants. Aussi Maisons a-t-il pris une importance considérable au point de vue sportif et s'y court-il des épreuves importantes donnant des *lignes* pour les épreuves classiques.

PRINCIPALES ÉCURIES DE COURSES PLATES EN FRANCE

Baron de Schickler (Associé dans l'œuvre : le comte de Pourtalès, gendre du baron) qui a le haras de Martinvast où il y a deux *racers* célèbres : le *Sancy* et *Perplexe.* La production de M. de Schickler est régulière et exclusivement élevée dans l'intérêt du sport.

Vte d'Harcourt .   A son haras près de Moulins.

Baron de Rothschild.   Haras de Méautry, près de Trouville.

Delamarre.....   Une des plus vieilles écuries de courses; là où furent élevés deux gloires du turf français : Boiard et Vermout.

Aumont......   Un des éleveurs de la plaine de Caen; haras de Viclot.

Edmond Blanc..   Un des fils du fondateur des jeux de Monaco; une écurie formidable; deux haras, l'un près de Paris, à la Celle Saint-Cloud, l'autre près de Tarbes (Hautes-Pyrénées). M. Blanc est député de cette région.

Albert Menier..   Le fils du chocolatier de ce nom; très nombreuse cavalerie, mais écurie de date trop récente pour qu'il soit possible de la juger (Haras de Chamont).

Henri Ridgway.   Un Américain qui n'a pas beaucoup de chevaux, mais sait très bien les employer.

Henri Say....   Le fils du grand raffineur, qui a une écurie très nombreuse et pleine de sujets de premier ordre. A fait beaucoup pour l'introduction régulière en France des poulinières anglaises.

Comte de Juigné   Associé : le prince d'Arenberg.

Comte de Berteux Vieille écurie.

De Gheest.. . . . . Associés : le marquis de Nicolay et le baron de Heutrecen). Possesseur du fameux *Merlin*, acheté 500 fr. et ayant rapporté en prix et en paris plus de 1,500,000 francs à son écurie.

Duc de Feltre . . Propriétaire du haras de Fercocq ; le propriétaire le plus heureux quand un de ses chevaux gagne la course.

Abeille . . . . . . Fait courir en Angleterre ; terreur des bookmakers par les sommes qu'il engage sur ses chevaux

De la Charme. . . Écurie où l'on a la spécialité de viser les grands handicaps.

Achille Fould. . . Elevage du midi.

J. Prat. . . . . . Grand marchand de vermouth de Marseille.

Il y a, en outre, de nombreux propriétaires qui ont parfois de bons chevaux, mais qui n'ont pas de haras, et dont on ne peut prévoir la durée ; cependant M. Robert Lebaudy peut être cité comme devant sûrement avoir, d'ici quelques années, un établissement hippique important.

STEEPLE-CHASES

AUTEUIL
(Bois de-Boulogne). Sous la direction de la Société des steeple-chases de France qui a son siège, 1, rue

de Castiglione (secrétaire: M. Lallemant)

Président.

Le prince de Sagan qui a fait d'Auteuil un hippodrome modèle.

Steeple-Chase.

C'est là que se court le dimanche qui précède le Grand Prix de Paris, le grand steeple-chase de Paris de 125,000 francs (6,700 mètres, 35 obstacles, pour chevaux de 4 ans et au-dessus de tous pays).

La piste d'Auteuil est une merveille et peut hardiment être appelée la meilleure piste de steeple-chase de l'Europe.

Époques des courses.

On court à Auteuil du 15 février au 15 mars, les dimanches et jeudis; en juin et juillet, les jeudis; en novembre et décembre, les dimanches et jeudis.

Prix d'entrée.

Les prix d'entrée sont les mêmes qu'à Longchamps et sur les autres hippodromes; cependant il y a à Auteuil des loges louées à l'année.

Grandes courses de haies.

Auteuil est très élégant; la journée de la grande course de haies (50,000 francs, mercredi qui suit le grand Steeple) et la journée des

Jour des Coaches.

Coaches, vendredi qui précède le Grand-Prix de Paris sont les courses les plus élégantes de l'année.

PRINCIPAUX PROPRIÉTAIRES

Robert Lebaudy. Qui fait courir aussi en Autriche et en Angleterre, gagnant du grand Steeple de 1895 avec Styrax.

Menier . . . . . . (V. *page 295.*)

Baron Finot . . . . La plus vieille écurie de steeple de France.

ACHÈRES
COLOMBES Hippodromes dépendant de la Société des steeple-chases et réservés surtout aux courses de gentlemen riders ainsi que *Rambouillet* où il n'y a que deux ou trois réunions par an. *Compiègne*, où il y a des courses plates, est dans le même cas.

SAINT-OUEN Steeple-chase dépendant de la Société de Maisons, à vingt minutes du centre de Paris, en voiture. Peu élégant et uniquement fréquenté pour le jeu.

ENGHIEN A vingt minutes de Paris, en chemin de fer, gare du Nord. Mêmes observations que pour Saint-Ouen.

LES PARIS

Il y a deux sortes de paris aux courses en France.

LE PARI MUTUEL Seul autorisé par la loi. C'est le système connu dans les autres pays sous le nom de *totalisator*. Il y à sur les produits un droit de 7 p. 100 pour les pauvres. Il y a des guichets à 500, 100, 50, 20 et 10 francs. Les sommes engagées du 1ᵉʳ juillet 1894 au 1ᵉʳ juillet 1895 se sont élevées à plus de .186 millions de francs.

LES BOOKMAKERS

N'ont plus le droit de parier au comptant, c'est-à-dire d'accepter de l'argent sur les champs de courses et ne peuvent parier qu'avec des personnes qui leur sont connues. Les paris faits avec eux se règlent chaque samedi soir au *Salon des Courses* (16, rue Basse-du-Rempart) où siège une sorte de syndicat des bookmakers. Cependant les petits paris se règlent à la fin de chaque journée par une sorte d'entente tacite avec la police. Quelques bookmakers font des paris se montant à des millions. Le marché de Paris ne peut d'aucune façon être comparé à celui de Londres.

CHAPITRE XVIII

SPORTS DIVERS

CONCOURS HIPPIQUE
Réunion annuelle au commencement du mois d'avril, durant une quinzaine de jours.

Présentation de chevaux de diverses catégories : chevaux de trait, attelages à deux et à quatre, chevaux de selle, etc.

Emplacement.
Palais de l'Industrie, aux Champs-Elysées.

Récompenses.
Prix fondés par diverses sociétés; flots de rubans comme mention honorable.

Caractère.
Très mondain, surtout les trois derniers jours de la semaine.

La tribune des sociétaires est la seule chic : occupée par les femmes élégantes.

Tribune spéciale, dite *Butte aux lapins*, adoptée par le demi-monde.

Toilettes, heures.
(V. *Paris-Usages*.)

Prix d'entrée.
Trois francs; beaucoup d'invitations par le comité.

POLO
Emplacement.
Bois de Boulogne, près de Bagatelle.

Admission.
Il faut se faire présenter par deux parrains comme dans tout cercle.

Réunions principales.	Vers la fin de mai, quand il y a des matchs avec les Anglais.
Entrée.	Seulement par invitation d'un des membres. ·
Public.	Les mondains du faubourg Saint-Germain et l'aristocratie d'argent et de sport, mais surtout le monde américain et les Français ayant épousé des Américaines. Fêtes de nuit en juin.

TENNIS

Emplacement.	*Ile de Puteaux.*
Admission.	Sur l'introduction faite par deux parrains appartenant au cercle; versement d'adhésion 150 fr.
Réunions principales.	En été, le mercredi, diner et cotillon.
Président.	Vicomte de Janzé

PATINAGE

Cercle des Patineurs.	Près du tir aux pigeons. très élégant et mondain.
LAC SUPÉRIEUR	Entrée payante au profit des pauvres.
LE GRAND LAC	Tout le monde.
Le Pôle nord.	*18, Rue Clichy*, à côté du Casino de Paris. Glace factice, en grande vogue pendant un moment.
Prix.	Depuis 2 francs.
Palais de glace.	Dans l'ancien Panorama des Champs-Élysées. Très fréquenté.
Heures.	Le matin, les jeunes filles;

de 2 à 4 h. les femmes du monde ; jusqu'à minuit la piste appartient au demi-monde. Musique.

Prix.   5 francs par entrée ; en en prenant 25, on ne paye que 50 francs.

CYCLISME   Le sport le plus populaire en ce moment après les courses de chevaux ; comprend la monte de la bicyclette, de la bicyclette-tandem et du tricycle. Le bicycle, très dangereux, est négligé.

Courses de plus en plus nombreuses, pas de paris dans aucun vélodrome ; journaux spéciaux consacrés à ces questions.

Principaux vélodromes.   Les principaux vélodromes de Paris sont :

Le *Vélodrome Buffalo*, aux Ternes (directeur - propriétaire, M. Baduel), où ont lieu les plus belles courses, les plus élégantes.

Le *Vélodrome de la Seine*, rue de Courcelles, à Levallois ; s'y courent tous les championnats de France.

La *Piste Municipale*, au bois de Vincennes.

Le *Vélodrome d'hiver*, au Palais des Arts Libéraux (Champ-de-Mars). Appartient au directeur des Folies-Bergère, M. Marchand. Administrateur : M. Clerc. Sport : M. Desgranges.

Ce vélodrom· ouvre au moment de l'année où 'tous les autres ferment ; il s'y tient des séances très intéressantes ; mais les résultats ne sont pas homologués, à cause de l'absence de vent qui change les conditions.

Palais-Sport, 5, rue de Berri ; piste de 1.000 mètres en hélice ; une des curiosités de Paris.

Vélodrome de la Madeleine, cité du Retiro ; appartient aux frères Terront ; petite piste ; exercices tendant aux tours de force, à l'extrême adresse.

Championnats. Epreuves de concours qui se succèdent chaque année à partir du mois de juin ; trois championnats principaux : bicyclette vitesse, bicyclette fond (se court sur 100 kil.), tricycle vitesse.

Champions de France actuels. Gougoltz, bicyclette vitesse. Lesna, bicyclette fond. Dumond, tricycle vitesse.

Records. Témoignage décerné, après épreuves vérifiées, au coureur qui a obtenu le résultat le plus fort dans le genre.

Principaux recordmen de l'année 1895. Lesna, record de 100 kil., (en 2 h. 15).

Huret, record des vingt-quatre heures (851 kil.), couru sur la piste du Parc, à Bordeaux.

Henri Loste, record du kilomètre.

Gardiner (Américain), record du mille avec entraîneurs.

Les frères Farman, à tandem ; 333 mètres 33 en vingt secondes 4/5 (ces recordmen sur le tandem n'ont jamais été battus).

Principaux matchs de l'année 1895. Houben-Banker, gagné par Houben, de quelques centimètres.

Protin-Banker, gagné par Banker, battant Protin qui avait battu Houben.

Les frères Farman, à tandem, contre les frères Underborg ; gagné par les premiers.

Principaux prix. *Prix de la ville de Paris,* 6.000 fr. ; à la piste municipale ; gagné en 1895 par Morin, battant l'Américain Banker.

Prix de Madagascar, 4.000 francs ; au vélodrome d'hiver ; gagné en 1895, par Jacquelin ;

Journaux spéciaux. *Le Vélo,* 48, rue Vivienne.

Paris-Vélo, 4, rue du Bouloi.

Véloce-Sport, à Bordeaux.

Principales marques pour les cycles. *Humber,* 19, rue du Quatre-Septembre.

Peugeot, 22, avenue de la Grande-Armée.

Rudge, chaussée d'Antin, au coin du boulevard Haussmann.

Gladiator, 18, boulevard Montmartre.

Clément, 20, rue du Quatre-Septembre.

CLUBS
L'Omnium.

Société d'encouragement au cyclisme, *35, rue Spontini*.
Président : M. Decauville.

L'Union Vélocipédique de France.

40, rue Saint-Ferdinand.
Président : M. d'Iriart d'Etchepare. L'U. V. F. est sous le patronage de l'Omnium, mais reste chargée de l'organisation des épreuves de 100 kil. sur route.

Le Rally-Vélo.

16, Rond-Point de la porte Maillot (Neuilly). Cotisation annuelle 100 francs pour les hommes et 50 francs pour les femmes.
Président : colonel Sibert,

Le Cyclomen.

Chalet des Grands-Lacs, bois de Boulogne.
Président : marquis de Chevigné.

Impôt.

Les possesseurs de vélos doivent payer une taxe de 10 francs par an. Ils sont tenus de faire la déclaration des vélocipèdes à la mairie. Ayant acquis une machine dans le courant de l'année, ils ne paient la taxe qu'à partir du 1er du mois dans lequel ils ont pris possession du vélo.

RENSEIGNE-MENTS UTILES

Les vélocipèdes doivent être pourvus de *grelots* pour annoncer leur approche, d'une *lanterne* et munis d'une *plaque* avec le nom et le domicile du propriétaire.

Ils ne doivent pas passer sur les trottoirs, et doivent toujours tenir leur droite comme les voitures.

Carte de route Pour circuler dans toutes les rues de Paris il faut avoir une carte spéciale donnée par la Préfecture de police.

On adresse une demande sur papier timbré (6o cent.) au Préfet de police et on se présente 4 jours après au 3ᵉ bureau de la 2ᵉ division, on donne sa signature et 25 cent., et on obtient la carte.

CHAPITRE XIX

LES HOPITAUX

HÔPITAUX GÉNÉRAUX

Hôtel-Dieu. *Hôtel-Dieu*, place du Parvis-Notre-Dame (tous les malades ou blessés, à l'exception des enfants, des incurables, des aliénés et des personnes attaquées de maladies vénériennes).

Consultation tous les matins, à 9 h.

(Prof. Germain Sée, le mardi.)

La Pitié. *1, rue Lacépède.*
Comme à l'Hôtel-Dieu.
Consultation tous les jours,
à 9 h. du matin.
(Prof. Jaccoud, le mer-
credi.)

La Charité. *47, rue Jacob.*
Comme à l'Hôtel-Dieu.
Consultations tous les ma-
tins, à 9 h.
(Professeur Potain, le mer-
credi.)

Saint-Antoine. *184, rue du Faubourg-*
Saint-Antoine.
Consultation tous les ma-
tins, à 9 h.
(Prof. Hayem, le lundi.)

Necker. *151, rue de Sèvres.*
Comme à l'Hôtel-Dieu.
Consultation tous les ma-
tins, à 9 h.
(Chirurgien - prof. Guyon,
les mardi, jeudi, samedi.)
Spécialité pour maladies
des voies urinaires.

Cochin. *47, rue du Faubourg-Saint-*
Jacques.
Comme à l'Hôtel-Dieu.

Beaujon. *208, rue du Faubourg-Saint-*
Honoré.
Comme à l'Hôtel-Dieu.
Consultation tous les ma-
tins, à 9 h.

Tenon. *4, rue de Chine (Ménil-*
montant).
Comme à l'Hôtel-Dieu.

Hérold.   *Place du Danube.*
Destiné à recevoir le trop-plein des autres hôpitaux.

Laënnec.   *42, rue de Sèvres.*
300 lits pour maladies aiguës ; 300 lits pour maladies chroniques.
Consultation tous les matins, à 9 h.
(Prof. Landouzy, les mardi et vendredi.)

Bichat.   *Boulevard Ney.*
Grandes opérations dirigées par le docteur Terrier. Bains pour population du quartier.
Comme à l'Hôtel-Dieu.

Broussais.   *96, rue Didot.*
Comme à l'Hôtel-Dieu.

HÔPITAUX SPÉCIAUX

Saint-Louis.   *40 et 42, rue Bichat.*
Pour le traitement des maladies de la peau et service important de chirurgie médicale, Prof. Fournier, le samedi ; chirurgicale, Dr Lucas-Championnière, mercredi et samedi.

Ricord.   *111, boulevard du Port-Royal.*
On n'y reçoit que des hommes. Traitement des maladies vénériennes et syphilitiques. On y trouve des chambres, à 6 fr. par jour.

Consultation tous les ma-
tins, à 9 h.
(Dr Mauriac, mardi et vendredi.)

Broca.   *111, rue Broca.*
Affecté au traitement des
maladies vénériennes et syphilitiques (femmes).
Consultation tous les ma-
tins, à 9 h.
(D^r. Beurmann, médecine,
et Dr Pozzi, chirurgie.)

Maternité.   *125, boulevard de Port-
Royal.*
Consultation tous les ma-
tins, à 9 heures.

La Clinique.   *89, rue d'Assas.*
Pour des cas d'accouche-
ment ou de maladies de
femmes d'un intérêt particulier.
Prof. Tarnier.

Maison de santé   *200, rue du Faubourg-Saint-
Denis*
Toutes les affections y sont
traitées.

Trousseau.   *89, rue de Charenton.*
Pour enfants de 2 à 15 ans.

**Enfants-
Malades.**   *249, rue de Sèvres.*
(Prof. Grancher, lundi.)

CHAPITRE XX

LA CHARITÉ

Moyens de renseignements	*Office central des institutions charitables.* — Secrétaire général : M. Léon Lefébure, 175, boulevard Saint-Germain. Renseignements sur les œuvres, sur les pauvres qu'on lui signale; placement des indigents, malades, vieillards; assistance par le travail; rapatriement. — Siége social ouvert à toute personne demandant avis ou enquête.
Assistance publique.	Bureau de la direction, 3, avenue Victoria. — Un bureau de bienfaisance et plusieurs maisons de secours par arrondissement (mairie); renseignements à volonté aux mairies, commissariats de police et maisons de secours.
Assistance par le travail.	*Œuvre générale,* 170, faubourg Saint-Honoré (tout Paris). *Œuvre du travail à domicile pour les mères de famille,* avenue de Versailles, 52.

Société du IIᵉ arrondissement. — M. Blachette, 5, place des Petits-Pères.

Union du VIᵉ arrondissement. — M. Defert, marché Saint-Germain.

Union du XVIᵉ arrondissement. — M. Léon Say, à la mairie.

Société du XVIIᵉ arrondissement. — M. Lalance, 17, rue Salneuve.

Maison hospitalière de Belleville. — Pasteur Robin, 36, rue Fessart.

La Croix blanche, 7, rue de Blainville (ateliers populaires).

Distribution d'aliments.

Fourneaux. — Un ou plusieurs par arrondissement (renseignements à la Société philanthropique, prince d'Arenberg, 21, rue des Bons-Enfants ; à la Société de Saint-Vincent-de-Paul, 6, rue de Furstenberg).

Œuvre de la Marmite des pauvres, 22, rue Montgolfier.

Œuvre de la Bouchée de pain, 9, rue Oberkampf.

Œuvre du Pain pour tous, 4, rue des Grandes-Carrières.

Œuvre des Soupes populaires, sans quartier fixe.

Asiles temporaires.

Hospitalité du travail : Pour femmes, 52, avenue de Versailles.

Pour hommes, 33, rue Félicien-David.

Œuvre de l'hospitalité de nuit. — Baron de Livois. Asiles pour les deux sexes : rue de Tocqueville, 59; boulevard de Vaugirard, 14; rue de Laghouat, 13; boulevard de Charonne, 122. — Hospitalité pour trois nuits; placement, rapatriement.

Asiles de nuit de la Société philanthropique, pour femmes et enfants, rue Saint-Jacques, 253; rue Labat, 44; rue de Crimée, 166. — Hospitalité pour trois nuits et placement.

Refuges de la préfecture de la Seine;
Pour hommes, quai Valmy, 107.
Pour femmes, rue de Stendhal, 1, et rue Fessart, 37.

Asile pour hommes, 76, rue Mouffetard.

Œuvre de l'hospitalité universelle, 5, rue Blanche. — Travail, placement.

Secours spéciaux aux étrangers.

Société de bienfaisance allemande, rue de Bondy, 86. — Rapatriement.

S. américaine, rue du Faubourg-Saint-Honoré, 233 *bis*; rue de la Paix, 15.

S. anglaise, avenue de Wagram, 53; avenue Hoche, 50 (Pères passionnistes).

S. austro-hongroise, avenue de Saint-Ouen, 46. — Soins à domicile.

S. belge (la Wallonne), rue Boissy-d'Anglas, 22.

S. flamande, rue de Charonne, 181.

S. espagnole. — Maison San Fernando, avenue du Roule, 101.

S. hollandaise, rue de l'Oratoire, 4.

S. hongroise, rue Saint-Louis-en-l'Ile, 14.

S. italienne, rue Vézelay, 4, plus les maisons des sœurs de charité : rue de Crimée, 160; rue de Reuilly, 77; rue Buffon, 60; rue Guersant, 30; rue de Vaugirard, 149.

S. polonaises. — Société de dames, rue Saint-Honoré, 263 *bis*; rue Saint-Louis-en-l'Ile, 2.

S. russe, rue Malar, 14.

S. suisses, rue Hérold, 10; cour des Petites-Ecuries, 8.

Secours aux Alsaciens-Lorrains.

Société de protection. — Comte d'Haussonville, rue de Provence, 9.

Association générale. — M. Risler, rue du Château-d'Eau, 38.

Société de prévoyance. —
M. Biès, 8, rue Perdonnet.

Secours aux Femmes du monde.

Œuvre de la miséricorde.
— Mme la maréchale de Mac-
Mahon; à l'Office central,
175, boulevard Saint-Germain;
assistance aux personnes tom-
bées d'une situation élevée
dans la misère.

*Association charitable des
femmes du monde.* — Général
Béziat, 27, rue d'Anjou; aide
aux familles d'officiers et de
fonctionnaires assimilés.

*Œuvre philanthropique
franco-américaine,* rue Saint-
Honoré, 273; exposition et
vente d'ouvrages faits par des
femmes du monde dans la
gêne.

Secours aux Militaires et Marins.

*Société de secours aux bles-
sés militaires.* — Duc d'Aumale, 19, rue Matignon; secours aux blessés, et aux
ascendants, aux veuves et aux
orphelins des soldats tués
pendant la guerre de 1870.

*Association des dames fran-
çaises.* — Mme Foucher de Ca-
reil, 10, rue Gaillon.

*Union des Femmes de
France.* — Mme Kœchlin-
Schwartz, 29, rue de la Chaussée-d'Antin; secours aux malades et rapatriés du service
militaire.

Œuvre des pensions mili-

taires. — Général Boissonnet, 11 *bis,* rue Montaigne; intervention pour obtenir les pensions et secours de l'Etat, aide en attendant.

Société de secours aux familles de marins naufragés. — M. Henri Desprez, 87, rue de Richelieu.

Société centrale de sauvetage, boulevard Saint-Germain; comme la précédente, secours aux familles de marins victimes de leur dévouement.

Secours aux victimes du devoir.

Caisse des victimes du devoir. — Créé et alimentée par la presse parisienne.

Secours aux enfants du premier âge.

Assistance publique. — Bureaux de bienfaisance, service des Enfants assistés: hospice, rue Denfert-Rochereau. Les enfants sont reçus dès le jour de leur naissance; les mères ne peuvent plus les revoir.

Société de charité maternelle (cathol.). — Duchesse de Mouchy; aide les femmes mariées qui nourrissent leurs enfants.

Association des mères de famille. — Mme Plocque; secours aux mères, mariées ou non.

Société de l'allaitement maternel. — Mme Béquet, 45, rue de Sèvres; secours aux mères qui nourrissent leur enfant.

Société protectrice de l'enfance. — Dr Marjolin, 4, rue des Beaux-Arts ; surveillance des enfants en nourrice, aide aux mères qui nourrissent elles-mêmes.

La Pouponnière. — Mme G. Charpentier, mairie du VIIe arrondissement ; prend en nourrice moyennant 40 francs par mois les enfants des mères occupées.

Crèches. Gardant les enfants pendant les heures de travail, dans tous les quartiers de Paris.

Secours de grossesse. *Assistance publique.* — Secours directs, hôpitaux spéciaux.

Mutualité maternelle, 6, rue d'Aboukir ; pour les ouvrières en couture, broderie, dentelles, etc.

Asile Michelet (préfecture de la Seine), rue de Tolbiac, 235.

Refuge-ouvroir. — Société de l'allaitement maternel, 203, avenue du Maine.

Asile-ouvroir. — Société philanthropique, 253, rue Saint-Jacques.

Asile Sainte-Madeleine (cathol.), 8, impasse Robiquet, boulev. Montparnasse ; pour les jeunes filles.

Asile Saint-Raphaël (même

caractère et destination), 297, rue Saint-Jacques.

Refuge protestant. — Mlles Appia.

Asiles temporaires pour les enfants

Écoles maternelles et primaires. (V. *Instruction préparatoire.*)

Caisses des écoles. — Dans chaque arrondissement, fournissant vêtements, aide matérielle, etc.

Assistance publique. — Dépôt, 85, rue Denfert-Rochereau.

Asile temporaire. — Mme de Pressensé, 74, rue des Fourneaux (Vaugirard).

Maison maternelle. — Mme Louise Koppe, 43, rue Fessart.

L'Abri maternel, rue Clairaut.

Œuvre des petites familles (prot.). — Mme Henri Mallet, 49, rue de Lisbonne.

Séjour d'enfants à la campagne.

Toutes les *Caisses des écoles* (mairies).

Œuvre de la Chaussée-du-Maine. — Mme de Pressensé, 75, rue du Moulin-Vert.

Œuvre des Trois-Semaines. — Mme Lorriaux, 59. rue de Cormeilles (Levallois-Perret).

Colonies de vacances. — Mme Waddington, rue François-Ier.

Œuvre des hôpitaux marins. — Dr Bergeron, 62, rue de Miromesnil.

Protection de l'enfance abandonnée.	*Nichées maritimes*, etc., etc. *Patronage de l'enfance et de l'adolescence*. — M. Mazeau, 9, rue Herschell. *Société contre la mendicité des enfants*. — M. Bardoux, 75, rue Denfert-Rochereau. *Union française pour le sauvetage de l'enfance*. — M. Jules Simon, 10, rue Pasquier. *Œuvre des enfants délaissés*, de 8 à 12 ans, 33, rue Notre-Dame-des-Champs. *Œuvre de Sainte-Anne* (cathol.), de 11 à 18 ans. *Œuvre des petites filles abandonnées* (cathol.), de 6 à 12 ans, rue de Ponthieu, 12. *Œuvre des faubourgs* (cathol.). — R. P. Lescœur, de l'Oratoire. *Œuvre des enfants pauvres* (cathol.). — Mgr de Forges, 74, rue de l'Abbé-Groult.
Orphelins.	*Assistance publique*. — Secours aux orphelins placés chez des parents ou des étrangers; orphelinats municipaux. *Orphelinats* pour garçons et pour filles : plusieurs dans chaque arrondissement, pour toutes les confessions. (V. *Petit Temps*, du 25 décembre 1894 : *Manuel des œuvres; Œuvres du protestantisme français*, par Franck Puaux, etc.)

Orphelinats spéciaux.

Orphelinat Rothschild, rue Lamblardin. — Pour garçons et filles israélites.

Orphelinat de l'enseignement primaire de France, 148, rue de Rivoli.

Orphelinat des Arts. — Mme Marie Laurent, à Courbevoie.

Orphelinat de la bijouterie, 15, rue Jean-Lantier.

Orphelinat des chemins de fer français.

Enfance coupable ou en danger moral.

Assistance publique. — Service des enfants moralement abandonnés, avenue Victoria.

Société générale de protection. — M. Bonjean, 47, rue de Lille.

Société du sauvetage de l'enfance. — M. Lucien Raulet, au Palais de Justice.

Asile pour les jeunes filles (prot.), 26, rue Clavel.

Refuge du Plessis-Piquet (israélite). — Garçons.

Refuge pour jeunes filles (israélite). — Mme C. Cahen, 19, boulevard de la Saussaie (Neuilly).

Apprentissage.

Ecoles professionnelles municipales, gratuites. (V. *Instruction préparatoire.*)

Ecoles professionnelles catholiques. — Mme de Salvandy, 18, rue Cassette.

Ecoles professionnelles Elisa

Lemonnier. — Mme Millard. 24, rue Duperré.

Société des amis de l'enfance, arch. de Paris, 15, rue de Crillon.

Ecole professionnelle protestante, 52, avenue de la Grande-Armée.

Ecole professionnelle des Ternes. — Mme de Hérédia, 22 *bis*, rue Bayen.

Atelier-école de Grenelle, 3, passage Lemaire.

Atelier-école du Maine (protest.). — Mme Suchard de Pressensé, 220, avenue du Maine.

Ecole de travail israélite. — Mme N. de Rothschild, 13, boulevard Bourdon.

Nombreux ateliers et sociétés; V. *Petit Temps*, Manuel des œuvres, etc.

Patronage de la jeunesse. *Sociétés municipales*, dans les 2e. 3e, 5e, 6e, 9e, 10e, 11e, 12e, 15e, 18e arrondissements.

Œuvre des apprentis et des jeunes ouvriers (cathol.); frères des écoles chrétiennes, 27, rue Oudinot.

Société de Saint-Vincent-de-Paul (cathol.), 6, rue de Furstenberg.

Union internationale des amis de la jeune fille (protest.), 47, rue Denfert-Rochereau.

*Œuvre des demoiselles de

magasin. --- Mme J. Siegfried, 27, rue J.-J. Rousseau.

Comités nombreux, réunions pour jeunes gens et jeunes filles, dans tous les arrondissements.

Cercles et maisons de famille.

Œuvres des cercles catholiques d'ouvriers, 262, boulevard Saint-Germain.

Maison de famille pour les jeunes gens sortant de Saint-Nicolas, 23, rue de Turenne.

Maison de famille pour les jeunes gens qui sortent des écoles des frères, 14, rue des Petits-Carreaux.

Union chrétienne des jeunes gens de Paris (protest.), 14, rue de Trévise.

Foyer de l'Ouvrière, 60, rue d'Aboukir; repas aux jeunes ouvrières et employées. Salle de lecture.

Placement.

Tous les comités de patronage s'occupent du placement.

Œuvres spéciales en faveur des membres des œuvres catholiques, 23, rue de Turenne.

Maison des sœurs de Saint-Charles, 190, rue Lafayette, pour le placement des jeunes filles alsaciennes ou allemandes.

Union chrétienne des ateliers de femmes, placement gratuit des jeunes filles.

Bureau central. — M. Th.

Roussel (auteur de la loi de protection), 14, place Dauphine.

Société générale des prisons. — M. Félix Voisin, 14, place Dauphine.

Correction et réhabilitation.

Comité de défense des enfants produits en justice. — M. Cresson.

Patronage des libérés. — M. Bérenger (auteur de la loi de sursis).

Patronage des prévenus acquittés, tribunal civil de la Seine.

Patronage des libérées de Saint-Lazare. — Mme J. Bogelot, 14, place Dauphine.

Œuvre du Bon-Pasteur (cathol.), Mme Fouquer-Duparc, 71, rue Denfert-Rochereau.

Œuvre protestante des prisons de femmes. — Mme H. Mallet, 49, rue de Lisbonne.

Œuvre des diaconesses. — Mlle S. Monod, 95, rue de Reuilly.

Nombreux refuges cathol., protest., indép., *V.* le *Petit Temps,* 25 décembre 1894.

Placement des adultes.

Bureaux de placement gratuit dans les mairies des 1er, 2e, 3e, 4e, 5e, 6e, 9e, 13e, 14e, 15e, 17e, 18e arrondissements.

Société de travail du XIe arrondissement, à la mairie, placement au dehors.

Syndicats professionnels.

Associations de compagnons, chambres syndicales.

Sociétés de secours mutuels, placement de leurs membres.

Domestiques femmes, 7, rue Duguay-Trouin; 62, rue Nicolo; 233, rue de Vaugirard.

Société protestante du travail, 55, rue du Château-d'Eau, place employés ou ouvriers, sans distinction de culte.

Veuves.

Assistance publique : asile 24, rue de Belzunce, pour veuves âgées.

Association des veuves protestantes, pour les veuves pauvres qui veulent garder leurs enfants près d'elles.

Œuvre des dames du Calvaire, 55, rue de Lourmel, reçoit les femmes veuves qui veulent soigner des incurables.

Loyers.

Secours de l'assistance publique (mairies et commiss. de police).

Œuvres spéciales : XIe arrondissement, 148, boulevard Voltaire; XVIe arrondissement, à la mairie; XVIIe arrondissement, à la mairie; quartier de Bercy, id.

Caisse des loyers des confé-

rences de Saint-Vincent-de-Paul, à la paroisse.

Formalités à remplir pour les pauvres

Formalités de mariage, 20, rue Servandoni (cathol.); 178, rue de Vanves (cathol.); 26, rue du Caire (protest.).

Mairie du XI⁰ arrondissement (laïque).

Œuvre du secrétariat des pauvres, société de Saint-Vincent-de-Paul, rue de Furstenberg.

Secrétariat des familles (cathol.), 93, rue de Sèvres.

Secrétariat du peuple 14, rue des Petits-Carreaux, donne consultations juridiques, démarches pour naturalisations, légitimations, mariages, rapatriement, placement d'enfants et de vieillards, consultations médicales.

Vieillards.

Assistance publique; asile dans les hospices, ou secours à domicile.

Liste des hospices, dans les mairies et commissariats.

Maisons de retraite

Maison de retraite Rossini, gratuit, pour chanteurs français et italiens.

Maison de retraite Galignani, pour gens de lettres.

Maisons des petites sœurs des pauvres. (V. Manuel des œuvres.)

Maisons des sœurs de Saint-

Vincent-de-Paul. (V. Manuel des œuvres.)

Asiles protestants, 31, rue des Boulets; 5, rue Lekain.

Asile Lambrechts, à Colombes; 15, rue Saint-Denis, à Nanterre.

Asile israélite, 76, rue Picpus.

Malades.

(*V.* documents indiqués.)

Dispensaires gratuits pour enfants, dans tous les arrondissements.

Hôpitaux de l'assistance publique, bureau central, rue de la Bûcherie.

Hôpitaux de l'assistance privée, fondations catholiques, protestantes, israélites. (V. *Petit Temps.*)

Œuvres des enfants tuberculeux, des jeunes filles anémiques, des scrofuleux, etc. (id.).

Malades à domicile.

Service médical de nuit, postes de police.

Œuvre des pauvres malades. — Mme de Bauffremont, 95, rue de Sèvres.

Sœurs de l'Assomption, 57, rue Violet.

Sœurs franciscaines, 4, rue de la Roquette.

Sœurs servantes des pauvres, 122, faubourg Saint-Martin.

Infirmes.	*Hôpitaux et hospices de l'Assistance publique* *Diaconesses* de la rue de Reuilly, 95. *Diaconesses* de la rue Bridaine, 7.
Sourds-Muets.	*Société centrale*, 254, rue Saint-Jacques. Sociétés diverses.
Bègues.	*Institution*, 82, avenue Victor-Hugo.
Aveugles.	*Hospice des Quinze-Vingts*, 28, rue de Charenton. *Institution des jeunes aveugles*, 56, boulevard des Invalides. *École Braille*, à Saint-Mandé. Diverses œuvres privées.
Aliénés, Idiots.	*Asiles publics* à Charenton, Bicêtre, la Salpêtrière, Sainte-Anne, Ville-Évrard, Vaucluse Villejuif. Maisons de santé diverses.
Convalescents.	*Secours de l'assistance publique* aux malades sortant des hôpitaux, maisons spéciales au Vésinet, à Nanterre, etc. *Fondation Montyon*, secours distribués par les bureaux de bienfaisance ou par une commission centrale aux hospitalisés qui sortent après cinq jours au moins.

Asile maternel, 201, rue du Maine, pour femmes sortant des maternités.

Asiles pour jeunes filles, 39, rue Notre-Dame-des-Champs (cathol.); 127, rue de Longchamp (protest.).

TROISIÈME PARTIE

—

PARIS-USAGES

CHAPITRE PREMIER

JOURNÉES PARISIENNES

LE JOUR DE L'AN

En famille. Les parents les plus âgés reçoivent. Les jeunes leur font visite. Les étrennes ont été expédiées la veille, le soir dîner de famille.

Dans le monde. Les mondaines restent chez elles pour recevoir les visites des amis et dîneurs de l'année, et pour remercier des gerbes de fleurs, bonbonnières et bibelots qu'on leur a offerts. Les messieurs font des visites officielles ou intimes et ne rentrent que tard ... après avoir passé au cercle ! !

Difficulté de trouver une voiture, les cochers de fiacre prennent des prix exorbitants.

Les *théâtres* surtout fréquentés par des gens sans famille, recettes moins bonnes qu'à d'autres jours de fête.

LE MARDI-GRAS

Fête plutôt populaire.

Les *mondains* retiennent pour déjeuner, dans les restaurants et hôtels, des tables près des fenêtres donnant sur les *grands boulevards*, pour voir passer le cortège des déguisés. Serpentins et confetti, aspect pittoresque et fantastique des arbres et des maisons. Magasins fermés à partir de midi. — Théâtres et bals publics très fréquentés le soir. — Beaucoup de dîners et de soirées mondaines.

LA MI-CARÊME Un peu comme le Mardi-Gras, avec la différence que le cortège est traditionnellement organisé par les étudiants de Paris et les blanchisseuses. La reine et le roi des blanchisseuses en voiture décorée. — Bal à l'Opéra, le plus bruyant de l'année.

LES VERNISSAGES. Au salon des Champs-Elysées et au salon du Champ-de-Mars. Un peu démodés au point de vue de l'élégance, mais toujours encore grande foule. On se bouscule plus pour voir le monde que pour les œuvres d'art. Toutes les notoriétés parisiennes s'y donnent rendez-vous, mais le public est assez mêlé.

Le déjeuner. Le déjeuner traditionnel du jour de vernissage aux Champs-Elysées se fait aux Ambassadeurs ou chez Ledoyen. (V. *Restaurants*.) Il faut retenir une table quelques jours à l'avance. (Saumon sauce verte, plat aussi mauvais qu'obligatoire.)

LA FÊTE DES FLEURS. Fête de charité pour les victimes du devoir, la veille du Grand-Prix. Promenade en voitures décorées de fleurs, aux Acacias. Cartes pour les voitures à l'entrée du Bois, moyennant 10 fr. pour un cheval, et 20 fr. pour deux chevaux. Bataille des fleurs.

LA SOIRÉE DU SAMEDI avant le Grand Prix. On va au Cirque d'Été. Programme insignifiant, public exceptionnellement élégant. Etalage de toilettes de soirée avec chapeaux très habillés. Difficulté d'avoir une loge.

Le GRAND PRIX DE PARIS Au point de vue sportif, V. *Sport*.

Tout Paris, le petit et le grand Paris, est au Bois et à Longchamps. Dès onze heures du matin plus de voitures à avoir. Les rues et les maisons sont vides. De cinq à sept **Le retour des Courses.** heures, la rentrée, décrite souvent par les romanciers modernes. (V. œuvres de Daudet, Zola, etc.) Six rangs de voitures de Longchamps jusqu'à la place de la Concorde, au pas. Aspect unique par son impression de richesse, de fête, de luxe; beaucoup de demi-mondaines en grande toilette et beaucoup d'étrangers.

Le soir. Diners dans les restaurants des Champs-Elysées; tables retenues d'avance, et fin de la soirée au Jardin de Paris (seul jour où il est possible aux femmes du monde de visiter ce lieu de plaisir).

LE 14 JUILLET Jour commémoratif de la prise de la Bastille. Fête nationale, presque exclusivement officielle et populaire. Le monde élégant va à la campagne ou assiste en voiture à la revue des troupes de la garnison de Paris à Longchamps. Le soir, bals publics dans les rues, et spectacles gratuits dans les théâtres.

CHAPITRE II

CHIC PARISIEN

Les rides sont toujours précoces.

On n'a pas d'âge à Paris.

Il faut avoir une opinion sur tout.

Faire semblant d'avoir tout lu et d'être « dans le train », « du dernier bateau ».

Ne jamais refuser complètement ce qu'on vous demande : laisser toujours de l'espoir.

Ne jamais être exact à un rendez-vous, l'autre sera toujours en retard.

Aimer les vieilles traditions françaises, tout en sachant causer de la musique de Wagner, de la peinture anglaise et de la littérature scandinave.

Savoir tous les potins, mais en ne donnant de l'importance à aucun.

Éviter le solennel et prendre la vie à la blague.

Couper les livres des auteurs qui dînent chez vous.

Ne parlez de vos affaires qu'aux personnes qui peuvent vous être utiles : pas d'expansions sentimentales.

Ne compter sur l'exécution des engagements pris qu'au moins huit jours après la date fixée.

Si on désire être habillée genre « faubourg » (Saint-Germain), porter des robes légèrement surannées comme goût, en étoffes très belles.

Savoir parler de Nietsche, Ibsen, Darwin, et aller à la messe.

Blaguer la musique « de nos pères », admirer Franck, vibrer à la musique de Wagner, s'intéresser aux jeunes, tâcher d'être apte à comprendre du Beethoven.

Savoir parler des primitifs en peinture. En citer quelques toiles célèbres, de musées étrangers. (*Le Printemps* du Botticelli, à Florence; les Holbein, à Bâle, etc.)

Aller au commencement de la saison au musée du Louvre pour se mettre « au point », découvrir un tableau « à soi », dans le coin d'une salle.

Avoir été à Bayreuth ou y vouloir aller l'année prochaine.

Lire les « revues des jeunes ».

Connaître des poètes symbolistes.

Se plaindre d'avoir trop d'obligations mondaines.

Faire une grande partie de sa correspondance en « petits bleus » (télégrammes) avec monogrammes.

Un cadeau acheté dans une boutique connue pour vendre très cher doit porter la signature de la maison. Le cadeau en a plus de valeur.

Les fleurs qu'on envoie à une dame (à moins que ce ne soit une personne de la famille) ne doivent jamais être achetées au marché aux fleurs.

Une femme du monde ne se plaint pas de rhumatismes, — elle n'a que des névralgies.

On n'est pas triste ni malheureux quand on dine en ville, les soucis doivent rester dans le cabinet de toilette.

La maîtresse de maison s'intéresse à l'art de la cuisine, donne des plats étrangers, et sait dire couramment quelques phrases en anglais.

Un charme de la Parisienne est de savoir rire. Il faut donner l'idée à la personne qui vous parle qu'elle est très amusante, et aux autres qui vous voient, sans vous entendre, l'envie de causer avec vous.

Il faut oublier certaines choses qu'on connaît bien et avoir l'air de savoir les choses qu'on ne comprend pas.

Ne jamais dire le vrai mot pour des choses un peu méprisables. Un menteur n'est qu'un « blagueur »; une femme qui trompe son mari « s'amuse »; une escroquerie est une « indélicatesse ».

Il faut s'intéresser à tout, il est surtout habile de se préparer une petite spécialité : cela facilite les conversations, crée des rapports et peut procurer une réputation d'esprit.

Bibeloter, connaître bien les styles, savoir dénicher des curiosités artistiques.

Pour paraître connaisseur en peinture, il faut courir les expositions et retenir surtout les tableaux des gens qu'on rencontre dans le monde.

Quand on parle d'un livre que vous n'avez pas lu, dites : « Il y a des passages intéressants. » On n'insiste pas.

Il faut avoir l'air de connaître tout le monde.

Quand on parle d'une femme élégante, que vous n'avez jamais vue, il suffit de dire : « A-t-elle des perles ! » Cela va toujours et on a l'air de la connaître.

Se montrer au Bois et aux réunions mondaines en vue; être vendeuse dans un bazar de charité pour une œuvre très catholique.

Avoir une chasse.

Être invité chez la « princesse » aux garden-parties des Ambassades, aux représentations des cercles chics, aller aux réceptions de l'Académie sous la coupole.

Aimer la campagne.

CHAPITRE III

GAFFES A ÉVITER

Cartes de visite. Un monsieur laisse deux cartes cornées s'il fait visite à un ménage. Une dame ne laisse jamais plus d'une carte.

Les cartes de dame portent le prénom du mari et jamais l'adresse, mais on peut mettre son jour de réception à gauche.

Les jeunes filles indépendantes mettent leurs prénoms.

Les femmes divorcées font faire leurs cartes comme les jeunes filles indépendantes, en substituant madame à mademoiselle.

Conversation. Entre gens du monde on se sert aussi peu que possible des titres; ainsi on ne dit pas « monsieur le comte » ou « madame la baronne », mais simplement « monsieur » et « madame » — ou plus rarement « comte » « baronne », ce qui marque déjà une sorte de familiarité.

Les gens élégants parlent toujours sans donner toute la voix; particulièrement dans les endroits publics, le Parisien adopte une manière effacée de prononcer qui empêche les voisins de comprendre.

Potins. Il est toujours prudent dans le monde parisien de ne pas blaguer les ennuis d'argent d'un tiers, ou les inconvénients de ménage.

Le Parisien, très potinier de nature, a le bon goût de *paraître* se désintéresser de toute question intime concernant directement la personne à laquelle il parle.

Invitations officielles. Pour les Français, écrire au secrétariat de la maison officielle où ils veulent être admis en indiquant leurs noms et qualités. Il est toujours préférable de profiter d'une relation ayant qualité pour appuyer la demande.

Pour les étrangers, s'adresser à leur ambassade.

Les hommes gardent leur chapeau. Dans une boutique, après avoir légèrement salué en entrant.

Au théâtre, sauf pendant la représentation et dans les loges.

Aux bals publics.

Au temple israélite.

Quand on rencontre une amie de sa femme ou de sa sœur très voilée, qui n'a visiblement pas envie d'être reconnue.

Ils ôtent leur chapeau. — En parlant à une dame dans la rue, et le gardent à la main, jusqu'à ce que la dame les engage à se couvrir.

Il est de bon ton (anglais) de se découvrir dans un ascenseur, quand on s'y trouve avec une dame.

Dans les coulisses de l'Opéra et au foyer de la danse.

On salue ostensiblement les enterrements.

On donne le bras à une dame. — Pour la conduire à sa voiture, pour entrer au théâtre, pour la conduire à un buffet ou à sa place, ou pour traverser les salons dans une soirée; à la sortie du pesage.

On donne le bras gauche.

On ne donne plus le bras. — A la promenade, dans la rue, pour entrer dans un salon.

Du salon à la salle à manger. — Pour un dîner, le maître de la maison passe en tête avec la dame qu'il aura à sa droite. Les autres invités suivent, et la maîtresse de la maison passe la dernière avec le monsieur qui sera à sa droite.

De la salle à manger au salon. — La maîtresse de la maison se levant de table sort la première avec son voisin de droite.

A table. — On ne donne plus les rince-bouche, mais encore le bol pour les doigts.

Fleurs sur la table. — On évite les fleurs à parfum trop fort.

Fleurs en boutonnière.	On ne porte des fleurs de couleur que le jour, et le soir les fleurs blanches (gardénia — un peu rasta, — orchidée, œillet blanc). On peut aussi porter des violettes de Parme le soir, plus spécialement avec la cravate noire.
En parlant voiture.	Ne pas dire « *ma* voiture m'attend », quand on n'a qu'une voiture au mois.
Bijoux.	Une femme du monde vraiment élégante ne porte des diamants que le soir. Les perles et les pierres de fantaisie sont permises le jour. En général il est de bon goût de porter dans la journée aussi peu que possible de bijoux en or et de choses clinquantes.
Les hommes.	Ne portent généralement pas de bijoux. Une épingle de cravate avec une perle fine ou un cabochon est permise le jour.
Le pardessus.	Ne se garde jamais pour entrer dans un salon.

CHAPITRE IV

OBLIGATIONS USUELLES

Naissance. La naissance d'un enfant doit être déclarée à la mairie du lieu où la mère est accouchée. La déclaration doit être faite dans les trois jours de l'accouchement. Le père est obligé d'amener deux témoins.

Les prénoms de l'enfant sont donnés avec le nom du père et celui de la mère.

Les parents d'un nouveau-né adressent à toutes les personnes qu'elles connaissent un billet de faire-part. (V. *Papeteries.*)

Le billet s'envoie quinze jours après la naissance.

Le baptême. Choix du parrain et de la marraine : pour le premier enfant, grand-père paternel, grand'mère maternelle ; pour le second, intervertir et ainsi de suite.

Pour le cas où les ascendants manquent, choisir des amis ou supérieurs disposés à accepter les charges de parrain.

Parrains.

Charges du parrain : Cadeau à la marraine (bibelot, plus mondain, ou gants dans un coffret, plus bourgeois), sacs et boîtes de dragées, bouquet. A la mère de l'enfant, boîtes de dragées pour distribuer à ses amies. Cadeau à l'enfant (objet d'argenterie à l'usage de l'enfant).

Dons : au prêtre (dans une boîte de dragées), aux enfants de chœur, au sonneur, aux domestiques du père, à la nourrice de l'enfant ou à la personne qui en prend soin. Location des voitures.

Charges de la marraine : Cadeau à l'enfant, distribution des dragées reçues du parrain.

Tous les confiseurs (V. *Paris-Pratique*) fournissent des devis pour baptêmes depuis les prix les plus modestes jusqu'aux plus élevés.

Bourgeoisement on adopte le rose pour tous les ornements destinés aux petites filles et le bleu pour les petits garçons. Mondainement le blanc crème est préféré.

(Cérémonie du baptême, V. baronne de Staffe, *Savoir-vivre*, chez V. Havard, Paris.)

Diner de baptême.

Aussi élégant que possible, ou bien n'en donnez pas.

Fleurs de table blanches, à moins qu'on n'adopte le rose ou le bleu selon le sexe de l'enfant. Dragées au dessert.

Le parrain et la marraine à la place des maîtres de la maison ou côte à côte au centre de la table.

Première communion.

Catéchisme préparatoire à la paroisse qu'on habite. Une fois le jour de la cérémonie fixé, inviter par lettres *écrites* les personnes intimes ou faisant partie de la famille. Chaque personne invitée envoie à l'enfant une pièce de la toilette ou un souvenir. L'enfant envoie, après la première communion, un souvenir à ses jeunes amis et aux personnes de leur famille (livres ou images de piété portant la date de la première communion et le nom de l'enfant).

Voiture pour aller et venir de l'église toujours fermée.

Dîner de première communion.

Dîner de famille, élégant mais restreint, fleurs blanches. (V. *Cadeaux*.)

Visite de première communion au prêtre le lendemain, aux membres de la famille et invités dans la quinzaine.

Mariage civil.

Le marié va prendre sa future chez elle. Celle-ci monte en voiture avec son père et sa mère. La place d'honneur, à droite, est réservée à la fiancée.

Le fiancé vient dans une seconde voiture avec ses parents.

Les témoins, au nombre de quatre, prennent place (autant que les autres invités) dans des voitures louées par le père de la fiancée.

Les dépenses d'une noce incombent au père de la mariée.

La jeune mariée entre dans la mairie au bras de son père; le fiancé la suit avec sa propre mère.

Les nouveaux époux sortent ensemble de la mairie. La jeune mariée prend place dans la voiture avec son père et sa mère.

Le mariage civil est gratuit; mais, en général, le marié jette une offrande plus ou moins forte dans le tronc des pauvres. Les garçons de bureau reçoivent aussi du mari une gratification plus ou moins considérable.

Mariage religieux. — Toutes les personnes invitées à composer le cortège de l'épousée (elles ont été priées de vive voix ou par lettre particulière) se réunissent chez les parents de celle-ci.

Le marié a précédé tout le monde en compagnie de ses parents. La jeune mariée ne paraît qu'au dernier moment.

La mariée monte dans la première voiture pour se rendre à l'église, avec son père et sa mère.

Dans la seconde voiture, le marié et ses parents.

Les témoins dans les voitures qui suivent.

Les jeunes filles du cortége ne montent pas — même à deux — dans une voiture où elles seraient seules avec des hommes qui n'appartiendraient pas à leur proche parenté.

Le cortége. La mariée au bras de son père; le marié avec sa mère; la mère de la mariée conduite par le père du marié; les demoiselles et les garçons d'honneur; les témoins et les invités.

Toutes les dames doivent prendre le bras gauche de leur cavalier.

A l'entrée de la mariée, tous les invités se lèvent.

A l'église. Le père de la mariée la conduit à sa place.

Après le service religieux, défilé des invités à la sacristie, devant les jeunes époux et les parents, qui sont placés à droite et à gauche des mariés.

Un lunch est généralement offert chez les parents de la mariée.

La mariée sort de l'église au

bras de son mari, et monte avec son mari seul en voiture (coupé).

<table>
<tr><td>Demoiselles
et
garçons d'honneur.</td><td>Les demoiselles d'honneur sont choisies parmi les sœurs et les cousines des fiancés, à leur défaut on confie ces fonctions aux jeunes amies de la mariée.</td></tr>
</table>

Les demoiselles d'honneur sont choisies parmi les sœurs et les cousines des fiancés, à leur défaut on confie ces fonctions aux jeunes amies de la mariée.

Les garçons d'honneur se prennent dans la proche parenté des deux fiancés ou parmi les amis intimes du marié.

Les demoiselles et les garçons d'honneur choisis sont présentés l'un à l'autre à la soirée du contrat.

Le garçon d'honneur fait, le lendemain, une visite dans la famille de sa demoiselle d'honneur.

Le garçon d'honneur vient prendre en voiture sa demoiselle d'honneur, après lui avoir envoyé le matin un bouquet rosé, avec ruban blanc et dentelle. La demoiselle d'honneur est toujours accompagnée d'un homme et d'une dame d'un certain âge, dans la voiture qui la conduit avec le garçon d'honneur à l'église.

A l'église.

A l'église, les garçons d'honneur s'occupent de placer convenablement les invités du cortége. Les deux couples les plus apparentés ou intimes aux mariés font la quête, se partageant l'église. Le jeune homme offre sa main droite à la jeune fille, qui y appuie sa main gauche.

Le garçon d'honneur porte son claque sous le bras gauche et tient de la main gauche le bouquet de la demoiselle d'honneur.

La quête. Celle-ci tend une jolie bourse (aumônière en étoffes anciennes ou velours brodé) à chacune des personnes, qui y dépose une pièce d'argent.

CHAPITRE V

RÉCEPTIONS

INVITATIONS On invite pour un dîner ou une soirée ordinaire 8 à 15 jours d'avance selon l'importance de la réception. Pour les bals et grandes soirées, l'invitation se fait un mois d'avance.

Très à la mode de lancer au commencement de janvier des cartes indiquant, pour toute la saison, les jours du mois où on reçoit le soir après dîner.

Les invitations aux dîners sont envoyées spécialement.

Note générale. Les grands dîners au-dessus de vingt couverts sont démodés ; en cas exceptionnels on sert par petites tables.

Conseil pratique pour la maîtresse de la maison. Avoir un carnet pour tenir une sorte de comptabilité des séries à inviter, avec les adresses, les acceptations et refus. Il est utile d'y inscrire également les menus servis à chaque série, pour éviter les répétitions envers les mêmes convives.

Indications matérielles. Pour organisation des services de fêtes, soirées, représentations théâtrales, etc., s'adresser à M. *Ad. Lesserre*, contrôleur au théâtre de l'Opéra, 54, rue de l'Université et 87, rue d'Amsterdam, ou à M. *Saugeron*, 46, rue de Rome.

1 ur menu, fleurs, table (V. *Paris-Pratique*).

Lumière électrique et accessoires pour bals et soirées. *Belloir*, 1, rue Daunon.

Accessoires de cotillon. *Au Nain Bleu*, 27, boulevard des Capucines.

Au Paradis des Enfants, 146, rue de Rivoli.

Bail, 210, rue de Rivoli.

INTERMÈDES Pour organiser le programme d'une soirée, s'adresser à un artiste connu, qui se charge de s'entendre avec ses collègues, ou à un organisatcur de profession. Les grands éditeurs de musique en indiquent presque tous (Heugel, etc.).

MM. Fugère et Galipaux (V. ci-dessous) se chargent également d'organiser les soirées.

Nous donnons ci-après quelques indications pour la saison de 1896, afin que les maîtresses de maison embarrassées puissent composer leur programme elles-mêmes.

Artistes DE L'OPÉRA

Sellier, 16, rue de la Paix.

Delmas, 57, rue de Châteaudun.

Fournets, 31, avenue d'Eylau.

Mme *Rose Caron*, 71, rue de Monceau.

Mme *Bréval*, 31, rue Ballu.

Mme *Carrère*, 10, rue Tholozé.

DE LA COMÉDIE-FRANÇAISE

Mme *Amel*, 9, rue Le Peletier (vieilles chansons).

Mlle *Reichenberg*, 21, villa Saïd (monologues *ad usum puellarum*).

Mlle *Muller*, 12, avenue du Trocadéro (idem).

Mlle *Du Minil*, 11 *bis*, rue Volney (poésies avec adaptations musicales).

M. *Paul Mounet*, 1, rue Gay-Lussac (poèmes dramatiques, note patriotique).

M. *Coquelin Cadet*, 6, rue

Bel Respiro (monologues, petites pièces avec Reichenberg).

M. *Truffier*, 178, rue de Rivoli (poésies de Ronsard).

M. *Berr*, 11, rue Condorcet (fables de Lafontaine, monologues modernes et petites pièces).

OPÉRA-COMIQUE

M. *Fugère*, 26, avenue Trudaine.

M. *Bouvet*, 57 *bis*, boulevard Rochechouart (airs du répertoire et mélodies-romances).

Mme *Delna*, 4, rue Gaston-de-Saint-Paul.

Mme *Leclerc*, 28, boulevard Saint-Denis (mélodies Massenet, Pessard, etc.)

M. *Fugère*, chante des duos avec Mlle *Evel*, de l'Opéra-Comique et avec Mlle *Leclerc*.

FANTAISISTES

THÉATRES DE GENRE

Mlle *Deval*, 3, rue Galilée.

Mme *Chassaing-Tarride*, 6, rue Say.

M. *Tarride*, 6, rue Say.

M. *Matrat*, 9, rue Le Peletier.

M. *Fordyce*, 36, rue de Provence.

PETITES REVUES

Galipaux, 6, rue Mayran. A inventé un genre à lui, *le*

monomime (pantomime à un seul personnage, aucun partenaire, aucun décor) ; fantaisies en vers, en prose, avec ou sans musique ; très en vogue.

CHANSONNIERS — Les artistes du *Chat-Noir* (s'adresser rue Victor Massé).

Café-Concert. — *Polin* (Scala).
Kam-Hill, 82, rue de Monceau.

PIANISTES ACCOMPAGNATEURS — M. *Maton*, 5, rue Nollet.
M. *Bourgeois*, 81, avenue Niel.

Harpistes. — Mlle *Achard.*
Boussagol.

Guitare, chant, mandoline. — *Les frères Cottin* (duos).
M. *Pietraperlosa.*

Nouveauté de l'année. — *Le Quatuor artistique* (2 ténors, 2 barytons), Chantent sans accompagnement. S'adresser à M. *Palianti*, à l'Opéra.

Bobinoscope. — *Stainville*, 34, rue de Dunkerque.

Prestidigitateurs. — *Raynaly.* 19, rue Jacob.
Dickson, passage de l'Opéra.

Spiritisme. — *Les Isola*, salle des Capucines.

Chiromancie scientifique. — Mme *de Thèbes*, 29, avenue Wagram. Ancienne protégée d'Alexandre Dumas. Très à la mode.

Marionnettes. — *Darthenay*, passage de l'Opéra.

CHAPITRE VI

COMMENT IL FAUT S'HABILLER

Baptêmes. *Cérémonie :* Toilette de ville élégante.
Dîner : Toilette de grand dîner.

Première communion. *Parents et invités :* Toilette de grande visite.
Communiants : Garçons. Smoking et pantalon noir, gilet blanc ou noir, brassard blanc en beau ruban, sans ornements, gants blancs, chapeau spécial demi-haut de forme.
Fillettes : Robe et voile de mousseline blanche, aussi fine que possible sans ornements, ceinture en large ruban (blanc) avec nœud naturel, bonnet ou couronne selon la paroisse, chaussure blanche, gants de fil blanc très fin.

Mariage civil. Pour la mariée et toutes les dames, toilette de ville élégante.
Les hommes portent généralement la redingote.

Mariage religieux. Le marié et les hommes qui font partie du cortège portent l'habit, la cravate blancl · et des gants blancs. L'habit bleu à boutons d'or et le pantalon gris sont portés par la crème de la crème de la société, les petits ducs.

Les hommes simplement invités à la messe portent une élégante toilette de ville, cravate pas trop de fantaisie.

La mariée porte la toilette blanche avec grand voile en tulle ou dentelles.

Les points d'Angleterre et d'Alençon, les perles et les diamants (pas de pierres de couleur) sont le plus portés

Les dames du cortége sont en toilette de visite très élégante, chapeau très habillé, capote pour les femmes mariées, gants de Suéde blancs, collet en dentelles ou brodé (pas de jaquette).

Les demoiselles d'honneur ont souvent les mêmes toilettes en différentes couleurs. Chapeau rond avec fleurs ou plumes, gants très longs.

Seconde noce. Toilette de la mariée : à éviter le blanc, le rose et le gris; comme coiffure, pas de voile, plutôt une mantille en dentelle, ou très petite capote.

Deuil. *De veuve.* Deux ans à dix-huit mois. Pendant la première année : robe de laine garnie de crêpe anglais, chapeau à long voile, tombant pendant six mois sur le visage et, les autres six mois, derrière la tête, collet en crêpe, bas noirs, gants de Suède noirs ; pas de bijoux. Vers la fin de l'année du deuil et dans la première moitié de la seconde, le crêpe est remplacé par la gaze ou la grenadine, etc. On peut porter la jaquette, le collet, des mantelets de fantaisie, peu à peu on revient à la soie, à des dentelles noires, puis du jais.

Comme couleur, du gris de prune, mauve et lilas. Comme fleurs, des violettes, pensées, chrysanthèmes, pervenches.

Comme bijoux, perles et améthystes.

Autres deuils. Pour tous les cas de deuil, les indications ci-dessus suffisent, il n'y a que la durée qui change selon la parenté avec le défunt.

Toutes les fourrures se portent, surtout cependant la loutre foncée, l'astrakan, l'hermine, le chinchilla.

Toilette de grande soirée. Robe décolletée comme à l'Opéra, en tout excepté en lainage, sauf pour jeune fille. Gants très longs, jusqu'à la manche, ne laissant pas voir la peau du bras. Si une femme du monde très élégante se permet de porter des gants laissant un bout du bras découvert, elle a généralement une intention de coquetterie spéciale, ou elle imite quelque princesse ou duchesse du faubourg, qui, elle, par mauvais goût, ne met pas des gants assez longs.

Souliers en satin ou vernis.

Grande parure de bijoux.

Éventail ancien ou en dentelles ou en plumes d'autruche blanches.

Toilette de grand dîner. Comme pour grande soirée.

Petit dîner. Robe de soie ou de velours demi-décolletée (ouverte), mais avec manches jusqu'au coude, éventail en plumes ou gaze peinte ou ancienne.

Petite soirée. Comme pour petit dîner.

VISITES

Five o'clock. Toilette de ville. Manteau confection (collet), ou fourrure. Robe élégante de grande maison. Chapeau habillé, gants très clairs.

Visite de politesse cérémonieuse. (V. *Visite de présentation*.)

De condoléance. Toilette foncée, grise, noire, mauve, prune ; pas trop de fantaisie. Chapeau sérieux.

Visite de noce. Très habillée. (V. *Five o'clock*.)

Visite de présentation. Extrême correction, robe de soie ou de drap garnie de soie, confection habillée. Chapeau riche (capote).

Visite aux malades. Robe simple. — Toilette de matin, tailleur. Pas de fleurs, pas de parfums.

CIRCONSTANCES PARTICULIÈRES

Réception d'Académie.	Toilette de visite sérieuse, très habillée. Chapeau élégant, gants clairs, éventail.
Concert-Matinée	Costume de soie ou de velours ou de lainage, très habillé. Chapeau très élégant, gants clairs, éventail. — Dans toutes les occasions où les dames se mettent en toilette de visite habillée, les hommes se mettent en redingote.
Diner au restaurant	Robe en soie ou velours, *montante*, très sobre, tout en étant élégante. Chapeau habillé, mais pas trop marquant.
Diner à la campagne.	Toilette en mousseline, foulard ou taffetas, cache-poussière. Chapeau rond, facile à enlever, sans trop se décoiffer.
Parties de campagne.	Robe en toile, s'il fait beau; en drap, forme tailleur, si le temps est incertain. Chapeau rond.
Vernissage.	La femme du monde est d'une simplicité recherchée à cette occasion. Costume tailleur. C'est démodé de s'habiller beaucoup.

TOILETTES DE COURSES

Longchamps.	Les dames y sont toujours très habillées. Pour les hommes chapeau

haut, sauf aux réunions d'été après le Grand-Prix ; redingote ou jaquette.

Auteuil. Les dames très habillées — et surtout grande élégance aux réunions de grand prix.

Pour les hommes, même tenue qu'à Longchamps.

Chantilly. Pour les dames, costume de voyage simple, sauf pour le prix du Jockey-Club où l'on s'habille beaucoup.

Pour les hommes : chapeau rond, costume de campagne, sauf pour le prix du Jockey-Club où beaucoup sont en chapeau gris haut et redingote claire (la jeunesse renonce à cette nuance de toilette).

Maisons-Laffitte
Enghien
Saint-Ouen
Peu ou pas fréquentés par les femmes du monde. Grande simplicité de rigueur.

Pour les hommes : chapeau rond, costume de voyage.

Suits anglais.

Notes d'élégance. Ne pas porter sa carte ostensiblement.

Tenir la lorgnette par la courroie et ne pas la mettre en bandoulière.

MONDANITÉS DIVERSES

Polo. Robes d'été, très vaporeuses, très élégantes.

Collet ou jaquette brodée pour la rentrée.

Patinage.	Costume de velours ou de drap. — Garniture de fourrure.
Garden-Party.	Toilette de visite très élégante, claire à volonté, chapeau habillé. — Les jeunes personnes en robe de mousseline ou de gaze, avec grand nœud.
Au concours hippique.	Costume tailleur élégant ou toilette de visite printanière. (Généralement première exhibition des toilettes de printemps.)

AUX THÉATRES

A l'Opéra.	Toujours toilette de soirée, décolletée, grands bijoux, diamants et perles avec prédilection. Gants très longs, bas de soie, souliers de soirée. Sortie de bal *très élégante*. Les messieurs en habit, cravate blanche, chapeau de soie ou chapeau haut de forme mat en cachemire, boutonnière fleurie de blanc, cannes très élégantes.
Au Théâtre-Français.	Les mardis et jeudis et aux grandes premières d'auteurs connus, toilette de soirée ; dans les loges, plus ou moins décolletée ; au balcon, une robe élégante montante est admise ; chapeau très habillé et sortie de bal élégante. Les messieurs, comme à l'Opéra.

Aux « soirées ordinaires »,
toilette très simple avec capote
ou chapeau rond habillé (plumes, fleurs ou pierreries).

A l'Opéra-Comique. Aux premières et soirées
d'abonnement ; dans les loges,
toilette de soirée, robe ouverte, sans chapeau ; au balcon et à l'orchestre, chapeau
très habillé admis. Sortie de
bal comme au Théâtre-Français.

Les messieurs, comme à
l'Opéra.

Aux soirées ordinaires, toilette de ville habillée. Chapeau clair élégant, gants
clairs.

A l'Odéon. Toilette de ville très simple,
chapeau, manteau de soie
foncé, excepté aux premières
d'auteurs très célèbres, qui
font que la soirée devient un
événement parisien ; alors toilette comme au Théâtre-Français.

L'habit n'est pas de rigueur,
mais c'est toujours ce qu'il y a
de mieux, le soir, pour les
messieurs.

Gymnase, Vaudeville, Variétés. Aux premières et aux 20 premières représentations d'une
pièce à succès, toilette de
ville, très élégante ; surtout
luxe en chapeaux. Jupe foncée
et corsage clair très portés.

Palais Royal, Nouveautés. Luxe de chapeaux ; robe
simple, et pas trop étoffée, à

cause de l'étroitesse des places.

On est peu vue dans les loges.

Au Châtelet, Porte St-Martin, Bouffes, etc. Excepté aux grandes premières, toilette simple, manteau de soie foncé, toujours chapeau habillé, sans être aussi élégant ou fantaisiste qu'aux autres théâtres nommés ci-dessus.

Renaissance. Quand Sarah Bernhardt y joue et surtout aux premières et aux jours d'abonnement, grande toilette de visite, chapeau très habillé; dans les loges, même, toilette de soirée décolletée.

Jours ordinaires, toilette de ville.

QUELQUES DÉTAILS DE TOILETTES D'HOMMES

Le Soir. Les messieurs se mettent le soir (après 7 heures) toujours en habit, chemise blanche à plis très fins (broderie *démodée*), gilet en drap noir ou blanc, boutonnière fleurie de blanc, cravate blanche.

Pas de bijoux.

Chapeau haut de forme, mat, en cachemire ou drap spécial; souliers vernis, chaussettes de soie fantaisie : le plus distingué est noir avec une petite broderie de couleur.

En été, le smoking.

Pour un déjeuner et des visites. La redingote, pantalon de fantaisie, gris bleu, à petits dessins ; les grands carreaux ou rayures, comme toutes les choses voyantes ne sont pas distingués.

Au bois. Complet bleu, marron ou gris, veston foncé et pantalon clair.

Pour sortir avec une dame l'après-midi, redingote et pantalon clair ; le matin, complet, chapeau rond (pas de chapeau mou).

CHAPITRE VII

CADEAUX

Naissance et Baptême. *A la mère* (intimes ou famille), bijoux, dentelles.

A l'enfant, les ascendants donnent généralement le berceau, la layette, la marraine donne la toilette de baptême, le parrain un objet d'argenterie. Les autres parents ou amis : berceau Moïse, panier à layette, panier à toilette, hochet, coquetier avec cuillère, bracelet porte-bonheur, broche « bébé » pour tenir la bavette, couvre-pied en broderie ou crochet, chaussons ornés, bonnet vraies dentelles, etc.

Le parrain à la marraine : un souvenir tel que : encrier, bonbonnière, coffret à bijoux ou à gants, éventail, flacon à sel en argent ou or, tous bibelots de valeur. (V. *Paris-Pratique.*)

Première communion. *Famille et invités à l'enfant :*

Pour garçon : missel, livres de piété bien reliés, objets de bureau, crucifix, chapelet, médailles, montre et chaîne, etc.

Pour fillettes : les mêmes objets plus : bague, bracelet, collier, dizaines, mouchoirs, bénitier, etc.

Mariage. Les personnes de la famille donnent généralement des cadeaux en argenterie ou des bijoux.

Des amis intimes peuvent faire leur choix dans les bibelots, bronzes ou meubles d'art, tapis de valeur, accessoires élégants et de luxe pour la table. (V. *Paris-Pratique.*)

Les amis plus éloignés, envoient des fleurs, des jardinières ou potiches de goût à la jeune femme. On envoie les cadeaux au plus tard la veille du mariage, autant que possible pour la soirée de contrat.

Pour la fête d'une personne. Les parents et amis envoient la veille du jour des fleurs ou des petits cadeaux, — une « attention ».

Etrennes. Entre parents et amis intimes, des cadeaux de valeur.

Les messieurs envoient à la maîtresse des maisons où ils ont diné dans le courant de l'année un cadeau : fleurs, bonbonnière très élégante, bibelot en bronze, cristal ou vermeil, éventail, encrier, vase à fleurs de valeur, coffret ancien, petits meubles de style, petite pendule pour bureau, flacon à sel ou à parfum, groupe ou tasses en Sèvres ou porcelaines rares, bijou de fantaisie.

Œufs de Pâques Généralement un petit bibelot, une bonbonnière ou des fleurs.

Philippines. Entre gens du monde on évite les cadeaux utiles, surtout quand c'est une philippine qui n'est généralement jouée qu'entre amis, et rarement dans la famille.

Note générale. Les cadeaux élégants faits par les messieurs aux femmes du monde sont des objets absolument inutiles, frivoles, même lorsqu'ils sont de grande valeur, corbeilles d'orchidées, bonbonnières de fantaisies, liseuse, etc. (V. dans *Paris-Pratique*, les chapitres *Accessoires de luxe, Maroquinerie, Bronzes*, etc.)

Un bijou de pure fantaisie, poignée d'ombrelle, boucle rare, etc., peut être offert à une femme du monde; tandis qu'elle ne peut accepter un bijou faisant partie de la toilette que de son mari ou d'un parent très proche.

QUELQUES IDÉES POUR CADEAUX
Seront complétées tous les ans

Reliures anciennes. On trouve en bibelotant, rue des Saint-Pères, chez des marchands de curiosités, des anciennes reliures très précieuses et authentiques, dont on peut faire des étuis, vide-poches, etc., tout à fait charmants.

Vases ou meubles. Vase ou petit meuble de *Gallé*. (V. *Paris-Pratique*, INSTALLATION.) Meubles en couleur laquée de *Niederkorn*, faubourg Saint-Antoine.

Vase pour fleurs en voiture. Petit objet en argent avec initiales, à accrocher dans la voiture, pour y mettre des fleurs. (V. rue de la Paix, chez *Leuchars*.)

Sacs et sachets. En étoffe ancienne, des sacs pour l'éventail, pour la lorgnette, etc., et des sachets de toutes les formes.

Objets d'art.	Une gravure ancienne, un bronze, une miniature ancienne, une statuette de Tanagra.
Bibelots élégants.	Liseuse en or, flacon à sels en or ou en argent, bourse en or, bonbonnière ancienne, coupe-papier, pommes et pointes en or pour ombrelle, pendule pour bureau, abat-jour, éventail, cartonnages et broderies de fantaisie (*Dugrenot*, 50, avenue des Champs-Elysées).
Objets pratiques.	Déjeuner en Sèvres ou vieux japonais, paravent artistique, table Empire, glace en argent, couvre-pied en broderie ancienne, éventail ancien, garniture de boutons anciens pour corsage.
Cadeaux pour les gens qui ont de tout.	Cent dépêches télégraphiques (petits bleus) avec monogramme et adresse. Collection d'autographes rares dans un casier élégant. Installation pour écrire dans la voiture. Lampe électrique pour le coupé. Miniature du xviiie siècle. Pendule pour bureau avec sonnerie, *horloge de Westminster*. Vase de Venise garni d'orchidées.
Pour des gourmets.	Grande corbeille enrubannée et fleurie, remplie de pro-

duits de tous les pays, Chaque pays représenté par un joli paquet avec étiquette, sur laquelle se trouve le nom du pays. Ce cadeau se nomme *le courrier*.

Plantes. On trouve des plantes chez tous les grands fleuristes et même au marché de la Madeleine.

Conseil pratique. Le Jardin d'Acclimatation, qui possède une des plus belles collections de plantes du monde, envoie son catalogue avec prix marqués à toute personne qui lui en fait la demande. On peut, d'après ce catalogue, commander sans se déranger. Si l'on va choisir soi-même, l'entrée au Jardin d'Acclimatation est gratuite.

Pour fillettes. Broche avec prénom en petites perles fines ou en or, bague, porte-bonheur, petit sac de voyage, petit fauteuil en osier décoré, table à ouvrage, etc., etc.

Pour garçons. Montre, carnet, encrier, papier à lettre, appareil photographique, livre, beau canif, canne, boîte avec collection sérieuse pour expériences de physique, chimie, construction, etc.

CHAPITRE VIII

HEURES ET JOURS

Déjeuner. . . . .   Entre 11 h. du matin et 1 h.
Goûter . . . . . .   Entre 5 et 6 h. de l'après-midi.
Diner. . . . . . .   Entre 7 et 8 h. 1/2 du soir.
La Grand'Messe est ordinairement à 10 h. Les messes de midi à 1 h. sont les plus fréquentées par les mondains.
On fait des visites Entre 5 et 7 h.
On va au bois . .   L'été le matin à 11 h, et l'après-midi à 6 h.
L'hiver de 3 à 5 h.
Le vendredi est le jour le plus élégant.
Les 4 à 6 . . . .   *Heures du berger* (pour les dames, essayages, visites d'amies malades, Louvre ; pour les hommes, cercle, hommes d'affaires à voir).
On invite à diner   Entre 7 1/2 et 8 h.
On va au théâtre.   A 9 h., excepté aux opéras de Wagner, où on est au commencement (8 h.).
On reçoit. . . . .   De 3 à 7 h.
Les matinées publiques sont De 2 à 5 h.
Les matinées mondaines sont A 5 h.
Les réceptions à l'Académie sont à 2 h. (le jeudi) en été, à 1 h. en hiver.
Les jours chics de l'Opéra sont le lundi et le vendredi.

Le jour du Théâtre-Français : le mardi.

Le Cirque d'Été . Le samedi, jusqu'au Grand-Prix.

Palais de Glace . De 2 à 4 h., les femmes du monde ; le matin, surtout des jeunes filles.

Les conférences . A 3 h., pour pouvoir aller en visites ou luncher après.

Concours hippique Les vendredis ; les quatre derniers jours, sont les plus mondains.

CHAPITRE IX

LES GOUTERS

Une dame peut aller goûter seule dans les maisons suivantes

Cuvillier, 16, rue de la Paix.

Bourbonneux, 14, place du Havre.

Gagé, 4, avenue Victor-Hugo (grande variété de sandwichs .

Gloppe, 2, avenue d'Antin, grand choix de petits fours.

Julien, 14, avenue de l'Opéra.

Boot et Planta, 3, rue Lafayette.

Wanner, 3, chaussée d'Antin, boulangerie viennoise, excellents sandwichs au pain de seigle, petits gâteaux feuilletés, *krapfen, Linzer* et *Sacher-tarte*, etc.

Chiboust, 163, rue Saint-Honoré.

En été.　　*Au pré Catelan* (Bois de Boulogne). A 6 h., lait fraîchement trait; on y trouve du pain de campagne avec du beurre; bière, chocolat, café, fromage, jambon, gâteaux.

Clientèle de beaucoup de mamans très élégantes avec leurs bébés, des « nurse » de grandes maisons et des promeneurs mondains.

CHAPITRE X

LES THÉS

LES AFTERNOON (FIVE O'CLOCK) TEAS

Colombin, 4, rue Royale.
　　Un petit magasin sans apparence devant lequel on voit stationner les équipages des femmes élégantes à partir de 5 à 6 h. (en hiver). Les dames s'y donnent des rendez-vous et y prennent entre deux essayages, du thé et des « muffins » (espèce de brioche anglaise). Clientèle très parisienne et très bonne société.

Le Thé *de la rue Royale.*

Installation plus élégante que la précédente. On y trouve aussi quelques autres consommations. Très fréquenté par les étrangers de tous les pays et par beaucoup de Parisiens.

Le Thé de la librairie anglaise Neal, *278, rue de Rivoli.*

Peu connu des Parisiens en général, fréquenté surtout par des Anglais et Américains. Le salon de lecture et le thé sont au premier, au-dessus de la librairie. On y trouve toutes les revues et journaux illustrés anglais et du bon thé avec sandwich pour o fr. 75.

Le Thé *du boulevard Haussmann, 40.*

CHAPITRE XI

POUR ÉCRIRE UN MOT PRESSÉ
AU DEHORS

Les dames.   Dans le hall ou salon des hôtels :

Continental, Grand-Hôtel, Terminus.

Dans le salon de lecture des

grands magasins de nouveautés : *Bon Marché, Louvre.*

Les messiours.   Aux bureaux de poste.
Dans tous les cafés et dans
les endroits ci-dessus nommés.

CHAPITRE XII

FORMULES DE FIN DE LETTRES

**Relations
superficielles
(froides).**   « Je vous prie de croire à mes meilleurs sentiments, » ou « salutations empressées ».

Une dame
à un monsieur.   « Civilités bien sincères », ou « Bons souvenirs ».

D'un monsieur
à une dame.   « Hommage respectueux » (toujours employer le mot *respect*).

Une dame
à une autre dame.   « Meilleures sympathies. » « Bien sympathiquement à vous. »

**Relations
amicales.**

Une dame
à un monsieur.   « Cordialement », ou « cordiales amitiés, sincères cordialités, bonne sympathie ».

Un monsieur
à une dame.   « Respectueuses amitiés », ou « dévouée sympathie ».

D'une dame à une autre dame.	«Bonne et affectueuse sympathie», ou « bien amicalement à vous ».
Un monsieur à un autre monsieur.	« Bien à vous », ou « bonne poignée de mains ». « Tout à vous. »
A un fournisseur	« Meilleures salutations », ou « civilités ».
A un protégé indifférent.	« Considération », ou « sentiments distingués ».
A un protégé intéressant.	« Bonne sympathie. »
Aux domestiques (en principe).	Écrire impersonnellement, par exemple : « Monsieur charge X*** de............. » ou « désire que Y*** .... »
Aux domestiques et subalternes de confiance.	« Mon bon X*** » et comme fin : « Bonne salutation. »
Occasion exceptionnelle à un haut personnage.	« Agréez, monsieur, l'assurance de ma haute considération et de ma plus respectueuse sympathie. »
Notes générales.	Une femme, dans une lettre à un homme, ne met en signan . que l'initiale de son nom de baptême, suivie de son nom de dame.

Sur l'enveloppe d'une lettre adressée à une femme, un homme ne met jamais le prénom de cette femme, mais le prénom du mari.

CHAPITRE XIII

LES DOMESTIQUES

Moyen de s'en procuror. Par les bureaux de placement, entre autres : Association des gens de maison, rue de Marigny, pour domestiques français ; pour domestiques étrangers, Schmidt, 6, avenue Carnot ; — ou par les petites annonces du *Figaro* (mercredi matin).

Les gages. Varient de 60 à 100 fr. par mois pour les valets de chambre, maitres d'hôtel ; de 50 à 70 fr., valets de pied ; de 80 à 120 fr. pour les cochers ; de 60 à 100 fr., les bonnes cuisinières (cordon bleu) ; de 50 à 70 fr., les femmes de chambre sachant faire de la couture ; de 30, 40 à 50 fr. les bonnes à tout faire.

Conseil pratique. On ne peut pas se fier aux recommandations du certificat, il faut aller personnellement « au renseignement », c'est-à-dire chez le maitre ou la maitresse que le domestique vient de quitter.

Lo congé. Se donne 8 jours d'avance. Les maitres sont obligés de garder le domestique pendant ce temps-là, ou de lui payer ses huit jours de gages.

Difficultés. Si le domestique refuse de partir, les maitres ont le droit de requérir un sergent de ville ou le premier agent de police venu, pour l'expulser de leur domicile.

Exigences non fondées. Les domestiques renvoyés n'ont à recevoir que le prix des huit jours de leurs gages et n'ont à exiger aucune indemnité pour leur nourriture ni pour leur logement pendant ce laps de temps.

Vin et blanchissage. Les maitres sont obligés à fournir du vin pour les repas aux domestiques ou à leur donner, en dehors de leurs gages, une somme d'argent qui leur permette d'en acheter.

Généralement, c'est 15 fr. par mois aux domestiques mâles et 10 fr. par mois aux domestiques femmes.

Les domestiques sont blanchis aux frais des maitres, ou ont à réclamer une somme d'argent en dehors de leurs gages. Il est toujours préférable pour les maitres de faire blanchir les domestiques par la blanchisseuse de la maison; on peut limiter la quantité de linge.

Conditions générales. Les domestiques à Paris couchent rarement dans l'appartement des maîtres. Il y a des chambres au dernier étage, réservées pour cet emploi. Les maîtres ont à fournir à chacun des domestiques un lit, une armoire, une table, une chaise et de quoi faire leur toilette. On fait coucher dans l'appartement les femmes de chambre ou bonnes d'enfants, quand il y a des enfants et des jeunes filles dans la famille.

Le sou du franc. — Petite fraude devenue presque un impôt légal, que les domestiques parisiens font accepter des maîtres ; impôt qui consiste à empocher un sou pour chaque franc déboursé pour la maison.

Achats, organisation générale. — *Le valet de chambre* s'occupe, dans la plupart des maisons, de l'achat des desserts (à moins que la maîtresse ne le fasse elle-même), du courrier, des journaux, des objets pour le nettoyage de l'appartement et de l'argenterie, l'entretien des chaussures et la réparation des vêtements du maître.

La femme de chambre s'occupe de la blanchisseuse, du teinturier, de la mercerie.

La cuisinière, de tout ce qui concerne la cuisine.

CHAPITRE XIV

LES POURBOIRES

Indication générale — Le Parisien ne sort pas sans avoir dans une poche à portée de sa main une certaine petite somme de pièces de o fr. 10, o fr. 50 et 1 fr.

A un cocher de fiacre. — On donne pour une course simple, de trente sous (1 fr. 50), un pourboire de o fr. 25.

En promettant à un cocher un « bon pourboire », pour aller plus vite, on lui donne o fr. 50.

Pour aller à l'heure on fait bien de dire au cocher en montant : « *3 francs l'heure* » et on est conduit comme dans une voiture de place.

Au restaurant. — A moins d'avoir eu des exigences extraordinaires il est d'usage courant de donner au garçon à peu près le sou du franc (mais jamais au-dessous de o fr. 50) si on a été servi seul, et le double pour deux personnes.

Ainsi pour un repas de 20 fr. on donne 1 fr. de pourboire, si on a été seul, et 2 fr., si on était deux. On augmente en proportion de la dépense.

Le pourboire est laissé dans l'assiette sur laquelle le garçon a remis l'addition et rapporté la monnaie.

Au théâtre. A l'ouvreuse, en occupant un fauteuil d'orchestre ou de balcon, on donne 0 fr. 50. Quand on est dans une loge, on donne 1 fr., et même 2 fr. si on est avec des dames.

En déjeunant ou en dînant en ville. Il n'est pas d'usage à Paris de donner un pourboire au domestique qui a servi dans une maison amie,

Pour une course de commissionnaire ou chasseur. 1 fr. ; si c'est très loin, 1 fr. 50 à 2 fr.

Ouvreur de portière, camelot qui cherche la voiture De 0 fr. 10 à 0 fr. 50.

En villégiature chez des amis. Cela dépend un peu du temps qu'on est resté, de la quantité de services qu'on a demandée et combien de personnes se sont occupées de vous. Il est à conseiller de compter 1 fr. par jour et par domestique pour un séjour prolongé. Si on ne reste qu'un jour, il est correct de donner de 3 à 5 fr. au maître d'hôtel; pour deux jours, de 5 à 10 fr.

Au coiffeur. Les messieurs donnent 50 cent. au garçon coiffeur qui les a servis.
Les dames rien.

Au chapelier pour un coup de fer au chapeau. Quand l'ouvrier rapporte le chapeau, on donne 50 cent.

Au bain.	Selon le prix que le bain a coûté et les soins qu'on a reçus, de 0 fr. 50 à 1 fr. 50.
POURBOIRES D'ÉTRENNES	L'usage, dans la bonne bourgeoisie parisienne, est de donner pour le jour de l'An :
Aux domestiques	Un mois de gages.
Au concierge.	De 50 à 100 fr., selon les services rendus.
Aux facteurs.	De 5 à 15 fr. selon l'importance des courriers reçus.
Aux différents ouvriers et employés qui viennent réclamer leurs étrennes.	De 1 à 5 fr., encore selon l'importance des services rendus : 1 fr. aux personnes dont les services appartiennent à tout le monde et qui vont réclamer leurs étrennes d'étage en étage. On augmente les étrennes d'après la valeur du service personnel rendu.

CHAPITRE XV

LOCATION

Agénces de location.

Agence des Étrangers, 72, rue Basse-du-Rempart.

Arnal et Cᵉ, 19, boulevard de la Madeleine.

Arthur et Tiffen, 22, rue des Capucines.

Barthélemy, 45, rue Cambon.

Lagrange, 98, rue de Richelieu.

Bail et conditions de location.

Le bail est un écrit *rédigé* et signé en *double* par les parties sur papier timbré (*Acte sous seing privé*). Il énonce les conventions relatives au prix, à la durée de la location.

Les baux sont généralement de la durée de trois, six, neuf, douze ans; on stipule que, avant l'expiration d'une période, on se préviendra six mois à l'avance si l'on ne veut pas commencer une période nouvelle.

Congé.

Pour les loyers annuels d'un prix supérieur à 400 fr., le congé est donné *trois mois* avant l'expiration du terme; pour les maisons entières, les corps de logis entiers, les magasins et boutiques, le congé est donné à *six mois*. Si le congé n'a pas été donné dans les délais fixés par l'usage et signalés ci-dessus, le locataire reste dans les lieux et continue sa jouissance du bail dans les mêmes conditions.

Lorsque le congé a été donné et que sa validité ne peut plus être contestée, le locataire est tenu de tolérer la visite des lieux pendant le délai du congé. En général, ces visites ne sont à tolérer que de 10 h. du matin à 5 h. du soir.

On peut même choisir ses jours et ses heures.

Denier à Dieu. Nom spécial d'une gratification donnée au représentant du propriétaire, généralement le concierge; se calcule à raison de 20 fr. par 1,000 fr. de loyer.

Le loyer. Doit être payé les 15 janvier, 15 avril, 15 juillet et 15 octobre à midi, contre quittance du propriétaire ou de son représentant; à défaut de désignation contraire, le payement du loyer se fait chez le locataire.

Les contributions foncières et les portes et fenêtres, à moins de clauses contraires, sont payées par le locataire.

Le payement de l'enregistrement du bail est à la charge du locataire.

Le locataire doit garnir les lieux de meubles suffisants pour garantir le payement des loyers.

Le concierge. Est obligé de monter le courrier, les paquets, etc., chez les locataires, d'indiquer aux visiteurs l'appartement des locataires, d'ouvrir la porte à toute heure de jour et de nuit. Le locataire lui donne au jour de l'an des étrennes en rapport avec le loyer et les services rendus.

Les réparations à l'expiration du bail, Le locataire est obligé si le propriétaire l'exige, de remettre les lieux loués en l'état où ils étaient au moment de la location, glaces, armoires, alcôves, cloisons, etc., posées ou supprimées sont à rétablir.

Si le locataire a fait effectuer des améliorations ou embellissements d'une certaine importance, il peut demander une indemnité au propriétaire; dans le cas où celui-ci refuse de la payer, le locataire peut faire disparaître ce qui a été ajouté par lui, mais à la condition de remettre les choses dans l'état où elles étaient auparavant.

Il est tenu de faire les réparations aux âtres, chambranles et tablettes des cheminées, au recrépissement du bas des murailles à la hauteur d'un mètre ; aux pavés et carreaux des chambres lorsqu'il y en a seulement quelques-uns de cassés, aux glaces, vitres, portes, croisées, planches de cloison, etc., etc.

Les trous faits pour fixer des rideaux, suspendre des tableaux ou des glaces, retenir les tapis, doivent être bouchés par le locataire, etc., etc.

Si le locataire et le propriétaire ne sont pas d'accord sur la nature et le chiffre des réparations locatives, le différend est soumis à un architecte expert, qui fera un rapport pour trancher la question.

Il est toujours prudent de faire en entrant un état de lieux.

Sous-Location. A moins de clause contraire, le locataire a le droit de sous-louer ou de céder les lieux qu'il habite.

En cas de cession de bail ou de sous-location, le propriétaire a une action directe contre le sous-locataire.

La dernière obligation du locataire. Est de remettre les clefs au propriétaire ou à son représentant. L'acceptation des clefs constitue la preuve que le locataire s'est acquitté de tous ses engagements.

Lire pour plus de renseignements. *Code manuel des propriétaires et locataires,* de Agnel et Carré.

CHAPITRE XVI

POSTE

<table>
<tr><td>Tarifs intérieurs Lettres ordinaires.</td><td>La taxe unique de bureau de poste à bureau de poste, y compris la Corse, l'Algérie, Tunis-Ville et la Goulette, est de o fr. 15, avec augmentation de o fr. 15 par 15 grammes pour les lettres affranchies et de o fr. 30 pour les lettres non affranchies.</td></tr>
</table>

Les lettres insuffisamment affranchies sont traitées comme non affranchies, déduction faite des timbres-poste employés.

Défense de mettre des billets de banque et des pièces de monnaie dans les lettres ordinaires, sous peine d'une amende de 50 à 500 fr.

Valeurs déclarées.

Les valeurs déclarées doivent être déposées au guichet scellées au moins de deux cachets en cire fine, portant une empreinte particulière à l'envoyeur ; le nombre des cachets peut être porté jusqu'à cinq.

LETTRES

L'affranchissement se compose de la taxe d'une lettre ordinaire du même poids, d'un droit fixe de o fr. 25 et d'un droit de o fr. 10 par 100 fr. ou fraction de 100 fr. sur la valeur déclarée.

Le maximum de déclaration est de 10,000 fr.

Avis de réception, o fr. 10.

BOITES Les matières d'or et d'argent, les bijoux et objets précieux de petite dimension sont reçus comme valeurs déclarées dans des boites en bois, solides, dont des dimensions peuvent atteindre 19 centimètres uniformément en tous sens.

Ces boites doivent être présentées au guichet, revêtues d'un papier blanc en dessus et en dessous et d'un croisé de ficelle fine, retenue par des cachets en cire. Le nœud doit également être recouvert d'un cachet de cire.

L'affranchissement se compose d'un droit fixe de o fr. 25 et d'un droit proportionnel sur la valeur déclarée. Ce droit est de 1 p. 100 sur les 100 premiers francs et de o fr. 50 sur les autres 100 fr. ou fractions de 100 fr.

Il est interdit d'y insérer lettres, factures et des pièces de monnaie françaises ou étrangères ayant cours.

Maximum de déclaration, 10,000 fr.

Minimum, 50 fr.

Avis de réception, o fr. 10.

Lettres et objets recommandés. Tous les objets de correspondance peuvent être recommandés moyennant une taxe supplémentaire de 0 fr. 25.

Ces objets doivent être déposés au guichet.

Les échantillons et autres objets doivent toujours être faciles à vérifier.

Avis de réception, 0 fr. 10.

Cartes postales. La taxe unique des cartes postales simples est de 0 fr. 10, celle des cartes postales avec réponse payée est de 0 fr. 20. Une carte postale insuffisamment affranchie est taxée au triple de l'insuffisance.

Imprimés. Avis de mariage, naissance et décès, cartes de visite, livres, gravures.

Sous bande mobile. Couvrant au plus le tiers de la surface.

	fr. c.
Jusqu'à 5 grammes inclusivement.........	0,01
de 5 à 10 gr. —	0,02
de 10 à 15 — —	0,03
de 15 à 20 — —	0,04
de 20 à 50 — —	0,05
de 50 à 100 — —	0,10

et ainsi de suite, en ajoutant 5 centimes par 50 grammes ou fraction de 50 grammes jusqu'à 3 kilos. Les dimensions sur toutes les faces ne peuvent excéder 45 centimètres.

Sous enveloppe. Ouverte ou pliée sous forme de lettre.

Taxe : 0 fr. 05 par 50 grammes ou fraction de 50 grammes, pour chaque paquet portant une adresse particulière.

Avis important. Les lettres de faire part de décès imprimées, sur lesquelles il est ajouté après tirage, soit à la main ou autrement : 1° nom, prénoms, âge du défunt ; 2° date du décès ; 3° jour, heure et lieu de réunion, sont reçues comme les imprimés ordinaires.

Les cartes de visite Imprimées ou manuscrites ne doivent porter que les nom, prénoms, qualité et domicile et la mention : P. P. C. Toute autre mention : condoléance, félicitation, etc., constitue une contravention.

TARIFS DE L'UNION POSTALE UNIVERSELLE En Europe entière : o fr. 25 par lettre de 15 grammes. Lettres non affranchies : o fr. 5o.

Ce qu'une lettre met de temps pour aller de Paris aux villes suivantes :

Ajaccio	3o h.	Le Cap	2o j. 1/2
Alger	43 h.	Lisbonne	58 h.
Amsterdam	12 h.	Londres	8 h.
Athènes	5 j.	Madagascar	18 j.
Berlin	24 h.	Madrid	35 h.
Bucharest	52 h. 1/2	Malte	5 j. 1/2
Buenos-Aires	22 j.	Manille	33 j.
Cayenne (Guyane)	21 j.	Marseille	15 h.
Chicago	9 j.	Melbourne	35 j. 1/2
Constantinople	3 j. 1/2	Moscou	82 h. 1/2
Dakar	9 j.	New-York	8 j.
La Havane	16 j.	Nouméa (N.-Cal.)	43 j.
La Réunion	20 j.	Odessa	69 h.
Le Caire	5 j.	Panama	22 j.

Pékin...............	36 j.	San Francisco....	14 j.
Pondichéry (Inde).	20 j. 1/2	Sophia...........	2 j. 1/2
Québec	19 j.	Stockholm	52 h.
Rio-de-Janeiro...	19 j.	Téhéran..........	20 à 25 j.
Rome,...........	1 j. 1/2	Tunis...........	4 j. 5 h.
Saïgon..	33 j.	Valparaiso	38 j.
St-Louis (Sénégal)	10 j. 1/2	Vienne..........	26 h.
St-Pétersbourg...	58 h.	Yokohama	32 à 34 j.

Mandats de poste internationaux.

DESTINATIONS	MAXIMUM	DROIT PERÇU
	fr. c.	
Rép. Argentine, Chili, Salvador ,...............		
Allemagne y compris Heligoland, Antilles danoises, Autriche-Hongrie, Belgique, Bulgarie, Danemark (Islande et les îles Féroë), Égypte, Italie, Luxembourg, Norvége, Pays-Bas, Portugal, Roumanie, Suède et Suisse..........	500 »	25 c. par 25 fr. ou fraction de 25 fr.
Canada.................	262 50	10 c. par 10 fr.
Colonies françaises........	500 »	1 p. 100 avec minimum de 25 c.
Bureaux français à l'étranger	262 50	
États-Unis...............	262 50	10 c. par 10 fr.
Malte................	252 »	
Grande-Bretagne...........	252 »	10 c. par 10 fr.
Inde britannique...........	500 »	
Autres colonies anglaises...	252 »	
Indes orientales, néerlandaises,...............	315 »	20 c. par 10 fr.
Japon..................	250 »	10 c. par 10 fr.
Perse	500 »	20 c. par 10 fr.
Tunisie.................	» »	10 c. par 10 fr.

Mandats télégraphiques internationaux. Des mandats télégraphiques peuvent être échangés entre la France, d'une part, et l'Allemagne, l'Autriche-Hongrie, la Belgique, le Danemark (l'Islande et les îles Féroë exceptées), l'Egypte, l'Italie, le Luxembourg, les Pays-Bas, le Portugal, la Norvége, la Suisse et la Tunisie.

Les conditions d'envoi sont les mêmes que pour les mandats de poste à destination de ces pays, mais le déposant doit, en outre, acquitter le montant de la taxe télégraphique, d'après le nombre de mots compris dans le télégramme-mandat.

BUREAUX DE POSTE DANS PARIS. Ouverts de 7 h. du matin en été, 8 h. en hiver, à 9 h. du soir, à 4 h. du soir les dimanches et fêtes. Le bureau de la rue des Halles ouvre en oute saison à 7 h. du matin.

Le courrier pour l'étranger. La clôture des affranchissements pour l'étranger ou des chargements pour les départs du soir a lieu à 4 h. 30 dans tous les bureaux, excepté dans ceux de la place de la Bourse, de l'avenue de l'Opéra, 2. de la place Ventadour, de la rue des Capucines, 13, de la rue de Cléry, 25, et à l'Hôtel des Postes, où l'on peut déposer les lettres jusqu'à 4 h. 45 du soir.

Dernière levée. La dernière levée a lieu à

5 h. dans les boîtes de quartier et à 5 h. 30 dans la plupart des boîtes des bureaux de poste de l'ancien Paris; — à 6 h. aux boîtes des bureaux de la place de la Bourse, 4, de la rue de Cléry, 25, de l'avenue de l'Opéra, 2, de la rue des Capucines, de la place Ventadour, et à celles de l'Hôtel des Postes.

Levées exceptionnelles avec taxe supplémentaire. Ces levées ont lieu aux heures ci-après, moyennant une taxe d'affranchissement supplémentaire de ofr.15par lettre.

30 minutes après l'heure fixée pour la levée générale du soir.

A 7 h. à l'Hôtel des Postes (6 h. 40 pour les localités de la ligne de Marseille).

Toute lettre dont les timbres d'affranchissement ne représenteraient pas le montant intégral de la taxe ordinaire et de la taxe supplémentaire, ne sera expédiée que par les courriers du lendemain.

Conseil pratique *Pour peser les lettres*, à défaut de poids, on peut se servir de pièces de monnaie : la pièce de cuivre de o fr. o1 pèse 1 gr.; o fr. o2, 2 gr.; o fr. o5, 5 gr.; o fr. 10, 10 gr.; la pièce de 1 fr. en argent pèse 5 gr. : 2 fr., 10 gr. et 5 fr., 25 gr. — *Ex.* : Veut-on savoir si une lettre pèse plus de 15 grammes et, par conséquent, doit payer plus de o fr. 15 d'affranchissement ? On n'a qu'à mettre cette lettre dans le plateau d'une balance et dans l'autre une pièce de o fr. 10 et une de o fr. 05. Si la lettre l'emporte, il faut deux timbres de o fr. 15; dans le cas contraire, un seul suffit.

Valeurs déclarées. Lettres avec valeurs-papiers scellées de cachets de cire fine (déclaration en toutes lettres et en chiffres), maximum 10.000 francs.

DESTINATION des ENVOIS	DROIT par 100 fr.	DESTINATION des ENVOIS	DROIT par 100 fr. ou fraction de 100 fr.
	fr. c.		fr. c.
Allemagne.........	» 10	Égypte............	» 35
Antilles danoises..	» 20	Italie.............	» 10
Autriche-Hongrie.	» 25	Serbie............	» 25
Belgique..........	» 10		
Bulgarie..........	» 25	Colonies portugaises, les villes de :	
Colonies françaises	» 20		
Danemark, y compris l'Islande et les Iles Féroë..	» 25	(Angola).	
Espagne..........	» 10	(Cap-Vert).	
Groënland.........	» 35	Loando.	» 35
Luxembourg......	» 10	Santiago.	
Madère, les Açores	» 25	San Thomé.	
Norvège..........	» 25	(San Thomé).	
Pays-Bas..........	» 25	Turquie..........	
Portugal..........	» 25		
Russie	» 25	Rép. Argentine...	» 20
Suède............	» 25	Salvador.	» 35
Suisse............	» 10		

Mandats de poste français. Il est perçu pour les envois d'argent en mandat un droit proportionnel de 1 p. 100. Ce droit ne peut toutefois pas être inférieur à o fr. 25 pour les mandats à destination des colonies françaises.

Bons de poste. Des bons de poste de somme fixe de 1, 2, 5, 10 et 20 francs sont mis à la disposition du public dans tous les bureaux de poste et dans les bureaux télégraphiques gérés par des agents de l'État. Il est perçu sur ces bons, au moment de leur délivrance, outre leur valeur, o fr. 05 pour les bons de 1, 2 et 5 francs ; o fr. 10 pour les bons de 10 francs, et o fr. 20 pour les bons de 20 francs.

Mandats télégraphiques français. Le public est admis à employer le télégraphe pour l'envoi de fonds en France, en Corse et en Algérie, jusqu'à concurrence de 5,000 fr. au maximum. Les mandats télégraphiques créés à cet effet sont délivrés, transmis et payés dans les bureaux autorisés à recevoir et à payer ces mandats.

Les différents droits d'envoi sont :

1° De 1 p. 100 sur le montant du mandat ;

2° De la taxe télégraphique ordinaire ;

3° D'un droit fixe de o fr. 50 pour aviser le destinataire.

Ces mandats sont payables pendant les cinq jours qui suivent celui de leur émission.

CHAPITRE XVII

TÉLÉGRAPHE

Les bureaux sont ouverts.	L'été, 1er mars, de 7 h. du matin à 9 h. du soir, et l'hiver, 1er novembre, de 8 h. du matin à 9 h. du soir.
Sont ouverts jusqu'à 11 h. du soir.	Les bureaux de la place de la République, du boulevard Saint-Martin, de la gare du Nord, du Luxembourg, du boulevard de Clichy, 83, de la rue Monge, 104, de la rue Blomet, 93 et de la place Possoz.
Sont ouverts jusqu'à minuit.	Les bureaux du *Grand-Hôtel*, de la rue d'Amsterdam, de l'avenue de l'Opéra, 2, et de la rue Boissy-d'Anglas, 3.
Sont ouverts toute la nuit.	Les bureaux de la rue de Grenelle et de la place de la Bourse.
Renseignements.	Les dépêches doivent être écrites lisiblement en caractères usités en France (alphabet romain, chiffres romains ou arabes), et sans abréviation. Les indications éventuelles telles que réponse payée, etc., sont mises avec l'adresse et exprimées en formule abrégée R. P., et comptent pour un mot.

Les mots composés, formant à ce titre un article séparé au Dictionnaire de l'Académie française, comme *après-demain*, et les noms de rue, place, et les indications relatives aux numéros des maisons, ne sont comptés que pour un mot.

Les traits d'union, les apostrophes, les signes de ponctuation, les alinéas ne sont pas comptés; pour chaque passage souligné, on compte un mot de plus.

Les nombres en *chiffres* sont comptés pour autant de mots qu'ils contiennent de fois cinq chiffres, plus un mot pour l'excédent. Les virgules qui séparent les chiffres, les barres de division sont comptées pour un chiffre (trois chiffres pour l'Amérique, etc.).

Le nombre quatre-vingts est compté pour un mot.

Dépêches pour la France et la Corse. Entre deux bureaux quelconques d'une même ville, d'un même département, ou de départements différents (Corse et principauté de Monaco comprises), o fr. o5 par mot. Une dépêche composée de moins de dix mots paye o fr. 5o.

Algérie et Tunisie : o fr. 10 par mot, avec minimum de 1 franc par télégramme.

Correspondance par cartes dépêches dans les limites de l'ancien octroi de Paris par les tubes pneumatiques. **Prix.**

L'administration des Télégraphes met à la disposition du public, pour ses dépêches, des formules analogues aux cartes postales, et destinées à être échangées dans les limites de l'ancien octroi de Paris.

Cartes ouvertes : 30 centimes.
Cartes fermées : 50 centimes.
Cartes ouvertes avec réponse payée : 60 centimes.
Cartes fermées avec réponse payée : 1 franc.
Enveloppes pneumatiques : 60 c.

Dépêches pour les colonies ou l'étranger.

Taxe par mot.

EUROPE, AFRIQUE, ASIE, OCÉANIE

	fr. c.		fr. c.
Aden	4 25	Gibraltar	» 25
Allemagne	» 15	Golfe Persique :	
Australie :		Bushire	2 47
Port Darwin, Australie méridionale	4 75	Autres bureaux	4 50
Australie occidentale, Victoria	4 85	Grèce :	
		Grèce continentale et île de Paros	» 35
Nouvelles - Galles du Sud	4 95	Iles, moins Paros	» 57
Queensland	11 25	Iles britanniques	» 20
Tasmanie	5 55	Indes-Anglaises, Indoustan, région à l'ouest de Chittagong	4 50
Autriche-Hongrie	» 20		
Belgique	» 25		
Bosnie-Herzégovine	2 85	Région à l'est de Chittagong et Ceylan	4 62
Bulgarie	3 25		
Canaries (Iles)	» 80		
Cap (colonie du)	10 75	Indo-Chine : Penang	5 95
Chine	8 25	Malacca	6 72
Chypre	1 70	Singapore	6 65
Cochinchine	8 25	Indes Néerlandaises	7 45
Danemark	2 85	Italie	» 20
Egypte-Alexandrie	1 65	Japon	9 35
Haute-Egypte	1 90	Luxembourg	» 10
Autres bureaux	1 90	Madère	1 37
Espagne	» 20	Malte (île de)	» 40

	fr.	c.		fr.	c.
Maurice (île)........	»	»	Russie d'Asie : 1re région............	1	»
Monténégro........	»	28	2e région.........	3	02
Mozambique et Lau-renço Marqués.....	10	55	Saint-Vincent......	3	34
Natal : Durban.....	10	70	Serbie............	»	28
Autres bureaux...	10	75	Sénégal...........	1	50
Norvége..........	»	40	Suède............	»	32
Pays-Bas..........	»	16	Suisse............	»	12
Perse.............	1	70	Tripolitaine.......	1	20
Portugal..........	»	20	Turquie d'Europe et d'Asie y comp. les îles	»	53
Roumanie.........	»	28	Zanzibar..........	9	25
Russie d'Europe et du Caucase........	»	40	Nouvelle-Zélande...	12	20

AMÉRIQUE

	fr.	c.		fr.	c.
Amérique anglaise : Terre-Neuve, Ca-nada, Cap Bre-ton, île du Prince Edouard, Nou-veau-Brunswick, Nouvelle-Ecosse.	1	25	Caroline (Nord et Sud)..............	1	55
Colombie anglaise, île de Vancouver...	2	20	Colorado..........	1	80
Antilles : Antigoa..	12	30	Colombie (dist.). ...	1	45
Barbades.........	12	40	Dakotah..........	1	80
Cuba : Havane.....	3	35	Delaware..........	1	45
Cienfuegos........	4	40	Floride : Jacksonville	1	80
Santiago..........	5	95	Pensacola.........	1	55
Guatanomo, Man-zanillo et Bayama	3	55	Indien (territoire)...	1	80
Dominique	11	45	Kansas............	1	80
Grenade..........	12	40	Maine............	1	25
Guadeloupe........	13	15	Maryland..........	1	45
Jamaïque..........	7	35	Massachusetts......	1	25
Martinique........	11	25	Minnesota, Missis-sipi. Missouri......	1	55
Porto-Rico........	11	25	New-Hampshire....	1	25
Bolivie............	9	50	New-Jersey........	1	45
Brésil :			New-Mexico........	1	80
Pernambouc......	7	35	New-York..........	1	25
Région du Nord...	8	35	Autres bureaux..	1	45
Région du centre et Rio-de-Janeiro.	8	35	Ohio..............	1	55
Région du Sud...	9	35	Orégon...........	1	80
Paraguay..........	8	50	Pensylvanie........	1	45
Chill.............	10	90	Washington	1	90
Etats-Unis :			Guyane anglaise....	15	20
Alabama..........	1	55	Mexique :		
Arkansas.........	1	80	Matamoras........	2	20
Arizona Californie	1	55	Tampico, Vera-Cruz, Mexico....	3	15
			Goatzacoalcos....	3	35
			Panama, Colon-As-pinval	6	25
			Plata, Buenos-Ayres	8	60
			Uruguay..........	8	50
			Vénézuela.........	12	40

Principaux bureaux télégraphiques de Paris.

Administration centrale :
Rue de Grenelle-Saint-Germain, 103.

Hôtel des Postes.	Rue Grenelle-Saint-Germain, 103 (service permanent).
Avenue de l'Opéra, 2.	Rue du Bac, 146.
Place du Louvre, 1.	Palais législatif, rue de Bourgogne.
Place Vendôme, 15.	Boulevard Malesherbes, 6.
Rue des Halles, 9.	Boulevard Malesherbes, 101.
Hôtel Continental, rue Castiglione, 3.	Rue Boissy-d'Anglas, 3.
Rue Saint-Denis, 90.	Rue d'Amsterdam, 19.
Palais de la Bourse.	Avenue des Champs Élysées, 33.
Rue des Capucines (Crédit Foncier).	Boulevard Haussmann, 121.
Boulevard Saint-Germain, 23.	Rue Clément-Marot, 10.
Boulevard Saint-Germain, 104.	Rue Montaigne, 26.
Palais du Luxembourg, rue de Vaugirard, 17.	

QUATRIÈME PARTIE

PARIS-PRATIQUE

CHAPITRE PREMIER

MÉDECINE ET HYGIÈNE

MÉDECINS ET CHIRURGIENS

Les honoraires. Le prix des consultations des médecins et chirurgiens est variable; d'une façon générale les professeurs et agrégés de la Faculté prennent de 40 à 20 fr. par consultation; les autres de 20 à 10 fr. Les honoraires pour une opération dépendent à la fois de la valeur scientifique de l'opérateur et de l'importance de l'opération. On les fixe généralement au moment où l'opération est décidée.

MÉDECINS RECOMMANDÉS POUR :

Médecine générale [1]. *Bélières*, médecin de la grande chancellerie de la Légion d'honneur, 32, rue Caumartin, 1 à 3 h. jeudi excepté.

Bouchard, P. F. M., 174, rue de Rivoli, jour de consultation, lundi, 1 à 2 h.

[1] P. F. M. . . . . signifie Professeur à la Faculté de Médecine.
agr. . . . . — agrégé.
méd. hôp. Necker. — médecin de l'hôpital Necker.
M. H. . . . . . . — Médecin des Hôpitaux.
C. H. . . . . . . — Chirurgien des Hôpitaux.

Dieulafoy, P. F. M., 38, avenue Montaigne, lundi, mercredi, vendredi, 2 à 3 h. 1/2.

Huchard (méd. hôp. Necker), 53, avenue Montaigne, mardi, jeudi et samedi, 1 h. 1/2 à 3 h. 1/2.

Jaccoud, P. F. M., 3, rue Scribe, lundi, mercredi, vendredi, 2 à 4 h.

Landouzy, P. F. M., 4, rue Chauveau - Lagarde, mardi, jeudi, samedi, 1 à 3 h.

Paul (Constantin), agr. (méd. hôp. Charité), 45, rue Cambon, lundi, mercredi, vendredi, 1 à 3 h. 1/2.

Potain, P. F. M., membre de l'Institut, 256, boulevard Saint-Germain, mardi, jeudi, samedi, 2 à 6 h.

Robin, agr. (méd. hôp. Pitié), 4, rue Saint-Pétersbourg, tous les jours sur rendez-vous.

Sée (Germain), P. F. M., 53, avenue Montaigne, tous les jours excepté mardi et jeudi, 1 à 3 h.

Maladies mentales et nerveuses.

Ballet, agr. (méd. hôp. Saint-Antoine), 3, rue Rouget-de-l'Isle, lundi, mercredi, vendredi, 1 à 3 h.

Brissaud agr. (méd. hôp. Saint-Antoine), 9, quai Voltaire, lundi, mercredi, vendredi, 3 à 5 h.

Déjérine, agr. (méd. hóp.
Bicêtre), 168, boulevard Saint-
Germain), lundi, mercredi,
vendredi, 4 à 6 h.

Fleury (M. de), 34, rue
de Turin, tous les jours, 1
à 3 h.

Féré (Bicêtre), 37, boulevard Saint-Michel, mardi,
jeudi, samedi, 1 à 3 h.

Joffroy, P. F. M., 186, rue
de Rivoli, mercredi, samedi,
3 h., les autres jours sur rendez-vous.

Luys (méd. hosp. hon), 20,
rue de Grenelle, lundi et vendredi, 2 à 4 h. et à Ivry-sur-
Seine, 23, rue de la Mairie, à
10 h. du matin.

Magnan (méd. Sainte-Anne),
1, rue Cabanis, lundi, mercredi, vendredi, 1 à 3 h.

**Maladies
de l'ostomac.**

Bouchard. (V. *Méd. générale*.)

Cantin, 6, rue Mogador
prolongée.

Debove, P. F. M. (méd.
hóp. Andral), 53, rue de La
Boétie, lundi, mercredi, vendredi, 11 h. 1/2 à 2 h. 1/2.

Hanot, agr. (méd. hóp.
Saint-Antoine), 122, rue de
Rivoli, lundi, mercredi, ven-
dredi, 1 à 3 h.

Hayem P. F. M. (méd.
hóp. Saint-Antoine), 7, rue
Alfred-de-Vigny, mardi, jeudi

et samedi, 1 à 3 h.; lundi et mercredi, 4 à 6 h.

Le Gendre, M. H., 49, rue Le Peletier, mardi, jeudi, samedi, 2 h.

Robin. (V. *Médecine générale.*)

Maladies des voies respiratoires et du cœur.

Bucquoy, agr. (méd. hôp. Hôtel-Dieu), 31, rue de l'Université, mercredi, vendredi, 1 à 3 h.

Hanot, agr. (méd. hôp. Sainte-Anne), 122. rue de Rivoli, lundi, mercredi, vendredi, 1 à 3 h.

Hérard, 12 *bis*, place Delaborde, 1 à 3 h., excepté mardi.

Huchard (méd. hôp. Necker), 53, avenue Montaigne. (V. *Médecine générale.*)

Jaccoud. (V. *Médecine générale.*)

Paul (*Constantin*). (V. *Médecine générale.*)

Potain. (V. *Médecine générale.*)

Maladies spéciales et de la peau.

Besnier (méd. hôp. Saint-Louis), 59, boulevard Malesherbes, mercredi, jeudi, samedi, 1 à 3 h.; le vendredi sur rendez-vous.

Brocq (méd. hôp. La Rochefoucauld), 12, rue de l'Isly, 1 à 3 h. excepté vendredi et dimanche.

Fournier, P. F. M. (méd.
hôp. Saint-Louis), 1, rue Volney, tous les jours, de 3 à
5 h.; — mardi, de 5 à 7 h.

Gaucher, agr., M. H., 10,
rue Saint-Pétersbourg.

Hallopeau, agr. (méd. hôp.
Saint-Louis), 91, boulevard
Malesherbes, 2 à 3 h. 1/2; —
mardi, 5 h. 1/2 à 6 h. 1/2.

Mauriac (méd. hôp. Ri-
cord), 2, rue Grétry, 3 à 6 h.;
— jeudi soir, 7 à 9 h.

Morel-Lavallée, 8, rue Taitbout, lundi, mercredi, vendredi, 2 à 3 h.

Pokitonoff (*Mme*), 97, rue
La Boétie, 1 à 3 h.

Saboureau, 14, rue Tronchet, samedi, 1 à 4 h.

Tenneson (méd. hôp. Saint-
Louis), 77, rue du Bac, mardi,
jeudi, samedi, 2 à 3 h.

**Maladies
des enfants.**

Cadet de Gassicourt, 40,
boulevard Haussmann, 1 à
3 h., excepté mardi et vendredi.

Félizet (chirurgien à l'hôpital Tenon), 93, rue d'Amsterdam, mercredi, vendredi, dimanche, 1 à 3 h.

Grancher, P. F. M., 36,
rue Beaujon, lundi, mercredi,
vendredi, 4 à 6 h.

Hutinel, agr., 1, rue de
Courcelles, lundi, mercredi,
vendredi, 1 à 3 h.

Jalaguier, agr. (chir. hôp. Trousseau), 25, rue Lavoisier, mardi, jeudi, samedi, 1 à 3 h.

Kirmisson, agr. (chir. hôp. Enfants-Assistés), 6, rue Solférino, mardi, jeudi, samedi, 2 à 3 h.

Marfan, agr. (méd. hôp.), 7, rue Richepanse, lundi, mercredi, vendredi, 1 à 3 h.

Redard (ext. des hôp.), chirurg. des enfants, orthopédie, 3, rue de Turin, lundi, mercredi, vendredi, 5 à 6 h.

Saint-Germain (de), (chir. hôp. Enfants-Malades), 24, rue Royale, 1 à 4 h.

Sevestre (hôp. Trousseau), 53, rue de Châteaudun, 1 à 3 h.

Simon (J.), (méd. hôp. Enfants-Malades), 140, rue du Faubourg-Saint-Honoré, midi à 2 h.

Variot (méd. hôp. Trousseau), 28, rue Trévise, lundi, mercredi, vendredi, 1 à 3 h.

CHIRURGIENS RECOMMANDÉS POUR :

Chirurgie générale.

Berger (Paul), P. F. M., 16, rue de Bourgogne, lundi, mercredi, vendredi, 1 à 3 h.

Chaput, C. H., 83, rue de Lille, mardi, jeudi, samedi, 1 à 3 h.

Duplay, P. F. M. (chir. hôp. Hôtel-Dieu), 2, rue de Penthièvre, lundi, mercredi, vendredi, 1 à 3 h.

Hartmann, agr., C. H., 67, rue de Rome, mardi, jeudi, samedi, de 4 à 6 h.

Labbé, agr. (chir. hôp. Beaujon), 117, boulevard Haussmann, lundi, mercredi, vendredi, 1 h. 1/2 à 4 h.

Lannelongue, P. F. M., membre de l'Institut, 3, rue François-Ier, mardi, 1 à 3 h.

Lucas-Championnière (chir. hôp. Saint-Louis), 3, avenue Montaigne, jeudi et samedi, 2 à 4 h.; mardi, 1 à 3 h.

Monod, agr. (chir. hôp. Saint-Antoine), 12, rue Cambacérès, mardi, 1 à 2 h.; jeudi et samedi, 2 à 3 h.

Nélaton, agr. (chir. hôp. Tenon), 368, rue Saint-Honoré, lundi et vendredi, 1 à 3 h.

Poirier (Paul), agr., C. H. (chef des travaux anatomiques à la Faculté), 7, rue de l'Ecole-de-Médecine, mardi et vendredi, de 5 à 6 h.

Pozzi, agr. (chir. hôp. Broca), 10, place Vendôme, mercredi, vendredi, 2 à 4 h.

Reclus, agr., 9, rue des Saints-Pères, mardi, jeudi, samedi, 1 à 3 h.

Richelot, agr. (chir. hôp. Saint-Louis), 32, rue de Penthièvre, lundi, mercredi, vendredi, 1 à 3 h.

Segond, agr. (chir. hôp. de la Salpêtrière), 11, quai d'Orsay, mardi, jeudi, samedi, 4 à 7 h.

Terrier, P. F. M. (chir. hôp. Bichat), 3 rue de Copenhague, mardi, jeudi, samedi, 2 à 4 h.

Tuffier, agr., C. H., 42, avenue Gabriel, mardi, jeudi, samedi, 1 à 3 h.

Maladies des femmes et Accouchements.

Baudron, 32, rue de Berlin, lundi, mercredi, vendredi, 3 à 5 h.

Bouffe de Saint-Blaise, 62, avenue Wagram, mardi, jeudi, samedi, 2 à 3 h.

Bouilly, agr. (chir. hôp. Marternité), 32, avenue Montaigne, lundi, mercredi, vendredi, 1 à 3 h.

Budin, agr. (chirurgien professeur en chef de la Maternité), 4, avenue Hoche, lundi, mercredi, vendredi, à 3 h.

Duplay, P. F. M. (chir. hôp. Hôtel-Dieu), 2, rue de Penthièvre, lundi, mercredi, vendredi, 1 à 3 h.

Frary-Gross ✳ (Mme), 63, avenue des Champs-Élysées, de 1 à 4 h., jeudi excepté.

Le Dentu, P.F.M. (chir. hôp. Necker), 27, rue du Général-Foy, lundi, mercredi, vendredi, 1 à 3 h.

Péan, directeur et fondateur de l'Hôpital International, 24, boulevard Malesherbes, lundi, mercredi, vendredi, 3 à 5 h.

Pinard, P. F. M. (chir. maison d'accouchement Baudelocque), 10, rue Cambacérès, lundi, mercredi, vendredi, 3 à 5 h.

Pozzi. (V. *Chirurgie générale.*)

Potocki, 35, avenue de l'Opéra, lundi, mercredi, vendredi, 1 1/2 à 3 h.

Segond. (V. *Chirurgie générale.*)

Sincty (Cte de), 14, place Vendôme, lundi, mercredi, vendredi, 1 à 3.

Sosnowska-Goldspiegel (Mme), 13, rue Clément-Marot, mardi et vendredi, 1 à 3 h.

Tarnier, P. F. M. (chir. Clinique d'accouchement), 15, rue Duphot, lundi, mercredi, vendredi, 1 à 4.

Terrier. (V. *Chirurgie générale.*)

Varnier, agr., 10, rue Danton, lundi, mercredi, vendredi, 3 à 5.

Maladies des voies génito-urinaires.	*Albarran*, agr., 63 rue de Varennes, lundi, mercredi, vendredi, 1 à 3.

Guyon, P. F. M., membre de l'Institut (chir. hôp. Necker), 11 *bis*, rue Roquépine, lundi, mercredi, vendredi, 1 à 5 h.

Lancereaux, agr. (méd. hôp. Hôtel-Dieu), 44, rue de la Bienfaisance, 1 à 3 h.

Legueu, 1, rue Villersexel, lundi et jeudi, 3 à 5 h.

Le Dentu. (V. *Maladies des femmes.*)

Segond. (V. *Chirurgie générale.*)

Tuffier. (V. *Chirurgie générale.*)

Maladies des yeux.

Abadie, 9, rue Volney, lundi, mercredi, vendredi, à 5 h.; clinique, 172, boulevard Saint-Germain, 1 à 3 h.

Chevallereau, médecin des Quinze-Vingts, 14, rue des Pyramides, 4 à 6 h., excepté mardi.

Delens (chir. hôp. Lariboisière), 29, rue Marbeuf, 4 à 5 h.

Galezowski, 103, boulevard Haussmann, 3 à 5 h. excepté mardi; clinique, 41, rue Dauphine, 1 à 3 h.

Javal (direct. du laboratoire d'ophtalmol.), 52, rue de Grenelle, mardi, jeudi, samedi, 9 à 11 h.

Landolt (chirur. à l'Institut national des jeunes aveugles), 4, rue Volney, 4 à 6 h., excepté samedi.

Meyer, 73, boulevard Haussmann, à 4 h.

Trousseau, 57, boulevard Haussmann, 4 à 6 h., excepté samedi.

Wecker, 31, avenue d'Antin, 4 à 6 h.

Maladies de la gorge, des oreilles et du nez.

Cartaz, 39, boulevard Haussman, 2 à 3 h. excepté jeudi.

Castex, 3, avenue de Messine, lundi, mercredi, vendredi, 3 à 5 h.

Combe, 87, boulevard Haussmann, 11 à 3 h.

Gouguenheim (chir. hôp. Lariboisière), 73, boulevard Haussmann, lundi, mercredi, jeudi, vendredi, 1 à 4 h.

Hirschfeld, 18, rue Notre-Dame-de-Lorette, lundi, mercredi, vendredi, 2 à 4 h.

Lermoyer, 20 *bis*, rue la Boétie, mardi, jeudi, samedi, 4 à 9 h.

Menière, 3, place de la Madeleine, 2 à 5 h., excepté le samedi.

Poyet, 19, rue de Milan, 2 à 4 h.

Ruault, 83, faubourg Saint-Honoré, mardi, jeudi, samedi, 2 à 4 h.

Homéopathie. *Cartier*, 18, rue Vignon, 1 1/2 à 6 h.

Jousset père, 97, boulevard Haussmann, 3 à 5 h.

Jousset fils, 241, boulevard Saint-Germain, 3 à 4 h.

Piedvache, 4, rue Frédéric-Bastiat, 2 à 4 h.

Vaccinations. S'adresser à l'Institut de vaccine animale, 8, rue Ballu, dirigé par MM. *Chambon* et le *Dr Saint-Yves-Ménard.*

DENTISTES

Américains. *Crane* (D[r]), 41, boulevard des Capucines.

Davenport, 30, avenue de l'Opéra.

Evans (*J.*), 19, avenue de l'Opéra

Evans (*Thomas*), 15, rue de la Paix.

Hugenschmidt (dentiste-chirurgien), 23, boulevard Malesherbes.

Parlaghy, 23 , boulevard des Capucines.

Spaulding, 4, rue de Rome.

Français. *Duchesne*, 45, rue Lafayette.

Goldenstein, 14, rue Drouot.

MAISONS DE SANTÉ

Asilos privés d'aliénés.

Maison de santé de Picpus, 10, rue de Picpus.

Médecin-directeur: Dr Pottier.

Maison de santé destinée aux aliénés, 17, rue du Docteur-Blanche (la Muette).

Médecin - Directeur : Dr Meuriot.

Maison de santé Casimir-Pinel, 16, avenue de Madrid (Neuilly-sur-Seine).

Médecin-directeur : Dr Semelaigne.

Maison de santé d'Ivry, rue de la Mairie, à Ivry-sur-Seine.

Médecin - directeur : Dr Luys.

Maisons de convalescence.

Opérations chirurgicales et maladies chroniques et aiguës.

Maison des Frères hospitaliers de Saint-Jean-de-Dieu, 19, rue Oudinot.

Spécialement consacrée au traitement des hommes. Aucun malade atteint d'épilepsie, d'affection mentale ou de maladie contagieuse n'est admis.

Prix de la pension : 10 à 20 fr. par jour, selon la grandeur et la position de l'appartement. Le chauffage, l'éclairage et les soins extraordinaires, donnés par un chirurgien ou un médecin autres que ceux de l'établissement, sont à la charge du malade.

Maison de santé des Sœurs franciscaines oblates du Sacré-Cœur de Jésus, 157, rue de Sèvres.

Pour les femmes, pension : 10 à 20 fr. par jour.

Maison de santé des dames Augustines du Sacré-Cœur de Marie, 29, rue de la Santé.

Pour les femmes. — Prix : 300 à 400 francs par mois (traitement et opérations). — Succursale à Nice, 48, avenue de la Gare (mêmes conditions qu'à Paris).

Directrice : Mère Sainte-Victoire.

Maison de santé des dames Augustines de Meaux, 16, rue Oudinot.

Pour les femmes. — Traitement et opérations : 300 à 500 francs par mois.

Etablissement médico-chirurgical de Neuilly, 58, boulevard Victor-Hugo, et 5, rue de Lesseps, à Neuilly.

Mixte. — Médecin-directeur : Dr Barbet.

Maison du Dr Defaut, 50, avenue du Roule (près la Porte-Maillot).

Mixte.

Maison de santé de Vaugirard, 178 *bis*, rue de Vaugirard.

Médecin-directeur : Dʳ Barnay. — Prix : depuis 10 francs par jour.

Maisons d'hydrothérapie, d'électrothérapie et contre la morphinomanie

Maison d'hydrothérapie d'Auteuil, du Dʳ Béni-Barde, 12, rue Boileau.

Villa Montsouris, 130, rue de la Glacière.

Dʳ Paul Sollier et Mᵐᵉ Sollier-Dubois.

Institut Kneipp de Paris, 38, rue des Perchamps (près la rue La Fontaine), à Auteuil.

SPÉCIALITÉS MÉDICALES ET HYGIÉNIQUES

BANDAGISTES

Galante, 2, *rue de l'Ecole-de-Médecine.*

Collin, 6, *rue de l'Ecole-de-Médecine.*

Aubry, 6, *boulevard Saint-Michel.*

Rainal, 23, *rue Blondel.*

OPTICIENS

Franck-Valéry, 25, *boulevard des Capucines.*

Chevallier, 15, *place du Pont-Neuf.*

Byr, 60, *chaussée d'Antin.*

Cam, 24, *rue de la Paix.*

Nachet, 10, *rue de la Paix.*

CANNES POUR GOUTTEUX

Dupont, 10, *rue Hautefeuille.*

CANNES ACOUSTIQUES

Franck-Valéry, 25, *boulevard des Capucines.*

BAINS DE VAPEUR

Hammam, *18, rue des Mathurins.*

HYDROTHÉRAPIE

Dr Keller, 127, *faubourg Saint-Honoré.*

Dr Beni-Barde, *63, rue Miromesnil.*

GYMNASTIQUE

Bergh, 73, *avenue d'Antin.*

Institut franco-suédois, *112, boulevard Malesherbes.*

Soleirol, *49, chaussée d'Antin.*

MASSEURS

Mezger, *18, avenue d'Antin.*

M. et Mme Meynier, 11, *rue de Magdebourg.*

Mlle Mackay, *41, avenue Wagram.*

MANUCURES

M. et Mme Delalane, *1, rue de la Bourse.*

Mme Caramichaël, 28, *place Vendôme.*

M. et Mme Macé, *3, rue d'Aguesseau.*

Recommandables par le choix de leur clientèle élégante et mondaine. — Genre sérieux. — Clientèle française, anglaise et américaine.

Mme Sabart, *6 bis, rue du Quatre-Septembre.*

PÉDICURES

Manet, *356, rue Saint-Honoré.*

Mlle **Angèle**, *105, boulevard Saint-Michel.*

M. et Mme Delalane, *1, rue de la Bourse.*

Laurent, *25, rue de la Paix.*

M. et Mme Macé, *3, rue d'A-guesseau.*
(V. Manucures.)

Sitt, Ve Roger et fils, *34, ave-nue de l'Opéra.*

**ANALYSES
MÉDICALES**

Cabanes, *43, boulevard Haussmann.*

Martin, *2, avenue Friedland, et 177, faubourg Saint-Honoré.*

Pharmacie normale, *19, rue Drouot.*

Fournier, *114, rue de Provence.*

**GARDES-
MALADES
A DOMICILE**

Infirmiers de Saint-Camille, *93, rue Lafayette*, et bureau. *55, boulevard Malesherbes.*
Jour et nuit. — *Téléphone.*

A la Croix de Genève, *32, boulevard Magenta.*
Maison dirigée par M. et Mme Chérel (surtout pour dames). — Infirmières et gardes-malades à domicile. — Services de jour et de nuit. — *Téléphone.*

PHARMACIES

FRANÇAISES

Pharmacie normale, *19, rue Drouot.*

Fournier, *114, rue de Provence.*

Cœurderoy, *103, rue Saint-Lazare.*

Vial, *20, rue de Châteaudun.*

Leclerc, *10, rue Vignon.*
Spécialité pour pansements antiseptiques.

Boissy, *2, place Vendôme.*

Limousin, *2* bis, *rue Blanche.*
Spécialité pour inhalation d'oxygène.

ANGLAISES

Hogg, *2, rue Castiglione.*

Hogg fils, *62, avenue des Champs-Elysées.*

Weber, *8, rue des Capucines.*

AMÉRICAINES
ET ANGLAISES

Swann, *12, rue Castiglione.*

Saint-Lazare, *105, rue Saint-Lazare.*

Delouche, *2, place Vendôme.*

Roberts, *5, rue de la Paix.*

Béral, *14, rue de la Paix.*

Eynard, *213, rue Saint-Honoré.*

ALLEMANDE

Hertzog, *28, rue de Grammont.*

CHAPITRE II

LIBRAIRIES

LIBRAIRES PARISIENS

Les librairies parisiennes sont trop connues et trop nombreuses pour que nous ayons besoin de les énumérer ici : tout Parisien a pour sa nourriture intellectuelle son fournisseur d'habitude.

LIVRES ANCIENS (Bouquinistes.)

Sur les quais de la rive gauche, entre le pont des Arts et le pont Royal, sont établis, tant en plein air que dans les magasins, de nombreux marchands de vieux livres (et gravures), chez lesquels les amateurs font quelquefois de véritables trouvailles. Aussi rencontre-t-on là un public très spécial composé d'étudiants et de professeurs, d'hommes de lettres parvenus ou ratés et de riches collectionneurs.

LIVRES RARES

Rondeau (librairie Fontaine), *19, boulevard Montmartre.*

Morgand, *55, passage des Panoramas.*

Rouquette, *69, passage Choiseul.*

Techener, 219, *rue Saint-Honoré.*

Conquet, 5, *rue Drouot.*

LIBRAIRIES ÉTRANGÈRES

Allemandes.
Fischbacher, 33, *rue de Seine.*

Vieweg, 67, *rue Richelieu,* au premier étage.

Le Soudier, 176, *boulevard Saint-Germain.*

Américaines et Anglaises.
Brentano's, 37, *avenue de l'Opéra.*

Galignani, 224, *rue de Rivoli.*

Neal, 248, *rue de Rivoli.*

Suédoise.
Nilsson, 338, *rue Saint-Honoré.*

Diverses.
Boyveau et Chevillet, 22, *rue de la Banque.*

Leroy, 26, *boulevard des Italiens.*

CHAPITRE III

INSTALLATION

STYLE
A LA MODE

La grande mode de l'Empire qui avait dominé les années dernières commence à diminuer ; c'est plutôt le Louis XIV qui devient en faveur ; mais en général on est très éclectique, choisissant le beau où on le trouve.

Les meubles anglais pour salles à manger, fumoirs et chambres à coucher sont très recherchés.

Le style oriental est de plus en plus abandonné, ayant fait place au goût anglais.

Broderies japonaises encore employées pour petits salons, mais commencent à être trouvées banales.

Petit conseil d'actualité.

Beaucoup de dames s'amusent à badigeonner et à laquer elles-mêmes les meubles en bois blanc et se procurent ainsi pour une très minime dépense de fort jolies chaises, étagères, guéridons, *genre anglais*. Ces couleurs se trouvent notamment à *Old England, 12, boulevard des Capucines.*

MEUBLES

MEUBLES EN GÉNÉRAL

Damon et Colin (ancienne maison Krieger), *74, faubourg Saint-Antoine.*

Salon de l'Art Nouveau, *22, rue de Provence.*
Mobilier, étoffes et tentures, appareils d'éclairage, ferronnerie, papiers peints, estampes, tableaux.

MARQUETERIE

Leruth, *32, rue de Bondy.*

Sormani, *10, rue Charlot.*

BOIS TOURNÉ

Kohn (J. et J.), *24, boulevard des Italiens.*

Thonet frères, *15, boulevard Poissonnière.*

ANGLAIS

Maple et Cie, *46, rue Notre-Dame-des-Victoires.*

JAPONAIS

Perrot et Vibert, *33, rue du Quatre-Septembre.*
Choix extraordinaire de chaises et fauteuils en bambou et en osier. Création chaque année d'articles de grand luxe. A visiter pour cadeaux et étrennes.

Conseil, *80, rue Basse-du-Rempart.*

ANCIENS

Lowengard, *1, boulevard des Capucines.*

Perdreau, *2, rue Meyerbeer.*

Seligmann, *372, rue Saint-Honoré.*

Helft, *34, rue Lafayette.*

Kraemer, .61, *boulevard Haussmann.*

COPIES
DES MUSÉES

Drouard, 16, *rue de Lyon.*

Bellanger, 61, *rue des Saints-Pères.*

TAPISSIERS-DÉCORATEURS

INSTALLATION
GÉNÉRALE

Allard, 52, *rue Châteaudun.* Les installations faites par cette maison sont réputées en Amérique aussi bien qu'en France : tout le monde s'accorde à reconnaître le goût artistique et bien français qui plane sur toutes ses créations, à admirer ses tapisseries d'une grande richesse et ses meubles d'une remarquable beauté.

Alavoine, 9, *rue Caumartin.*

Leys, 3, *place de la Madeleine.*

Jansen, 9, *rue Royale.*

Poirier et Rémon, 17, *rue Caumartin.*

VIEILLES
TAPISSERIES,
ÉTOFFES
ET BIBELOTS
ANCIENS

Duveen Brothers, 2, *rue de la Paix.*

Kraemer, 61, *boulevard Haussmann.*

Mannheim, 7, *rue Saint-Georges.*

TAPIS

Dans toutes les grandes maisons de nouveautés, mais surtout aux *Grands Magasins de la Place Clichy.*

Dalsème, *18, rue Saint-Marc.*
Tapis d'Orient.

Braquenié, *16, rue Vivienne.*

ÉTOFFES
EXOTIQUES
MODERNES

Liberty, *38, avenue de l'Opéra.*

Maison anglaise très connue des Parisiennes, femmes du monde et artistes, pour ses étoffes vaporeuses de fabrication exotique (orientale et anglaise). — Mille ressources pour donner une note personnelle à l'aménagement des intérieurs.

Maison du Levant (Mati), *47, avenue de l'Opéra.*

ÉCLAIRAGE

ÉLECTRIQUE

L'Eclairage électrique, *15, place Vendôme.*

Compagnie générale des Lampes Edison Swann, *1, rue Le Peletier.*

Thierry, *9, rue des Mathurins.*

Popp, *64, rue de la Chaussée-d'Antin.*

APPAREILS
ET ARTICLES
D'ÉCLAIRAGES
DIVERS

Gagneau, *115, rue Lafayette.*
Objets de style et de grand luxe.

Hinks, *14, boulevard Poissonnière.*

Royer, *29, boulevard des Capucines.* (V. *Abat-jour.*)

Boler, *11, rue Castiglione.*

Rochester (Lamp), *1, rue Scribe.*

ABAT-JOUR Kees, *29, boulevard des Capucines.*

Royer (aux *Abat-jour artistiques*), *29, boulevard des Capucines.*
Maison très connue de la haute société parisienne ainsi que de la riche clientèle étrangère. — Fournisseur de différentes Cours. — Mérite d'être recommandée pour ses nouveautés de grand luxe dans l'article d'éclairage.

Rougé, *32, boulevard Malesherbes.*

BIBELOTS MODERNES

BRONZES Barbedienne, *30, boulevard Poissonnière.*

Thiébaut frères, *32, avenue de l'Opéra.*

Boudet, *43, boulevard des Capucines.*

Escalier de cristal (A l'), *6, rue Scribe.*

Keller, *22, rue Joubert.*

FAÏENCES ARTISTIQUES Gallé, *10, rue Richer.*
Dépôt des produits artistiques de la maison de Nancy. Services de table et de verres sur commande, meubles en marqueterie peints. Les objets

signés de Gallé ont une valeur très appréciée dans le monde des artistes.

Clément Massier (Poterie du Golfe Juan), 206, *rue de Rivoli*.

Faïences persanes d'un procédé ancien, donnant aux objets un éclat et des reflets métalliques d'une beauté incomparable.

Samson, *30, avenue de l'Opéra*.

Reproduction de modèles du musée de Copenhague, de poteries de Delft, etc.

Note spéciale.

Lachenal. Chaque année, au mois de décembre, c'est-à-dire à l'occasion des étrennes, ce célèbre céramiste fait dans la galerie Petit, rue de Sèze, une exposition de ses œuvres artistiques et les vend sans intermédiaire à ses nombreux amateurs.

CRISTAUX ET VERRERIES

Au Grand Dépôt, 21, *rue Drouot*.

Rien n'est plus séduisant que les objets de faïence et de porcelaine qui abondent dans ces vastes magasins, fondés par M. Bourgeois : depuis les articles les plus usuels jusqu'aux bibelots de grand luxe. Le *Grand Dépôt* est une des curiosités de Paris et mérite à ce titre la visite des acheteurs et celle de tous les amateurs de belle céramique.

Baccarat, *30* bis, *rue de Provence.*

Au Vase Etrusque, *20, boulevard Malesherbes.*

Hébert frères, *3, rue de la Paix.*

Leveillé, *74, boulevard Haussmann.*

ARTICLES DE LUXE POUR LA TABLE

Deotte, *43, boulevard Haussmann.*

Kirby Beard et Cie**,** *5, rue Auber.*

Leuchars, *2, rue de la Paix.*

CHINOISERIES

Bing, *19, rue Chauchat* et *22, rue de Provence.*

Dal-Nippon, *3* et *5, boulevard des Capucines.*

VITRAUX

Champigneulle, *35* bis, *rue de Fleurus.*

Benque, *33, rue Boissy-d'Anglas.*

Vitraux *photographiques :* innovation des plus intéressantes et du meilleur goût. Recommandés comme donnant une note tout à fait moderne et des plus artistiques à la décoration des ateliers, cabinets de travail, salles de billard, salles à manger, etc.

Rosey-Engelmann, *22, boulevard Poissonnière.*

Vitraux Herbes artistiques, *8, boulevard Malesherbes.*

CHAPITRE IV

LA TOILETTE

TOILETTE DES HOMMES

Notes générales. Jamais d'habit avant le soir.

Jamais de smoking pour aller à l'Opéra, même en plein été (smoking du reste en décadence).

A partir du 1er juillet, chapeau rond toute la journée ; chapeau de paille quand il fait très chaud.

Du 1er octobre au 1er juillet, chapeau haut à partir de midi, chapeau rond le matin. Chapeau gris un peu démodé.

La redingote obligatoire pour faire des visites.

La grande vogue est cette année aux gilets de couleur damassés ou à petits dessins. Gilet de velours noir très porté avec l'habit. Le *Parisien à outrance* s'habille à Londres.

TAILLEURS POUR HOMMES

Debacker et Cie, *36* bis, *avenue de l'Opéra.*

Dusautoy, *14, boulevard des Italiens.*

Jamet père et fils, *3, place de la Madeleine.*

Très cotés par tous les Parisiens qui s'y connaissent, les artistes et les hommes de lettres « chics » autant que les cercleux et les sportmen. — Très belles étoffes. — Font surtout bien la redingote et lui donnent une coupe qui est une vraie signature.

Laurent-Richard, *18, boulevard des Italiens et 2, rue Laffitte.*

Wasse, *10, rue Auber.*

Moreau et Desailly, *47, boulevard Haussmann.*

Vivier et C, *2, boulevard des Italiens.*

VÊTEMENTS DE CHASSE

Brunessaux, *89, rue Saint-Denis.*

Donny frères, *4, rue de Rohan.*

Geiger, *71, rue Richelieu.*

CHAPELIERS

Delion, *24, boulevard des Capucines.*
Caran d'Ache, Chéret, Guillaume, Vallet ont, par des affiches très remarquées, célébré ses succès. Tout le Paris élégant les confirme. Sa nouvelle coiffe intérieure brevetée donne toute satisfaction à la clientèle aristocratique.

Lebel-Strittner, *259, rue Saint-Honoré.*

Léon, *21, rue Daunou.*

Hickel, *18, rue Tronchet.*

Pinaud et Amour, *89, rue Richelieu.*

CHEMISIERS

Notes générales. Les chemises de couleur seulement en été et seulement le jour, avec cols et manchettes blancs.

Les hommes élégants ont toujours col et manchettes adhérant au corps de la chemise.

Le soir, toujours les chemises blanches ; et malgré la fantaisie qui a régné ces dernières années et qui règne encore (broderies, tuyautés, etc.), la plus grande simplicité reste ce qu'il y a de mieux porté.

Charvet, 25, *place Vendôme* et 1, *rue des Capucines.*

Doucet, 21, *rue de la Paix.*

Doucet jeune, 10, *rue Halévy.*

Tremlett, 13, *rue Auber.*

Clasens, 3, *boulevard de la Madeleine.*

Spiers Brothers, 9, *rue Scribe.*

CRAVATES POUR HOMMES

Notes générales. Le soir, presque toujours la cravate blanche ; cravate noire seulement pour dîner entre hommes ou pour petits théâtres.

Le jour, cravate foncée pour les personnes sérieuses, quelle que soit la mode.

Pour le matin, les courses ou la campagne, on peut se permettre la cravate de fantaisie à la mode du jour.

Quelques hommes de lettres ou artistes s'appliquent à mettre de la personnalité même dans la façon de nouer leur cravate (par exemple, col montant à double tour, 1830). Dans tous les cas, le nœud tout fait est toujours moins élégant.

Clasens, *3, boulevard de la Madeleine.*

Tremlett, *13, rue Auber.*

Maison anglaise très sérieuse. On y trouve un choix de cravates, de parapluies et d'accessoires de toilette pour hommes, de la plus grande distinction.

Doucet jeune, *10, rue Halévy.*

Nicolas, *17, rue Scribe.*

TOILETTE DES DAMES

Observation générale.

Une des raisons pour lesquelles la Parisienne est mieux habillée que toutes les autres femmes, c'est qu'elle essaie les corsages et les jupes encore deux fois quand les autres élégantes considèrent une toilette comme achevée. Ce sont les retouches des trois derniers essayages qui donnent leur cachet particulier aux robes sortant de bonnes maisons et portées par des femmes dont les aïeules étaient déjà coquettes.

ROBES ET MANTEAUX

Blanche Lebouvier, *3. rue Boudreau.*

Genre artistique. — Créations très personnelles. — Renommée pour les robes de soirée. — Fournit plusieurs Cours étrangères.

Callot sœurs, *24, rue Taitbout.*

Genre d'une élégance tout à fait spéciale. Robes de ville et de soirées, manteaux et « tea-gowns » de style. — Emploient beaucoup de dentelles et de fourrures. — Prix élevés. — Clientèle surtout de Parisiennes très élégantes.

Doucet, *21, rue de la Paix,*

Felix, *15, faubourg Saint-Honoré.*

Genre élégance sérieuse, coupe de style distingué sans coquetterie : habille beaucoup de dames du faubourg Saint-Germain et beaucoup d'étrangères, surtout américaines.

Fischer, *19, rue Louis-le-Grand.*

Spécialité de la maison : *habille jeune.* — Grande réputation pour ses modèles toujours très remarqués. — Clientèle américaine. — Habille nos plus élégantes artistes parisiennes.

Laferrière, *28, rue Taitbout.*

Morin-Blossier, *15, rue Daunou.*

Réputation sérieusement établie : la création de modèles à sensation et le fini du travail sont la spécialité de la maison. Toutes les élégantes s'y donnent rendez-vous : Sarah Bernhardt, Adelina Patti. — Fournit toutes les Cours

de l'Europe. — Prix raisonna-
bles établis d'après la qualité
des marchandises choisies.

Paquin, 7, *rue de la Paix.*

Fantaisiste de haute élé-
gance. — Beaucoup de goût
et d'idées nouvelles. — Inven-
tion et création de modèles
dont on parle : prix très élevés. — Clientèle du Tout-
Paris mondain.

Pingat, 30, *rue Louis-le-Grand.*
Raudnitz, 23, *rue Grange-Batelière.*
Rodrigues, 3, *rue du Helder.*
Rouff, 13, *boulevard Haussmann.*

Robes et vêtements de style
et de haute élégance.

Worth, 7, *rue de la Paix.*

TAILLEURS POUR DAMES

Creed et Cie, 25, *rue de la Paix.*
Manby, 19 et 21, *rue Auber.*
Redfern, 242, *rue de Rivoli.*
Scotland, 8, *rue Auber.*

Maison spéciale de tail-
leurs pour dames et enfants.
— Clientèle riche et aristocratique. — Les plus jolis tissus
d'Écosse employés avec le
goût parisien.

Williamson, 17, *rue de la Paix.*
Gaildraud, 41, *rue du Bac.*

AMAZONES

Redfern, 242, *rue de Rivoli.*
Creed, 25, *rue de la Paix.*

Jauss, *23, rue de la Paix*.
Sutton, *134, boulevard Haussmann*.
La Belle Jardinière, *2, rue du Pont-Neuf*.

TOILETTES DE DEUIL

Montaillé, *27, faubourg Saint-Honoré*.
A la Religieuse, *32, place de la Madeleine*.

MODISTES

Reboux, *23, rue de la Paix*.
> La modiste de la vraie Parisienne élégante et distinguée, autant que de la demi-mondaine « *arrivée* ». — Prix élevés. — Genre : capotes, toques, petits chapeaux ronds.

Virot, *12, rue de la Paix*.
> Choix extraordinaire de chapeaux élégants. — Grande clientèle étrangère.

Esther Meyer, *6, rue Royale*.
Bonni, *3, faubourg Saint-Honoré*.
Heitz-Boyer. *28, place Vendôme*.
Loys sœurs, *229. boulevard Saint-Germain*.
> Modistes du faubourg Saint-Germain. — Élégance sobre.

Virot et Berthe, *26, place Vendôme*.

CHAPEAUX RONDS EN PAILLE ET EN FEUTRE

Lebel-Strittner, *259, rue Saint-Honoré*.
Léon, *21, rue Daunou*.

LINGERIE

LINGERIE DE LUXE ET DE FANTAISIE

Cély, *8, rue de la Paix*.
Doucet, *21, rue de la Paix*.

Denoix, *28, place Vendôme.*
Morin-Blossier, *15, rue Daunou.*
(V. *Robes et Manteaux.*)
Franck, *7, rue de la Paix.*
Lippman, *2, rue de la Paix.*

LINGERIE FINE ET D'USAGE

Dans tous les grands magasins de nouveautés, entre autres :

Le Gagne-Petit, *21, avenue de l'Opéra.*
Grande Maison de Blanc, *6, boulevard des Capucines.*

JUPONS, PEIGNOIRS, BLOUSES

Lejeune (Mme), *62, boulevard Haussmann.*
Manheimer (Mme), *38, boulevard Haussmann.*

CORSETS

Léoty, *8, place de la Madeleine.*

On peut dire de cette maison que sa célébrité, déjà ancienne et toujours grandissante, est due non seulement à l'élégance de ses corsets et au style particulier qui les distingue, mais encore à la haute clientèle qui s'adresse à elle.

La liste serait longue à établir des reines et des princesses qui se fournissent au numéro 8 de la Place de la Madeleine; et les commandes y affluent, venant aussi bien des Cours de l'Europe que des souveraines et des élégantes exotiques; c'est que partout aujourd'hui on s'est rendu compte que, si la femme est mieux habillée à Paris que partout ailleurs, c'est, en grande partie, parce qu'elle est mieux corsetée.

La haute société parisienne, dont la maison Léoty est depuis longtemps le fournisseur préféré, a su lui donner une réputation universelle, obligeant en quelque sorte le monde entier à devenir son tributaire.

En effet, la forme impeccable des modèles et le fini du travail sont les marques distinctives de la maison, et ce soin s'applique aussi bien aux articles les plus simples qu'aux objets frappés au coin de l'élégance la plus raffinée.

Maria Marcel, *16, rue de la Paix.*

Vertus sœurs (De), *12, rue Auber.*

TOILETTES D'ENFANTS

Marindaz, *3, rue de la Paix.*

Watts (Miss), *9, avenue de l'Opéra.*

English Warehouse, *66, rue Basse-du-Rempart.*

CHAUSSURES

SUR MESURE

Clouet, *74, faubourg Saint-Honoré.*

Bennett et Son, *86, faubourg Saint-Honoré.*

Galoyer, *21, boulevard des Capucines.*
Hellstern et Sons, *1 et 3, rue du 29-Juillet.*
Meier, *103, rue des Petits-Champs.*

TOUTES FAITES

Verdier-Tardif, *12, rue Auber.*
Ferry, *2, rue Auber.*

DE CHASSE

Dubasta, *13, Galerie d'Orléans (Palais-Royal).*

FOURRURES

Notes générales. Les fourrures de l'année sont l'hermine, la zibeline, le renard bleu et la martre.

Comme fourrures de fantaisie, chinchilla et astrakan encore très en faveur. — Loutre un peu démodée, sauf avec garnitures d'autres fourrures.

On peut, étant en demi-deuil, porter des fourrures de couleur.

Révillon frères, *77 et 79, rue de Rivoli.*
Redfern, *242, rue de Rivoli.*
Grunwaldt, *6, rue de Paix.*

Première maison de Paris pour les fourrures : ce qu'il y a de mieux comme qualité, de plus élégant comme goût. — Fournisseur de toute la haute société parisienne et étrangère. — Prix élevés.

Compagnie Russe, *26, chaussée d'Antin.*

BIJOUX ET ORFÈVRERIE

Notes générales. La rivière de diamants ne se porte presque plus autour du cou; on en fait des épaulettes ou des garnitures de corsage.

La mode des rubis comme pierres précieuses commence à faire place à une autre, réunissant une grande variété de pierres de toutes couleurs.

Les dentelles ornées de diamants restent toujours le luxe favori des personnes très riches (ces dentelles peuvent coûter 6,000 fr. le mètre).

Comme bijoux de fantaisie, on préfère les oiseaux et les libellules aux croissants et aux étoiles. La branche de fleurs ou de feuillage en diamants est un peu vieux jeu : le goût est aux grandes boucles et aux grandes agrafes en diamants pour garnir les corsages.

Le collier de chien en perles fines, coupé par des baguettes en diamants, reste très en faveur. Par contre, la grande chaîne en or et perles pour montre ou face-à-mains est remplacée par la chaîne en cabochons multicolores ou en roses.

Le bracelet-montre, vite devenu commun, se porte encore avec la toilette tailleur.

Pour objets d'orfévrerie de poche, bourses, porte-allumettes, miroirs, etc., on emploie beaucoup l'acier orné de pierres précieuses.

Aucoc, *9*, *rue de la Paix.*

Boucheron, *26*, *place Vendôme.*

La beauté et la richesse de ses colliers de perles, dont chacune est d'une pureté de forme et de couleur incomparable, ont valu à cette maison la grande célébrité dont elle jouit : on y trouve des colliers de plusieurs centaines de mille francs. Ses bijoux en diamants et autres pierres sont toujours d'une haute valeur intrinsèque, le caractère de la maison étant de faire valoir la splendeur des pierreries qu'elle emploie par une grande sobriété de forme.

Fontana frères, *7*, *rue de la Paix.*

Ravaut, *15*, *rue de la Paix.*

Spaulding et Cie, *36*, *avenue de l'Opéra.*

Vever, *19*, *rue de la Paix.*

Tiffany et Cie, *36* bis, *avenue de l'Opéra.*

Taburet-Boin, *3*, *rue Pasquier.*

Très heureuses créations en objets d'orfévrerie et copie de modèles célèbres. — Bijoux artistiques et de style.

Hamolin, *23*, *rue de la Paix.*

BIJOUX DE FANTAISIE ET IMITATION

Bourguignon, *11, boulevard des Capucines.*
*(Entrée particulière, 4, place
de l'Opéra.)*
Maison la plus ancienne
(1806) et des plus recommandables pour ses bijoux de
haute fantaisie, en imitation
et pour deuil. — C'est surtout
par ses perles, rubis, éme-
raudes, saphirs, turquoises,
diamants et toutes pierres
imitées, dont la monture en
joaillerie est admirable, que
sa réputation est devenue universelle. — *Dépôt des articles de A.-W. Faber.*

Chocarne, *1, rue de la Paix.*
Lere-Cathelain, *8, boulevard des Capucines.*

ACCESSOIRES PRINCIPAUX DE LA TOILETTE

GARNITURES

DENTELLES

Jesurum et Cie, *32, avenue de l'Opéra.*
Lefébure, *15, boulevard Poissonnière.*
Société belge, *10, rue Auber.*

BRODERIES POUR ROBES ET CHAPEAUX

Isabelle, *20, rue du 4-Septembre.*

GANTS

Notes générales. La vogue est aux gants
blancs, autant pour les hom-
mes que pour les dames. Le

gant en laine blanche a remplacé le gant fourré pour la
ville.

Dans le monde, les dames
portent les gants entrant dans
la manche. Il est très élégant
de porter les gants plutôt
larges et longs de doigts, pour
ne pas donner l'impression que
l'on doit au gant la petitesse
de la main. Les gants bon
marché ont toujours les doigts
trop courts.

Jouvin, 25, *rue de la Paix.*

Perrin, 45, *avenue de l'Opéra.*

Marcault, 8, *boulevard Bonne-Nouvelle.*
Gants russes.

Jay, 51, *rue des Petites-Écuries.*

ÉVENTAILS

Notes générales.   Eventail de dentelle et de
plumes d'autruche ou éventail
ancien, seulement pour le soir.
L'éventail ne se porte jamais à l'église.

Beer, 4, *place de l'Opéra.*

Kees, 9, *boulevard des Capucines.*
Maison très connue dans le
monde élégant pour ses créations de bon goût. On y trouve
toujours *ce qu'il faut porter.*
Eventails artistiques, modernes et anciens.

Rodien, 48, *rue Cambon.*

Ettlinger, 52, *rue des Petites-Écuries.*

Faucon, *38, avenue de l'Opéra.*
Spécialité d'éventails anciens.

Buissot, *16, rue des Petites-Écuries.*
Connu surtout dans le mon-
de des amateurs de choses
pas ordinaires. — Collection
d'éventails anciens authentiques. — Fait aussi des réparations.

PARAPLUIES, CANNES ET OMBRELLES

Notes générales. L'homme vraiment chic et
pas *rasta* porte dans le jour
des cannes en bois naturel
ornées tout au plus d'une
bague. Le soir, la canne à
pomme ou béquille d'or est
correcte.

Le parapluie doit être anglais et peut avoir des ornements d'argent.

La femme peut porter un
parapluie assez élégant pour
être un bijou. Cependant, les
pierres précieuses enchâssées
dans le manche sont d'une
élégance douteuse. — La soie
doit toujours être de couleur
très sombre.

Pour les ombrelles, la fantaisie a plus de latitude; il n'y
a point de couleurs indiquées,
si ce n'est celles qui vont bien
au teint de la personne portant l'ombrelle. — Pour le
footing du matin, le bois doit
être très simple.

Cazal, *27, boulevard des Italiens.*
Cannes et cravaches.
Dupuy, *8, rue de la Paix.*
Cannes et cravaches.
Clasens, *3, boulevard de la Madeleine.*
Verdier, *17, boulevard de la Madeleine.*
Bétaille, *20, rue Royale.*
Ettlinger, *52, rue des Petites-Écuries.*
Ombrelles riches.

COIFFEURS

POUR HOMMES

Lespés, *21, boulevard Montmartre.*
Blanc et Alfred, *3, rue du Helder.*
Charpentier, *23, boulevard des Italiens.*
Johan et Victor, *17, rue de la Paix.*

POUR DAMES

Dondel, *5, rue Royale.*
Broux et Cie, *10, rue Saint-Florentin.*
Spécialité de teinture.
Alfred, *4, rue Tronchet.*
Coiffeur ondulateur. — Ondulation spéciale à bigoudis. — Clientèle : beaucoup d'artistes. — 20 francs à domicile, 10 francs chez lui.
Marcel, *2, rue de l'Échelle.*
Ondulateur (inventeur de l'ondulation à la mode); *ne coiffe pas.* — 20 francs à domicile, 10 francs chez lui. Mais, lorsque plusieurs dames attendent à la fois, leur tour d'être servies se met aux enchères.

Germain, *15, rue de la Paix.*

Parmi la quantité des coiffeurs qui se disent ondulateurs, il est utile de signaler que Germain est un des premiers qui aient fait la vraie ondulation moirée, donnant aux femmes un charme très artistique. Le petit entresol de la rue de la Paix est le rendez-vous des femmes les plus jolies et les plus élégantes de Paris. — Pour ne point attendre, prendre rendez-vous. — 20 francs à domicile, 10 francs chez lui.

Cuverville, *25, avenue de l'Opéra.*

Coiffeur pour transformations (dîners de têtes). — Fournit le matériel. — Perruquier.

Vervliet, *105 boulevard Haussmann.*

Coiffeur ondulateur : 10 fr. à domicile, 5 fr. chez lui.

PARFUMERIES

CRÈMES, FARDS

Pâte du Harem.
Crème Simon.
Crème Ninon.
Crème Guerlain.
Eau de Lys, *Blanchais-Riel*, 43, rue Caumartin.

BAUMES POUR LE VISAGE

Fluide Iatif, *Jones,* 23, boulevard des Capucines.
Eau de Ninon.
Rosée du Harem.

ROUGE Pour visage et lèvres	**Lubin.** **Parfumerie Oriza (*Legrand*),** 11, place de la Madeleine.
SAVONS	**Violet.** **Lubin.** **Fay**, 9, rue de la Paix.
EAUX DE TOILETTE	**Lubin.** **Houbigant**, 19, faubourg Saint-Honoré. **Guerlain**, 15, rue de la Paix.
EAUX HYGIÉNIQUES POUDRES DE RIZ	**Coaltar Saponiné Le Beuf.** **Vinaigre de Pennès.** **Germandrée.** **Jones**, 23, boulevard des Capucines. **Peau d'Espagne**, *Houbigant*. **Roger et Gallet**, 38, rue d'Hauteville. **Ladvocat-Darquet.**
Pour bras et épaules	**Java adhérente.**

PARFUMS RECOMMANDÉS

Cherry-Blossom. *Gosnell*, 11, boulevard des Italiens.

Violette et Iris. *Pinaud.*

Cédrat. *Guerlain.*

Eau de Cologne russe. *Guerlain.*

Camélia. *Lenthéric*, 245, rue Saint-Honoré.

Ylang-Ylang. *parfums solidifiés en bâtons. Parfumerie Oriza*, 11, place de la Madeleine.

Amaryllis du Japon. *Delettrez*, 5, boulevard des Italiens.

Peau d'Espagne *Houbigant*, 19, faubourg Saint-Honoré.

Héliotrope blanc. *Id.*

Violette. *Roger et Gallet*, 38, rue d'Hauteville.

Lilas de France. *Id.*

CHAPITRE V

LES GRANDS MAGASINS

Note générale. Quelques grands magasins comptent au nombre des curiosités de Paris, tant à cause de leur étendue et du nombre de leurs rayons, qu'en raison de leur organisation parfaite et de leur excellente administration.

Les principaux de ces grands magasins sont :

Le Louvre. *Rue de Rivoli.*

Le Bon Marché. *Rue de Sèvres* et *rue du Bac.*

Le Printemps. *Rue du Havre, boulevard Haussmann, rue de Provence et rue Caumartin.* — Le plus parisien des grands magasins.

On dit qu'au Printemps tout est nouveau, frais et joli comme le titre. S'en assurer en visitant ce grand établissement. La salle des machines est une des curiosités de Paris.

Aux Trois Quartiers. — *21, boulevard de la Madeleine.*

Maison du Petit-Saint-Thomas. — *27 à 35, rue du Bac et 25, rue de l'Université.*

A la Place Clichy. — *Rue d'Amsterdam, place Clichy* et *rue de Saint-Pétersbourg.*

A la Pensée (Henry.) — *5, faubourg Saint-Honoré.* — Les Parisiennes savent apprécier le cachet très spécial de tous les articles que l'on trouve à *la Pensée* : hautes nouveautés en chapeaux, ombrelles, éventails, objets de fantaisie, toujours admirablement appropriés aux goûts d'une clientèle très distinguée. — Outre les mille accessoires de toilette, la lingerie, les tulles et les voiles, la maison donne une grande importance aux ouvrages de dames, d'une variété exceptionnelle, très artistiques et très recherchés.

Grande Maison de Blanc. — *6, boulevard des Capucines.*

A la Ménagère. — *20, boulevard Bonne-Nouvelle.*

CHAPITRE VI

OUVRAGES DE DAMES

Abandonnés pendant un moment, les ouvrages de dames sont redevenus à la mode par l'initiative de quelques grandes châtelaines, qui ont eu l'idée ingénieuse de composer elles-mêmes, d'après des modèles anciens, des broderies de style sur satin et moire. L'emploi de soies en couleurs passées, de paillettes, perles fines et perles d'or permet d'obtenir des effets très artistiques et personnels.

Mᵐᵉ Duez, femme du peintre bien connu, a exposé en 1895, au Champ-de-Mars, des broderies merveilleuses, d'après des cartons dessinés par son mari.

La belle-mère d'une de nos plus brillantes mondaines a également exécuté des ouvrages sur satin et étoffes précieuses qu'elle a mis en vente au profit des pauvres.

Comme travail facile, les broderies russes sur toile et en fils de couleur sont très en vogue. On les utilise pour couvre-nappes, chemins de table, etc.

Henry (A la Pensée), 5, *faubourg Saint-Honoré.* (*V. Grands Magasins.*)

Au fil d'or, *68, chaussée d'Antin.*

Broderies russes, *29, boulevard Malesherbes.*

CHAPITRE VII

PHOTOGRAPHES

Benque, *33, rue Boissy-d'Anglas.*
Somptueuse installation dans un charmant petit hôtel voisin des Champs-Elysées et tout à fait digne de la clientèle *très select* qui fréquente cette maison d'une haute maîtrise artistique. — Les émaux de Benque sont appréciés de tous les connaisseurs comme de vraies œuvres d'art : se portent beaucoup en bijoux.

Braun, *43, avenue de l'Opéra.*

Camus, *18, rue Vivienne.*

Van Bosch (Boyer, suc[r]), *35, boulevard des Capucines.*

Otto, *3, place de la Madeleine.*
Photographies très artistiques. Clientèle du meilleur monde.

Pierre Petit et fils, *17, 19, 21, place Cadet-Lafayette.*

Portraits petits formats jusqu'aux portraits grandeur naturelle en pied. — Platine, charbon, velouté, aquarelle, peinture à l'huile, émaux. — Toutes les récompenses. — Rendez-vous des grandes familles de France. — Exposition ouverte tous les jours.

Boscher, *12, rue Miromesnil.*

Atelier au rez-de-chaussée, dans un jardin ; spécialité pour instantanés, vélos, etc.

CHAPITRE VIII

PAPETERIE ET MAROQUINERIE

Notes générales. Les personnes de bon goût se servent, pour leur correspondance, de beau papier de teinte modeste — le plus distingué est le papier blanc. Monogrammes et adresses très petits. On cachète les lettres avec de la cire de couleur (blanche ou rouge).

Dernier raffinement : les

petits bleus (pour dépêches)
avec monogrammes.

Pour la maroquinerie, la
mode est aux porte-monnaie
très longs, que l'on tient à la
main. Les porte-cartes, porte-
cigarettes et porte-cigares
très simples, mais très beaux
comme peau et comme travail
ont, comme fermeture, une
pierre fine, ou sont complètement montés en or.

Très démodées, les montres
dans les porte-cartes.

PAPETERIE DE LUXE ET ARTICLES DE FANTAISIE

Appay, *24, rue de la Paix.*

Goût très parisien. Nouveautés les plus récentes en objets
de papeterie; bibelots de luxe
indispensables sur un bureau
élégant. Au moment des étrennes, grandes ressources pour
achat des cadeaux.

Tonnel, *12, rue de la Paix.*

Saintyves, *350, rue Saint-Honoré.*

Maquet, *19, avenue de l'Opéra.*

Love, *35, boulevard des Capucines.*

Leuchars, *2, rue de la Paix.*

Keller, *22, rue Joubert.*

ARTICLES DE LUXE ET MAROQUINERIE SIMPLE

Chamouin, *76, rue Richelieu.*

Andouard, *30, rue de Provence.*

Thénot, *13 bis, rue des Mathurins.*

Old England, *12, boulevard des Capucines.*

CHAPITRE IX

FLEURS NATURELLES

Dallé, *29, rue Pierre-Charron.*
    Fleurs et plantes d'appartement.

Labrousse, *12, boulevard des Capucines.*

Lachaume, *10, rue Royale.*

Lemaître, *128, boulevard Haussmann.*
    Surtout remarquable pour ses arrangements de table. Le goût et la fantaisie de Mme Lemaître, la grande variété de son choix de fleurs, lui ont procuré une clientèle parisienne des plus étendues.

Vaillant-Rozeau, *41, boulevard des Capucines.*

Nilsson, *10, rue Auber.*
    Spécialité de chrysanthèmes et d'orchidées.

PLANTES

Voir *Paris-Usages*, chapitre des *Cadeaux*.

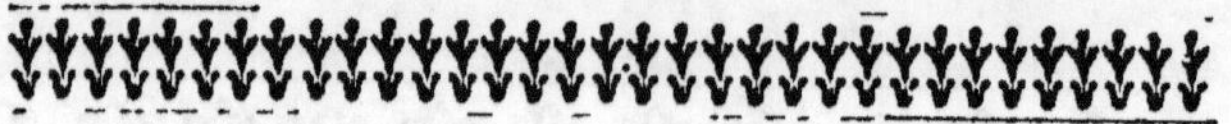

CHAPITRE X

LA TABLE

—

BOISSONS

EAUX MINÉRALES

On trouve les eaux miné-
rales dans les grandes maisons d'épicerie et chez tous
les pharmaciens. Il est préférable de se fournir dans les
dépôts spéciaux; certains li-
vrent leurs eaux même en
bonbonnes, ce qui procure
une économie notable.

Eau de Vichy, *8, boulevard Montmartre.*

Eau de Pougues, *22, rue de la Chaussée-d'Antin.*

Eau de Vals, *4, rue Greffülhe.*

Eau d'Evian, *32, boulevard des Italiens.*

Eau de Saint-Galmier, *20, rue des Quatre-Fils.*

BIÈRES

Brasserie de la Comète, *24, boulevard Poissonnière.*

Dreher, *26, boulevard Bonne-Nouvelle.*

Brasserie de l'Étoile, *avenue Niel et 26, rue Saussier-Leroy.*

Bière brune du Faucon, *37, rue de Rivoli.*

Bière Anglaise.	**Morgan**, *68, boulevard Malesherbes.*
VINS	**Caves du Grand-Hôtel.** **Caves de l'hôtel Continental.** **Caves d'Antin**, *19, rue d'Antin.* **Potin**, *99, boulevard Malesherbes et 45, boulevard de Sébastopol.*
VINS DE CHAMPAGNE	**Moët et Chandon**, *8, place de l'Opéra.* **Deiters et C**^{ie} (agence générale de veuve Clicquot-Ponsardin, de Reims), *1, rue Meyerbeer.* **Piper-Heidsieck**, *17, boulevard de la Madeleine.*
LIQUEURS	**Wynand Fockink**, *2, rue Auber.* — Liqueurs hollandaises (seul dépôt en France). — Spécialités très appréciées : Curaçao, Cherry-Brandy, Cordon-Rouge (fine champagne à l'orange). **Longévitine**, *12, rue des Capucines.* — Liqueur nouvelle exquise, s'adresse aux palais très fins, très aristocratiques. Le succès des five o'clock, bals, soirées, etc. **Cuvillier**, *16, rue de la Paix.* — Maison très sérieuse, rien que des articles de première qualité. — Excellentes liqueurs, conserves, pâtés et bien des accessoires de plats

que les gourmets ne peuvent
trouver ailleurs. — Fournisseur très en faveur auprès des
Grands-Ducs de Russie. —
On y rencontre, entre 5 et
6 heures de l'après-midi, des
mondaines prenant, debout
dans la boutique, et comme
goûter, d'excellents sandwichs
avec un verre de vin d'Espagne.

THÉ — Cie **Anglaise**, *23, place Vendôme.*

Perloff (Wassily), *38, boulevard des Italiens.*

Patin, *36, rue Tronchet.*

CAFÉ — **Corcellet**, *18, avenue de l'O-
péra.*

Prévost, *8, 10, 12, rue des
Petits-Carreaux.*

Patin, *36, rue Tronchet.*

Aux bords du Rhin, *47, rue
Richer. (V. Produits d'Al-
sace.)*

CHOCOLAT — **Masson**, *9, boulevard de la
Madeleine.*

**Louis Marquis, ancienne mai-
son Louis Marquis, Siraudin
successeur**, *3, place de l'Opéra.
(V. Glaciers et Confiseurs.)*

Marquis, *44, rue Vivienne.*

Pihan, *4, rue du Faubourg-
Saint-Honoré.*

Dufresne, *19, rue Auber.*

SPÉCIALITÉS RECOMMANDÉES

JAMBONS ET LANGUES FUMÉES	Jamais, *12, rue Lafayette.* L'Hote, *51, rue de la Chaus-sée-d'Antin.* Olida, *11, rue Drouot.*
PATÉS DE FOIE GRAS ET DE GIBIER	Aux bords du Rhin, *47, rue Richer.* (V. *Produits d'Alsace.*) Rousseau, *6, rue de Sèze.* Jamais, *12, rue Lafayette.*
PRODUITS D'ALSACE (CHOUCROUTE, SAUCISSONS, CORNICHONS)	Aux bords du Rhin, *47, rue Richer.* — Maison précieuse pour la variété des bons produits qu'on y trouve : excellents pâtés de foie gras et de gibiers en croûtes, tous les comestibles d'Alsace et surtout son kirsch (spécialité renommée). Weber, *56, rue de la Boëtie.*
VOLAILLES, GIBIER, PRÉ SALÉ	Louis, *6, chaussée d'Antin.* Chatriot, *97, rue Saint-Lazare.* Maison de confiance et jouissant d'une réputation méritée auprès de tous les gourmets. — Gibiers, volailles, poissons, fruits et primeurs de premier choix. — Prix modérés. — Téléphone. — Expéditions en province. Rey, *23, faubourg Saint-Honoré.*
MACARONIS ET PATES D'ITALIE	Bignon-Pariani, *7, rue Chauveau-Lagarde.* Ferrari, *2, rue Halévy.*

TRUFFES	**Rey**, *23, faubourg Saint-Honoré.* **Augé**, *116, boulevard Hauss-mann.*
HUILES	**Aux Oliviers d'Aix et de Nice,** *66, rue de la Chaussée-d'Antin.* Maison de grande confiance. — Excellente huile d'olives fine à tous les prix ; bon vinaigre d'Orléans. — On y trouve aussi des extraits de fleurs de Nice très purs comme parfum.
FROMAGES	**David**, *5, rue des Capucines* (fromages français). **Aux bords du Rhin**, *47, rue Richer.* Bon gruyère et hollande. (V. *Produits d'Alsace.*) **Ferrari**, *2, rue Halévy.* — Fromage d'Italie et bon gruyère.
PLATS D'EXTRA DINERS ET DÉJEUNERS SUR COMMANDE	**Chevet**, *12 à 15, galerie de Chartres, Palais-Royal.* **Potel et Chabot**, *25, boulevard des Italiens.* — Ancienne maison célèbre pour la variété et l'excellence de ses plats. — Produits de l'étranger ; poissons et fruits rares ; et tout ce que des mondains très blasés et raffinés peuvent rechercher pour leur table. **Joséphine**, *24, chaussée d'Antin.*

Chiboust, *163*, *rue Saint-Honoré.* — Connu pour la timbale Chiboust (aux filets de soles et garniture).

Charvin, *20*, *passage Choiseul.* — Nous recommandons : la timbale Danicheff, le spoom au champagne, le riz varsovienne.

Boot et Planta, *3*, *rue Lafayette.*
A recommander surtout pour les timbales de crevettes et de gnokis. Excellents fours secs en boites : *les Brésiliennes* et autres.

Julion, *9*, *boulevard des Italiens.*
Pâté « parisien ».

PLATS EXOTIQUES SUR COMMANDE
Mme Lina Villards, *22*, *rue de Freycinet.*

CUISINE JUIVE
Levy, *5*, *rue Geoffroy-Marie.* Carpe à la juive, charlotte aux pommes, gâteau aux nouilles.

TARTES ET PATISSERIE JUIVES
Weil, *35*, *rue Montholon.* Fournit aussi bons saucissons et langue de bœuf, etc.

FRUITS ET PRIMEURS
Augé, *116*, *boulevard Haussmann.*
Dupuis, *123*, *faubourg Saint-Honoré.*
Potel et Chabot, *25*, *boulevard des Italiens.*
Tostot, *15*, *chaussée d'Antin.*

CONFITURES	**Tanrade**, 5, *rue de Sèze.*

Confiserie célèbre à un tel point que c'est un chic parisien tout spécial de servir les confitures de la maison dans les pots mêmes et d'avoir soin que l'étiquette y reste comme signature ; ces pots ont gardé la forme du XVIIIe siècle, époque de fondation de la maison.

DESSERTS VARIÉS	**Fouquet**, 36, *rue Laffitte.*

PRODUITS DIVERS DE L'ÉTRANGER

PRODUITS AMÉRICAINS	**Aux îles françaises**, *12, rue de Sèze.*

Gilot, *8, rue des Petits-Champs.*

Gonin, 28, *rue Marbeuf.*

Hédiard, *14, place de la Madeleine.*

Dupuis, *123, faubourg Saint-Honoré.*

PRODUITS ESPAGNOLS	**Fombuena**, *71, rue de la Boétie, et 30, avenue d'Antin.*
ÉPICERIE ANGLAISE	**Grout**, *177, boulevard Haussmann.*
POUDING ANGLAIS	**Colombin**, *8, rue Cambon.*
GATEAUX SECS AMÉRICAINS	**Pâtisserie Américaine**, *26, boulevard Malesherbes.*

On y trouve des boissons diverses glacées (bar pour dames).

BONBONS ANGLAIS	**Juller's**, *4, rue Daunou* (spécialité : desserts en une ou deux couleurs).
GATEAUX VIENNOIS	**Wanner,** *chaussée d'Antin,* à côté du Vaudeville. Excellents Linzertarte, Kugelhopf, Sachertarte, Krapfen, etc.

GLACIERS ET CONFISEURS

Boissier, *7, boulevard des Capucines.*
Recommandés comme petits fours glacés, les Médicis au chocolat et au café. Toutes les glaces sont excellentes.

Bruschera, *10, rue Daunou.*

Bourbonneux, *14, place du Havre.*
Plats de cuisine, pâtés, etc.

Gagé, *4, avenue Victor-Hugo.*

Gerbet, *26, rue du Bac.*
Spécialité de macarons fondants exquis.

Gloppe, *2, avenue d'Antin.*
Grand choix de petits fours. Cuisine.

Gouache, *17, boulevard de la Madeleine.*

Joséphine, *24, rue de la Chaussée-d'Antin.*
Excellents fours secs : *Roussottes, Sacristains.*

Julien, *14, avenue de l'Opéra.*

Louis Marquis, ancienne maison Louis Marquis, Siraudin successeur, *3, place de l'Opéra,* et *17, boulevard des Capucines.*
Vieille réputation parisienne; marque célèbre dans

le monde entier. — Confiserie française; légère et savoureuse : inventeur de bonbons qui sont restés célèbres. —Excellent chocolat. — Magasins admirablement situés.

Poiré et Blanche, *196, boulevard Saint-Germain.*

Glaces crémeuses.

Rebattet, *12, rue du Faubourg-Saint-Honoré.*
Petits fours glacés et glaces très appréciés. Mousseline au kirsch.

CHAPITRE XI

RESTAURANTS

Note Générale. Les étrangers et même les Parisiens sont souvent embarrassés de savoir quoi commander dans les restaurants. C'est pourquoi nous donnons ci-dessous une petite liste de plats, avec l'explication de leurs noms quelquefois un peu trop à panache.

Conseils pratiques. Un dîner soigné doit être commandé quelques heures à l'avance.

Pour un diner ordinaire, il est sage de prendre des plats du jour, et cela *pas seulement au point de vue de la dépense.*

Si l'on veut éviter une addition trop enflée, ne prendre ni hors-d'œuvre, ni fruits.

Pourboires.   (V. *Pourboires,* dans *Paris-Usages.*)

PLATS PARISIENS

Potages.   *Bisque* (velouté aux écrevisses).

Saint-Germain (purée de petits pois).

Parmentier (purée de pommes de terre).

Condé (purée de haricots rouges).

Croûte au pot (consommé avec tranches de pain).

Etc., etc.

Plats de poissons   *Carpe à la Chambord* (garniture d'un ragoût financière).

Une friture (petits poissons, goujons ou éperlans, frits).

Filets de sole Orly (roulés, enveloppés dans une pâte à friture et frits).

Homard à l'Américaine (homard coupé en morceaux et préparé dans une sauce très relevée, de cognac, huile, tomates, bouillon, etc.).

Sole Joinville (filets de soles, sauce et garniture crevettes).

Sole Mornay (gratinée au fromage).

Sole normande (garniture de moules, petits poissons, champignons).

Matelote (ragoût de poissons).

Plats divers. *Navarin* (ragoût de côtelettes de mouton avec différents légumes), plat de déjeuner.

Miroton (ragoût de bœuf et d'oignons).

Civet (ragoût de lièvre assez relevé, au vin rouge, etc.).

Salmis (de canard ou de pigeons, perdreaux, etc., espèce de ragoût relevé, fait de la bête en question, champignons et croûtons).

Poulet en cocotte (poulet sauté avec petits carrés de lard et de pommes de terre, servi dans un pot en terre, qu'on appelle cocotte).

Poulet chasseur (poulet avec une sauce très relevée, cornichons, oignons, etc.).

Poulet La Thuile (garniture d'une friture de fonds d'artichauts, pommes de terre et oignons).

Timbale Milanaise (croûte avec une garniture de macaroni, quenelles, cervelles, ris de veau, rognons, crêtes, fromage, sauce relevée).

Sauces et garnitures. *A la Godard* (garniture d'un ragoût fin de truffes, ris de veau, etc., etc.).

A la financière (garniture de foie gras truffé, ris de veau).

A la Pompadour (sauce tomates).

Soubise (purée d'oignons).

Béarnaise (oignons, vinaigre, beurre).

A la Condé (purée de haricots rouges).

A la Conti (purée de lentilles).

Richelieu (garniture de quenelles, de poulet et de truffes).

A la François Ier (garniture de choux farcis).

Régence (garniture de ris de veau et de truffes).

En Bellevue (en gelée).

Etc., etc.

PRINCIPAUX RESTAURANTS

Café Anglais, *13, boulevard des Italiens.*
Ancienne réputation, clientèle aristocratique : au déjeuner, beaucoup de financiers. — Cuisine second empire. — Grand cabinet célèbre (nᵒ 16) dans lequel tous les souverains d'Europe ont diné ou soupé.

Vins recommandés. Ch.-Laffitte 1864 à 175 fr. le magnum.
— — à 70 fr. la bouteille.
Ch.-Margaux 1869 à 70 fr. —
Haut-Brion 1875 à 70 fr. —

Café de la Paix, *12, boulevard des Capucines.*

Café de Paris, *41, avenue de l'Opéra.*

Cubat, *25, avenue des Champs-Élysées.*
Dans l'ancien hôtel de la comtesse Heukel de Donnersmark *(la Païva).* — Curiosité parisienne (on peut dîner dans l'ancienne salle de bains, etc.). Très élégant; beaucoup d'étrangers ; musique. — A dîner, tout le monde en tenue de soirée. Terrasse sur les Champs-Élysées.

Chevillard, *4, rond-point des Champs-Élysées.*

Durand, *2, place de la Madeleine.*
Plat recommandé. Terrine de perdreaux.

Foyot, *33, rue de Tournon et 22 bis, rue de Vaugirard.*
Très bon restaurant de la rive gauche. — Les Parisiens de la rive droite y vont surtout dîner aux jours de premières à l'Odéon, qui est à deux pas.
Plat recommandé. Veau Foyot.

Grand Café, *14, boulevard des Capucines.*

Joseph, *9, rue de Marivaux.*
Plats recommandés. Canard à la presse. — *Crêpes sauce Joseph*.

Lapérouse, *51, quai des Grands-Augustins.*

Larue, *3, place de la Madeleine.*
Plat recommandé. Bécasses flambées.
Vins recommandés. Ch.-Laffitte 1864, 80 fr. la bouteille. Cl.-Vougeot, 1867, 40 fr. la bout.

Lavenue, *1, rue du Départ (près de la gare Montparnasse).*

La Tour d'Argent, *15, quai de la Tournelle*.
Plat recommandé. Filets de sole cardinal.

Lathuille (au Père) 7, *avenue de Clichy*.
Plat recommandé. Poulet Lathuille.

Lyon d'Or (au), 7 et *9, rue du Helder*.
Plats recommandés. Tomates farcies (hors-d'œuvre). —
Purée de champignons.

Lucas (le Grand), *9, place de la Madeleine*.

Lucas (le Petit), *28, rue Boissy-d'Anglas*.

Maire, *1, boulevard de Strasbourg*.

Maison-Dorée, *1, rue Laffitte*.
Plats recommandés. Soles au vin rouge. — Ailerons
de poulets aux navets.

Marguery, *36, boulevard Bonne-Nouvelle*.
Plat recommandé. Soles Marguery.

Maxime (bar-restaurant), *3, rue Royale*.

Paillard, *38, boulevard des Italiens*.
Fréquenté par les Parisiens élégants, les étrangers
de marque et les actrices en
vue. Salons particuliers au
premier. Cuisine recherchée;
tout de première qualité.
Après les théâtres (en hiver),
musique de tziganes.
Plats recommandés. Soles à la russe.
Crêpes Paillard.
Vins recommandés. Vin brut rosé Veuve Clicquot, pour
le rôti.
Romanée-Conti. (Seul acquéreur des
années 1883, 1885, 1886, 1887
(gelé), 1888, 1889, 1890.)
Liqueur extra-fine. Cordon-Rouge. (Orange Fine-Champagne.)

Prunier, *9, rue Duphot*.
Restaurant où l'on va-

surtout déjeuner ou souper
pour manger d'excellentes
huîtres. — Très parisien, très
à la mode.

Restaurant Rougemont. *rue Rougemont, au
coin du boulevard Poisson-
nière.*

Restaurant autrichien Widermann, 5, *rue Hauteville.*

Plats recommandés. Goulaches, Mehlspeisen, etc.

Sylvain, *12, rue Halévy.*

Voisin, *261, rue Saint-Honoré.*

Ancienne maison : aucune
poudre aux yeux, mais excellente cuisine et très bon service. — Fréquentée par les
vieux Parisiens cossus et chics
autant que par les diplomates
et étrangers de marque.

Plat recommandé : Chaufroid de canard.

Weber, *21, rue Royale.*

RESTAURANTS D'ÉTÉ

Ambassadeurs (les), *1, avenue Gabriel.*
Restaurant-café-concert.
Deux terrasses et jardin :
l'une des terrasses donne sur
le concert (tables toujours
commandées d'avance), l'autre est plus tranquille. — Très
fréquenté par le Tout-Paris.

Plats recommandés. Poulet ambassadeur, poisson en
gelée, coupe Jacques, etc.

Laurent, *carré Marigny, aux Champs-Elysées.*

Ledoyen, *aux Champs-Elysées.*

Café de la Cascade, *au Bois de Boulogne.*

Madrid, *au Bois de Boulogne.*

Pavillon d'Armenonville, *au Bois de Boulogne.*

La Tour Eiffel, *sur la première plate-forme de la tour.*

Chalet du Cycle, *au Bois de Boulogne.*

Pavillon Chinois, *au Bois de Boulogne.*

ré Catelan, *au Bois de Boulogne.*
Lait frais (superbe vacherie), pain et beurre, boissons diverses. — Rendez-vous très mondain pour l'heure du goûter.

CHAPITRE XII

ESCRIME

Maîtres d'armes. Baudry, 108, *rue Richelieu.*
École d'escrime française, 14, *rue Saint-Marc.*
Guimard, 112, *boulevard Malesherbes.*
Large, 24, *boulevard Malesherbes.*
Mérignac, 32, *rue Joubert.*
Mimiague, 350, *rue Saint-Honoré.*

Vigeant. *108, rue de Rennes*
(aussi à domicile).

ARTICLES   Mounanes, *2, rue d'Isly*, et
POUR ESCRIME *9, rue du Havre.*

Soudet, *2, rue de Valois*
(place du Palais-Royal).

CHAPITRE XIII

MANÉGES

Grouls, *42, rue d'Enghien.*
Manége Duphot, *12, rue Duphot.*
Pollier, *3, rue Chalgrin.*
Manége Pergoléso, *14, rue Pergolèse.*

CHAPITRE XIV

CHEVAUX ET VOITURES

Notes générales.   Les voitures sont assez peu
soumises à la mode, ou du
moins les évolutions de la
mode en ce qui les concerne,

vont très lentement et restent indépendantes de l'actualité (c'est ainsi que les carrossiers n'ont pas songé à élargir ou à élever les voitures, malgré la hauteur des aigrettes sur les chapeaux et les dimensions des manches).

Les tentatives pour faire adopter les voitures bicolores ou tricolores n'ont pas réussi.

Une dame emmène le valet de pied pour sortir en voiture.

Un monsieur seul, le cocher seulement.

Avec la voiture qu'on conduit soi-même on emmène un groom.

Le valet de pied est nécessaire pour le landau.

Renseignement général.

VOITURES DE MAITRES

Voitures particulières
Pour l'hiver. Coupé, Dorsay, Landau fermé.

Pour l'été. Victoria, Vis-à-Vis, Landau ouvert.

Pour conduire soi-même. Phaéton, Tilbury, Buggy, Bogg-Cart.
Grand break et Mail-coach.

Une maison bien montée doit avoir comme voitures : Coupé à deux places (coupé trois quarts), Landau, Vis-à-vis à quatre places, Victoria, et pour Monsieur seul un Buggy ou Phaéton, suivant l'âge.

Principaux carrossiers. Morel, 26, *rue Cambacérès*.
Mulbacher, *63, avenue des Champs-Elysées*.

Rothschild, *131, avenue Malakoff.*

**Principaux
selliers.**
Clément fils, *16, rue du Colisée.*

Elégance sérieuse et moderne. — Harnachements classiques et de fantaisie. — Spécialité pour militaires et équipages de courses. — Excellentes matières premières. — Prix rationnels.

Camille jeune, *24, rue Château-Landon.*

Roduwart, *45, avenue d'Antin.*

**Installations
d'écuries.**
Laloy, *75, avenue des Champs-Elysées.*

Guillard, *4, avenue Mac-Mahon.*

**Marchands
de
chevaux.**
Tattersall français, *24, rue Beaujon.* — Ventes aux enchères publiques tous les jeudis. Ventes spéciales de produits de pur sang.

Agence Hippique, *8, rue Berryer.* — Spécialité de chevaux pur sang.

Etablissement Chéri, *49, rue Ponthieu.*

Roy, *10, rue Pinel, et 1, rue de Villejuif.*

PERSONNEL

**Bureaux
de placement.**
Clapier et Cie, *36, rue Matignon.*

(V. *Offres et Demandes d'emploi*, dans les *Petites Annonces* du *Figaro*, le mercredi.)

Taux des salaires.

Cochers : 120 fr. par mois, avec nourriture, logement et habillement.

250 fr. par mois, sans logement ni nourriture.

(On compte 35 fr. par cheval en plus.)

Grooms ou valets de pied : à partir de 80 fr.

Livrées.

Steinmetz, 21, *rue du Cirque.*

Debacker, 36 bis, *avenue de l'Opéra.*

Sutton, 134, *boulevard Haussmann.*

VOITURES EN LOCATION

Voitures de remise.

On trouve, dans les maisons de grand luxe, des équipages complets aussi élégants qu'on le désire, depuis 600 fr. par mois jusqu'à 1.100 fr., et même plus (nom familier : *locatis*).

Outre l'équipage complet, on peut se procurer soit les chevaux, soit le personnel, soit la voiture dont on a besoin momentanément.

Principaux loueurs.

Languet, 83, *rue Saint-Lazare.*

Emile Mayer, 11, *rue de Berri.*

Rivière, 3, *rue de Chaillot.*

Hawes, 1, *rue de Marignan.*

Conseil pratique.

On peut mettre ses propres attelages en pension chez un loueur (prix à débattre).

Petites voitures.
Flacres.
Nombreuses compagnies ; les mieux montées sont :

L'Urbaine, 59, rue Tait-bout (livrée noisette, chapeau blanc, voiture caisse cannée, roues jaunes).

La Compagnie générale, 1, place du Théâtre - Français (livrée : pantalon noisette, filet rouge, tunique foncée, chapeau ciré noir en hiver et chapeau de paille en été).

Prix.
1 fr. 50 la course, 2 fr. l'heure, le jour ; — 2 fr. 25 la course, 2 fr. 50 l'heure, la nuit ; — un colis, o fr. 25.

Voitures de luxe en station.
Place de l'Opéra et rue Scribe. N'appartiennent à aucune compagnie, sont sans numéro.

Prix.
A fixer d'avance.

Voitures de cercle.
Celles qui stationnent devant *le Jockey*, le cercle de la rue Royale et le cercle de la rue Boissy-d'Anglas (*l'Epatant*) ne sont que pour les membres desdits cercles ; les autres sont des voitures de luxe libres.

Prix.
3 fr. l'heure.

CHAPITRE XV

INDICATIONS UTILES

Assurances. Vie.	*La Nationale*, 18, rue du 4-Septembre. *Compagnie d'assurances générales*, 87, rue Richelieu.
Incendie.	*L'Aigle*, 44, rue de Châteaudun.
Accidents	*La Providence*, 12, rue de Grammont.
Dépôts de bijoux et de titres.	*Crédit Lyonnais*, 19, boulevard des Italiens. *Société générale*, 54, rue de Provence.
Banques.	*Banque de France*, 39, rue Croix-des-Petits-Champs, et 1, 3, rue de La Vrillière. *Crédit Foncier de France*, 17 et 19, rue des Capucines. *Crédit Lyonnais*, 19, boulevard des Italiens. *Société générale*, 54, rue de Provence. *Comptoir d'Escompte*, 14, rue Bergère. *Banque de Paris et des Pays-Bas*, 3, rue d'Antin.
Agences de voyages.	*Desroches*, 21, rue du Faubourg-Montmartre. *Cook*, 1, place de l'Opéra. *Gaze and Sons*, 2, rue Scribe.

Lubin, 36, boulevard Haussmann.

Agences de transports maritimes.

Compagnie française de navigation à vapeur (Chargeurs Réunis), 11, boulevard des Italiens.

Compagnie des Messageries maritimes, 1, rue Vignon.

Compagnie générale Transatlantique, 6, rue Auber.

Fraissinet et Cie, 9, rue Rougemont.

Pitt et Scott, 7, rue Scribe. Pour l'Angleterre, les Etats-Unis et le Canada.

American Line (Southampton-New-York), 9, rue Scribe.

Cunard Steam Ship C°. (Ligne Cunard), 38, avenue de l'Opéra.

Hernu, Péron et Cie, 61, boulevard Haussmann.

Compagnie des wagons-lits.

46, rue des Mathurins.
3, place de l'Opéra.
40, rue de l'Arcade.

CHANGEMENTS

SURVENUS PENDANT L'IMPRESSION

DE

PARIS-PARISIEN

MUSÉE DU LUXEMBOURG

Remaniement opéré en Janvier. — Principales modifications :

Comme déplacements :

PEINTURE

De salle 10 à salle 1	Français. Daphnis et Chloé.
—	1 — 6	Berthe Morizot. La Femme au bal.
—	8 — 7	Whistler. Portrait de sa mère.
—	8 — 7	Dannat. Femme en rouge.
—	8 — 7	Sargent. Carmencita.
—	8 — 7	Uhde. Christ chez les paysans.
—	8 — 7	Marie Bashkirtscheff. Le Meeting, etc.
—	7 — 8	Harrison. Solitude, etc.
	7 — 8	Hamilton. Gladstone.
—	7 — 8	Thaulow. Jour d'Hiver en Norvége, etc.
—	10 — 1	Besnard. Portrait de femme.
—	1 — 7	Stevens. Retour du bal.

Nouvelles admissions :

SCULPTURE

Bartholomé . . .	Petite fille pleurant.
Henri Cros	L'Histoire de l'eau.

Hugues . . . . .   Œdipe à Colone.
Meissonnier . .   Cinq maquettes en bronze.
Rivière. . . . . .   Salammbô   chez   Mathô;
                     Ultimatum feriens.
Rodin . . . . . .   Buste d'homme (bronze).
Vernhes . . . . .   Tête de cire.
Dalpeyrat . . . .   Cheminée.

GRAVURE ET MÉDAILLES

Médailles nouvelles de Chaplain.
Plaquettes et médailles de Charpentier.
Deux vitrines de camées.

OBJETS D'ART

Delaherche . . .   Encadrement de porte (en
                     grès).
Tiffany. . . . . .   Émaux.
Gallé. . . . . .   Vases.
Gardet. . . . . .   Les perruches inséparables.

PEINTURE

Salle 1 Besnard. Port d'Alger au crépuscule.

Passage entre salle 1 et salle 2. Gallond. Le Jour des
                     cuivres.

Salle 2 Besnard. La morte.

  - 3 Puvis de Chavannes. Dessins à la san-
                     guine.

  - 4 Cazin. Terrain de culture.

  - 4 Dupré. Portrait de l'auteur.

  - 6 Besnard. Entre deux rayons.

  - 6 Caillebotte. Raboteur de parquet.

  - 7 Caillebotte. Toit sous la neige.

Salle 7 **Cormon.** La Forge.
— 7 **Lorimer.** Bénédicite.
— 7 **Liebermann.** Brasserie de campagne.
— 8 **Brangwyn.** Marché au bord de la mer.
— 8 **Melchers.** Maternité.
— 8 **Sorolla.** Halage ; Retour de pêche.
— 8 **Boertsoen.** Vieux canal flamand.
— 9 **Dinet.** « L'air était embrasé. »
— 9 **Lomont.** Lied.
— 9 **René Mesnard.** Portrait de Louis Mesnard.
— 10 **Lerolle.** Portrait de Femme.
— 11 **Le Liepvre.** Soleil de mars.
— 11 **Rochegrosse.** Le Chevalier aux fleurs.
— 11 **Lobre.** Palais de Versailles ; temps gris.
— 11 **Prinet.** Le Bain.

INSTITUT

ACADÉMIE
FRANÇAISE

Le fauteuil de M. **F. de Lesseps,** décédé, est attribué à M. **Anatole France.** (V. *Gens de lettres.*)

Le fauteuil de M. **C. Doucet,** décédé, est attribué à M. le marquis **Costa de Beauregard,** 44, rue de Bourgogne, auteur de travaux historiques.

ACADÉMIE
DES SCIENCES
MORALES
ET POLITIQUES

M. **Ravaisson-Mollien** est élu président en remplacement de M. **Léon Say.**

M. **Glasson** est élu vice-président en remplacement de M. **Ravaisson-Mollien.**

TABLE DES MATIÈRES

TROISIÈME PARTIE — PARIS-USAGES

QUATRIÈME PARTIE.   PARIS-PRATIQUE

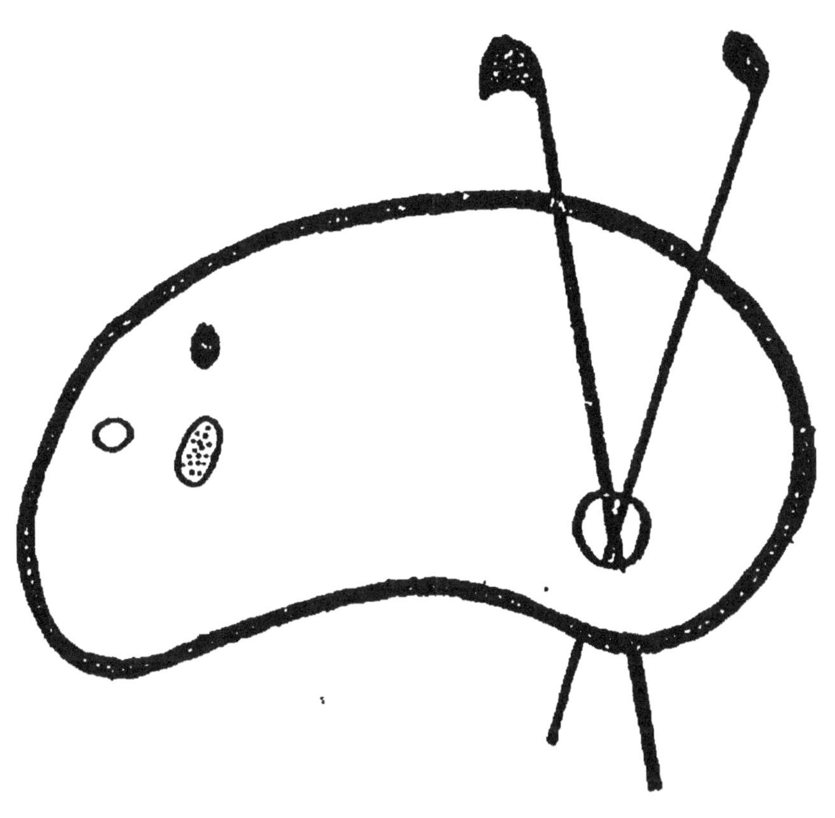